Astronomia para Leigos®, 2ª Edição

Folha de Cola

A Era Espacial

1957 A União Soviética lançou o Sputnik 1, o primeiro satélite artificial a orbitar a Terra; Geoffrey Burbidge, E. Margaret Burbidge, William Fowler e Fred Hoyle explicaram como os elementos se formam nas estrelas.

1958 Usando o satélite Explorer 1, James Van Allen descobriu os anéis de radiação da Terra (magnetosfera).

1960 Frank Drake começou a SETI (Search for Extraterrestrial Intelligence ou Busca de Inteligência Extraterrestre), no National Radio Astronomy Observatory (Observatório Nacional de Radioastronomia) em Green Bank, Virgínia Ocidental.

1961 Yuri Gagarin realiza o primeiro voo tripulado ao espaço.

1963 Valentina Tereshkova foi a primeira mulher a ir ao espaço.

1967 Jocelyn Bell Burnell e Antony Hewish descobriram os pulsares.

1969 Neil Armstrong e Buzz Aldrin andaram na Lua.

1979 Usando imagens do Voyager 1, Linda Morabito descobriu vulcões em erupção na lua de Júpiter, Io.

1987 Ian Shelton descobriu a primeira supernova visível a olho nu desde 1604.

1990 É lançado o Telescópio Espacial Hubble.

1991 Alexander Wolszczan descobriu planetas em órbita de um pulsar – os primeiros planetas conhecidos fora do sistema solar.

1995 Michel Mayor e Didier Queloz descobriram o 51 Pegasi B, o primeiro planeta extrassolar orbitando uma estrela normal.

1998 Dois grupos de astrônomos descobriram que a expansão do Universo está acelerando, talvez devido a uma força misteriosa associada ao vácuo do espaço.

1999 A sonda Mars Global Surveyor descobriu que Marte pode ter tido um oceano em certa época.

2003 O satélite Wilkinson Microwave Anisotropy Probe descobriu que o Universo tem 13,7 bilhões de anos de idade.

2005 A sonda espacial Huygens pousou na maior lua de Saturno, Tit

Mulheres Famosas na Astronomia

Históricas:

Caroline Herschel (1750-1848) Descobriu oito cometas.

Annie Jump Cannon (1863-1941) Criou o método básico de classificação de estrelas.

Henrietta Swan Leavitt (1868-1921) Descobriu o primeiro método preciso de medir grandes distâncias no espaço.

Contemporâneas:

E. Margaret Burbidge Pioneira nos estudos modernos de galáxias e quasares.

Jocelyn Bell Burnell Descobriu pulsares em suas pesquisas como aluna de graduação.

Wendy Freedman Líder na medição da taxa de expansão do Universo.

Carolyn C. Porco Comanda a equipe científica de imagens Cassini no estudo de Saturno e suas luas e anéis.

Sally Ride Astrofísica; treinada e a primeira mulher americana no espaço.

Nancy G. Roman Como primeira chefe astrônoma da NASA, ela liderou o desenvolvimento de telescópios no espaço.

Vera C. Rubin Investigou a rotação das galáxias e detectou a existência de matéria escura.

Carolyn Shoemaker Descobriu muitos cometas, inclusive um que colidiu com Júpiter.

Jill Tarter Líder da maior busca por inteligência extraterrestre, o Projeto Phoenix.

Para Leigos: Série de Livros Mais Vendidos para Iniciantes

Astronomia para Leigos®, 2ª Edição

Folha de Cola

Uma Linha do Tempo Astronômica

2000 a.C. De acordo com a lenda, dois astrônomos chineses foram executados por não preverem um eclipse e por estarem bêbados quando ele ocorreu.

129 a.C. Hiparco completou o primeiro catálogo das estrelas.

A.D. 150 Ptolomeu publicou sua teoria da Terra como centro do Universo.

970 al-Sufi preparou um catálogo com mais de mil estrelas.

1420 Ulugh-Beg, príncipe do Cazaquistão, construiu um grande observatório e preparou tabelas de planetas e informações sobre estrelas.

1543 Em seu leito de morte, Copérnico publicou sua teoria de que os planetas circulavam ao redor do Sol.

1690 Galileu descobriu crateras na superfície lunar, as luas de Júpiter, a órbita do Sol e a presença de inúmeras estrelas na Via Láctea com um telescópio que ele construiu.

1666 Isaac Newton começou seu trabalho com a Teoria da Gravitação Universal.

1671 Newton demonstrou sua invenção, o telescópio refletor.

1705 Edmond Halley previu que um grande cometa ia retornar em 1758.

1758 No Natal, o fazendeiro e astrônomo amador, Johann Palitzch, descobriu o retorno do cometa Halley.

1781 William Herschell descobriu Urano.

1791 Benjamin Banneker, o primeiro cientista afro-americano, começou com as observações das estrelas necessárias para estabelecer as coordenadas geográficas da futura cidade capital dos Estados Unidos, Washington D.C.

1833 Abraham Lincoln e milhares de outros observaram uma enorme chuva de meteoros pela América do Norte nos dias 12 e 13 de novembro.

1842 Christian Doppler descobriu o princípio pelo qual o som ou a luz mudam de frequência e comprimento de onda devido ao movimento de sua fonte a respeito do observador.

1846 Johann Galle foi a primeira pessoa a avistar Netuno.

1910 A Terra passou pela cauda do Cometa Halley.

1916 Albert Einstein propôs a Teoria Geral da Relatividade, que explica a natureza da gravidade e a curvatura da luz quando ela passa pelo Sol, previu a existência de buracos negros e detalhou a variação de tempo e espaço em torno de um objeto massivo.

1923 Edwin Hubble provou a existência de outras galáxias além da Via Láctea.

1926 O primeiro lançamento de um foguete a combustível líquido, desenvolvido por Robert Goddard.

1930 Clyde Tombaugh descobriu Plutão.

1931 Karl Jansky descobriu ondas de rádio provenientes do espaço.

1939 Hans Bethe explicou a fonte de energia do Sol e de outras estrelas.

1940 Grote Reber reportou a primeira pesquisa do céu por radiotelescópio.

Rua Viúva Cláudio, 291 Bairro Industrial do Jacaré Rio de Janeiro RJ CEP: 20970-031 Tels.: 2103278-8069 / 8419
Email: altabooks@altabooks.com.br / site: www.altabooks.com.br

por Stephen P. Maran, PhD

Tradução da 2ª edição

Rio de Janeiro, 2012

ISBN 978-85-7608-509-6

Produção Editorial
Editora Alta Books

Gerência Editorial
Anderson da Silva Vieira

Supervisão de Produção
Angel Cabeza
Augusto Coutinho
Leonardo Portella

Equipe Editorial
Adalberto Taconi
Andréa Bellotti
Andreza Farias
Bruna Serrano
Cristiane Santos
Daniel Siqueira
Deborah Marques
Gianna Campolina
Isis Batista
Jaciara Lima
Jéssica Vidal
Juliana de Paulo
Lara Gouvêa
Lícia Oliveira
Lorrane Martins
Heloisa Pereira
Patrícia Fadel
Paulo Roberto
Pedro Sá
Rafael Surgek
Sergio Luiz A. Souza
Thiê Alves
Vanessa Gomes
Vinicius Damasceno
Iuri Santos

Tradução:
Ricardo Sanovick

Revisão Gramatical
Márcia Helena
Damião Nascimento

Revisão Técnica
Helio Jaques Rocha Pinto
Pós-Doutorado em Astronomia pela USP. Desde 2004 trabalha como Professor Adjunto pela UFRJ. Possui uma vasta experiência com projetos de pesquisa pelo Departamento de Astronomia da Universidade.

Diagramação
Cláudio Frota

Marketing e Promoção
Daniel Schilklaper
marketing@altabooks.com.br

Erratas: No site da editora relatamos, com a devida correção, qualquer erro encontrado em nossos livros.

Impresso no Brasil

Catalogação na fonte
Amanda Medeiros López Ares – CRB7 1652

Maran, Stephen P.
M311a Astronomia para leigos / Stephen P.Maran; tradutor Ricardo Sanovick. - Rio de Janeiro : Alta Books, 2011.
Alta Books, 2011.
328 p.
Tradução de: Astronomy for dummies
ISBN: 978-85-7608-509-8
1. Terapia cognitiva. 2. Terapia do comportamento.
1. Astronomia. I. Título.
520 – CDD 22

Rua Viúva Cláudio, 291 – Bairro Industrial do Jacaré
CEP: 20970-031 – Rio de Janeiro – Tels.: 21 3278-8069/8419 Fax: 21 3277-1253
www.altabooks.com.br – e-mail: altabooks@altabooks.com.br
www.facebook.com/altabooks – www.twitter.com/alta_books

Sobre o Autor

Stephen P. Maran, PhD, um veterano do programa espacial à 36 anos, recebeu o prêmio Klumpke-Roberts da Sociedade de Astronomia do Pacífico, em 1999, por "contribuições proeminentes para o entendimento do público e apreciação da Astronomia". Ele recebeu a Medalha da NASA por Conquistas Excepcionais em 1991 e foi o palestrante A. Dixon Johnson em Comunicação Científica na Universidade Estadual da Pensilvânia em 1990. Em março de 2000, a União Astronômica Internacional nomeou o asteróide 9768 de "Stephenmaran" em sua homenagem. Ele também lecionou Astronomia na Universidade da Califórnia, Los Angeles, e na Universidade de Maryland, College Park. Como assessor de imprensa da Sociedade Americana de Astronomia, ele presidiu sessões informativas para os meios de comunicação que traziam notícias de descobertas astronômicas para pessoas no mundo todo.

Dr. Maran começou a observar o céu pelos telhados de prédios no Brooklin e em um campo de golfe abandonado nos limites do Bronx. Após formar-se, conduziu pesquisas profissionais com telescópios no Observatório Nacional Kitt Peak, no Arizona, no Observatório Nacional de Radioastronomia, na Virgínia Ocidental, no Observatório Palomar, na Califórnia, e no Observatório Interamericano Cerro Tololo, no Chile. Ele também conduziu pesquisas com instrumentos no espaço, inclusive o telescópio espacial Hubble e o satélite International Ultraviolet Explorer. Ele ajudou a projetar e desenvolver dois instrumentos que foram enviados ao espaço a bordo do Hubble. Ele observou eclipses totais do Sol da Península de Gaspé e em outros lugares do Quebec, da Baixa Califórnia, no México, no mar da Nova Caledônia e Cingapura, no Pacífico Leste, e pela costa do bom e velho Estados Unidos.

Com intenção de espalhar boas notícias sobre a Astronomia, Maran fez palestras sobre buracos negros em um bar no Taiti e explicou o eclipse do Sol no programa Today da NBC. Ele também falou sobre eclipses e órbitas de cometas nos cruzeiros Queen Elizabeth 2, Vistafjord, e Fairwind. Sua plateia variou de crianças de uma escola de Seattle e bandeirantes da Califórnia de Atherton até a Academia Nacional de Engenharia em Washington, D.C. e subcomitês da Câmara de Representantes dos EUA e do Comitê das Nações Unidas sobre o Uso Pacífico do Espaço.

Dr. Maran é o editor da *The Astronomy and Astrophysics Encyclopedia* e é co-autor e editor de outros oito livros sobre o mesmo assunto, incluindo um livro didático para o ensino superior, *New Horizons in Astronomy*, e dois compêndios de programas de descobertas no espaço, *A Meeting of Universe* e *Gems of Hubble*. Ele escreveu muitos artigos para as revistas Smithsonian e Natural History e atuou como escritor e consultor para o National Geographic Society e Time-Life Books.

Dr. Maran se formou no Stuyvesant High School em Nova York, onde participar do time de matemática e no Brooklyn College. Ele concluiu mestrado e doutorado em Astronomia pela Universidade de Michigan. Maran é casado com Sally Scott Maran, jornalista. Eles têm três filhos.

Dedicatória

A Sally, Michael, Enid e Elissa com todo o meu amor.

Agradecimentos do Autor

Obrigado primeiramente a minha família e amigos, que me aguentaram no processo de escrita deste livro. Agradeço também ao meu agente, Skip Barker, da Wilson-Devereaux Company, que me incentivou e me guiou nesse projeto, e a Stacy Collins por sua fé no projeto original.

Eu sou grato a Ron Cowen e ao Dr. Seth Shostak por suas contribuições para este livro; a Katty Cox, Georgette Beatty e Josh Dials, que o organizaram e o editaram; e aos seus habilidosos colegas nas equipes de edição e produção da Wiley Publishing que tornaram o livro melhor e mais fácil de ser entendido. Um obrigado especial ao Dr. Matthew Lister, da Universidade Purdue, por sugestões que melhoraram a precisão e a compreensão do livro.

Obrigado também às organizações que forneceram as fotografias contidas neste livro; ao produtor dos mapas das estrelas, Robert Miller; e ao produtor das tabelas planetárias, Martin Ratcliffe.

Alguns desenhos neste livro podem ter sido inspirados pela Dra. Dinah L. Moche e seu excelente livro, *Astronomy, a Self-Teaching Guide*, publicado pela Wiley Publishing. Dr. Moche merece muitos agradecimentos por seu apoio a este livro e por sua dedicação em tornar a ciência da Astronomia acessível a todos.

Sumário Resumido

Sumário

Introdução

Astronomia é o estudo do céu, a ciência dos objetos cósmicos e acontecimentos celestiais. Não é nada mais do que a investigação da natureza do Universo em que vivemos. Astrônomos praticam Astronomia olhando e (no caso de radioastrônomos) escutando. Astronomia é praticada com telescópios nos fundos de quintais, com gigantescos instrumentos de observatório e com satélites que orbitam a Terra ou ficam posicionados no espaço perto da Terra ou de outro corpo celestial, tais como a Lua ou um planeta. Cientistas mandam telescópios em foguetes ou balões não tripulados; alguns instrumentos chegam a ir bem longe, adentrando o sistema solar a bordo de grandes sondas espaciais; e algumas sondas recolhem amostras com o objetivo de voltar à Terra.

Astronomia pode ser uma atividade profissional ou amadora. Cerca de 15 mil astrônomos profissionais estão engajados na ciência espacial em todo o mundo. Existem mais de 300 mil astrônomos amadores apenas nos Estados Unidos. E clubes de Astronomia amadora estão por toda a parte.

Astrônomos profissionais conduzem pesquisas sobre o Sol e o Sistema Solar, a Via Láctea e o universo além. Eles lecionam em universidades, projetam satélites em laboratórios do governo e trabalham em planetários. Eles também escrevem livros, como este (mas talvez não tão bons). A maioria é PhD, e hoje em dia – uma grande quantidade estuda uma física complicada ou trabalha com telescópios automáticos e robóticos – eles podem até mesmo nem conhecer as constelações.

Astrônomos amadores conhecem as constelações. Eles compartilham um hobby fantástico. Alguns observam as estrelas sozinhos, e milhares mais entram em clubes de Astronomia e organizações de todas as descrições. Os clubes passam conhecimento de membros antigos para novos membros, dividem telescópios e equipamentos, e realizam reuniões em que membros falam sobre suas observações recentes ou assistem a palestras de cientistas convidados.

Astrônomos amadores também realizam reuniões de observação, em que todos trazem um telescópio (ou olham pelo telescópio de outro observador). Os amadores conduzem essas sessões em intervalos regulares (como a primeira noite de sábado de cada mês) ou em ocasiões especiais (como o retorno de uma grande chuva de meteoros todo mês de agosto ou a aparição de um cometa brilhante, como o Hale-Bopp). E eles economizam para eventos realmente grandes, como o eclipse total do Sol, quando milhares de amadores e dúzias de profissionais viajam ao redor da Terra para se posicionarem no caminho da totalidade de um dos maiores espetáculos da natureza.

Sobre Este Livro

Este livro explica tudo que você precisa saber para se iniciar no grande hobby que é a Astronomia. E ele também lhe dá um pontapé inicial para entender a ciência básica do universo. As últimas missões espaciais farão mais sentido: você vai entender por que a NASA e outras organizações enviam sondas espaciais para outros planetas, como Saturno; por que robôs viajantes pousam em Marte e por que cientistas procuram amostras de poeira na cauda de um cometa. Você vai saber por que o Telescópio Espacial Hubble olha para o espaço e como acompanhar outras missões espaciais. E quando astrônomos aparecerem nos jornais ou na televisão para relatar suas últimas descobertas – do espaço; dos grandes telescópios no Arizona, no Havaí, no Chile e na Califórnia; ou de seus observatórios espalhados pelo mundo – você vai entender o contexto e apreciar as novidades. Você poderá até explicar aos seus amigos.

Leia apenas as partes que quiser, em qualquer ordem que quiser. Explicarei o que você vai precisar no caminho. Astronomia é fascinante e divertida, então, continue lendo. Antes que perceba, você estará apontando para Júpiter, identificará constelações e estrelas famosas e rastreará a Estação Espacial Internacional quando ela passar zunindo por sua cabeça. Os vizinhos podem começar a te chamar de "sonhador". Policiais podem perguntar o que está fazendo no parque durante a noite ou porque está no telhado com binóculos. Diga a eles que você é um astrônomo. Essa é uma que provavelmente eles nunca escutaram antes (Espero que eles acreditem em você!).

Convenções Usadas Neste Livro

Para te ajudar a navegar por esse livro enquanto começa a navegar pelos céus, eu usei as seguintes convenções:

- Textos em *itálico* destacam novas palavras e termos definidos.
- **Textos em negrito** indicam palavras-chave em listas com marcadores e a parte da ação de etapas numeradas.
- Textos em `Monofont` destacam endereços da Web

Só um Detalhe

Sinta-se livre para pular as caixas de texto que aparecem ao longo do livro; essas caixas cinza sombreadas contêm informações interessantes que não são essenciais para o entendimento da Astronomia. O mesmo vale para qualquer texto marcado com o ícone de Papo de Especialista.

Penso Que...

Você pode estar lendo este livro porque quer saber o que acontece no céu ou o que os cientistas no programa espacial estão fazendo. Talvez você tenha ouvido que Astronomia é um bom hobby, e quer descobrir se o rumor é verdadeiro. Talvez você queira descobrir quais são os equipamentos necessários.

Você não é um cientista. Você apenas gosta de olhar para o céu de noite e caiu sob o seu feitiço, e quer ver e entender a verdadeira beleza do universo.

Você quer observar as estrelas, mas você também quer saber para o quê está olhando. Talvez você até queira fazer uma descoberta por conta própria. Você não tem que ser um astrônomo para identificar um novo cometa, e você pode até ajudar a ouvir extraterrestres. Qualquer que seja o seu objetivo, este livro ajuda você a alcançá-lo.

Como Este Livro É Organizado

Se você já deu uma olhada no sumário, você sabe que eu dividi este livro em partes. Aqui está uma breve descrição do que vai encontrar em cada uma das seis partes principais.

Parte I: Alcançando o Cosmos

Você vê as estrelas noite após noite (bem, nem todas as noites, mas mesmo assim...). Você adquire a mesma fascinação que os humanos sempre tiveram com o cosmos. Você observa, e você fica pensando, e você quer saber mais. O que são aquelas luzes no céu? O que as faz terem essa aparência e se mover do jeito que se mexem? Será que qualquer um dos objetos pode ser perigoso? Será que você está acenando para o seu gêmeo cósmico?

Esta parte te coloca no caminho para as respostas a algumas dessas questões, baseado nas respostas que os astrônomos já descobriram. Milhares de astrônomos amadores se reúnem para dar apoio um ao outro e partilhar conhecimento. Astronomia é divertida, assim como prática (e, sim, até mesmo educacional).

Nesta parte, eu dou orientações para observar objetos celestes com ou sem aparelhos ópticos, para selecionar binóculos e telescópios, e de como se posicionar para ter a melhor visão. Eu te apresento a agradáveis visitantes cósmicos e dou dicas de como continuar a explorar o universo com a ajuda de vários recursos.

Parte II: Dando uma Volta pelo Sistema Solar

É natural que você queira conhecer seus vizinhos. Os vizinhos da Terra são planetas, luas e fragmentos planetários que têm como ponto em comum a órbita ao redor do Sol. Como todos os vizinhos, esses objetos do sistema solar têm características em comum, mas também são amplamente diferentes.

Este capítulo tem foco nos aspectos de observação dos planetas para te ajudar a entender o que está olhando, de modo a que possa apreciar a vista.

Parte III: Conhecendo o Velho Sol e Outras Estrelas

Pensando nas galáxias muito, muito distantes? Esta parte começa com o Sol e te leva até as estrelas. Ela te apresenta às gigantes vermelhas e às anãs brancas, passa por galáxias distantes e objetos celestes exóticos, e termina em buracos negros. Você realmente quer chegar nesse ponto? Você pode ficar impressionado.

Como o grande e saudoso Carl Sagan disse, "Nós somos todos poeira de estrela". Então entender as estrelas e desfrutar de sua variedade aumenta suas conexões com as coisas do universo.

Esta parte mostra os melhores e mais brilhantes dos objetos celestes para uma observação prazerosa. Eu também explico o ciclo da vida das estrelas para que você possa apreciar as forças que fazem o universo funcionar e o tornam infinitamente intrigante.

Parte IV: Refletindo sobre o Extraordinário Universo

Esta parte é sobre conceitos que fazem pensar, tais como a procura por inteligência extraterrestre e a natureza da matéria escura e da antimatéria. Ela também descreve conceitos do universo como um Todo: o início, sua forma atual e seu possível destino.

Parte V: A Parte dos Dez

Esta parte oferece 10 fatos estranhos sobre o espaço e 10 erros que o público e a mídia geralmente cometem quando se referem à Astronomia. Leia para evitar cometer esses mesmos erros.

Parte VI: Apêndices

Esta parte fornece os apêndices que vão te ajudar a incrementar sua observação do céu por muitos anos. O primeiro apêndice apresenta tabelas com as posições dos quatro planetas mais brilhantes – Vênus, Marte, Júpiter e Saturno – para que você possa encontrá-los em cada estação e em cada ano. O segundo oferece mapas estelares para te ajudar a descobrir as constelações. E o terceiro é um glossário dos termos comuns na Astronomia.

Ícones Usados Neste Livro

Ao longo deste livro, ícones úteis destacam informações particularmente úteis – mesmo que eles apenas digam para não se preocupar com as partes mais difíceis. Aqui está o que cada símbolo significa.

A observação é a chave para a Astronomia, e essas dicas vão ajudá-lo a se tornar um profissional na observação. Eu ajudo você a desvendar técnicas e oportunidades para afinar suas técnicas de observação.

Esse rapaz nerd aparece ao lado da discussão que você pode pular se quiser apenas saber o básico para começar a observar o céu. Pode ser interessante saber a base científica, mas muitas pessoas se divertem com suas observações celestes sem saber sobre a física das supernovas, a matemática para acompanhar galáxias, e os prós e contras da energia escura.

Esse alvo coloca você no caminho certo para usar informações especiais quando começar a observar o céu ou progredir em seu hobby.

Em quantos problemas você pode se meter observando estrelas? Não em muitos, se tiver cuidado. Mas com algumas coisas deve se tomar cuidado. Esse ícone lhe avisa para prestar atenção para não se queimar.

De Lá para Cá, Daqui para lá

Você pode começar por onde quiser. Preocupado com o destino do Universo? Comece com o Big Bang (veja o capítulo 16 se realmente estiver interessado).

Ou pode querer começar com o que está guardado para você na busca da paixão pelas estrelas.

Onde quer que comece, espero que você continue sua exploração cósmica e experimente a alegria, a exaltação e o encantamento que as pessoas sempre encontraram nos céus.

Parte I

Alcançando o Cosmos

A 5ª Onda Por Rich Tennant

Nesta parte...

Objetos e eventos no céu sempre fascinaram a nós, humanos. Ao longo da história, nosso interesse na Astronomia tem sido tanto prático como inspirador. As pessoas navegavam pelas estrelas e cultivavam os campos de acordo com as fases da Lua (e ainda hoje é assim). Elas construíram locais onde observações podem ter acompanhado rituais (Tal como o monumento de Stonehenge) e contavam o tempo de acordo com o movimento do Sol e das estrelas. E algumas ainda pensam sobre a natureza dos objetos nos céus.

Você pode se juntar a essa grande tradição humana. Nesta parte, eu faço uma introdução à ciência da Astronomia e ofereço técnicas e conselhos para a observação de planetas, cometas, meteoros e outras visões no céu noturno.

Capítulo 1

Vendo a Luz: A Arte e a Ciência da Astronomia

Neste Capítulo

- Entendendo a natureza da observação da Astronomia.
- Concentrando-se na linguagem astronômica da luz.
- Ponderando sobre a gravidade.
- Reconhecendo os movimentos dos objetos no espaço.

Fique ao ar livre em uma noite clara e olhe para o céu. Se você mora na cidade ou em subúrbio lotado, você verá dúzias, talvez centenas, de estrelas brilhando. Dependendo da época do mês, você também poderá ver a Lua Cheia e até cinco dos nove planetas que giram em torno do Sol.

Uma estrela cadente ou um "meteoro" pode aparecer de relance. O que você realmente vê é o flash de luz de um pequeno pedaço de poeira cometária atravessando a atmosfera superior.

Outro ponto de luz se move de maneira lenta e uniforme pelo céu. É um satélite espacial, como o Telescópio Espacial Hubble, ou apenas um avião em grande altitude? Se tiver um par de binóculos, você poderá ver a diferença. A maioria das aeronaves tem luzes acesas, e sua forma pode ser perceptível.

Se viver no interior – na costa longe dos resorts e construções, nas planícies, ou nas montanhas longe de qualquer rampa de esqui iluminada – você pode ver milhares de estrelas. A Via Láctea aparece como uma linda faixa perolada cruzando o céu. O que está vendo é o brilho cumulativo de milhões de estrelas débeis, individualmente indistinguíveis a olho nu. Em um ótimo local de observação, como Cerro Tololo, nos Andes Chilenos, você pode ver ainda mais estrelas. Elas ficam penduradas como lâmpadas reluzentes em um céu escuro como carvão, muitas vezes sequer cintilando, como na pintura de Van Gogh, *Noite Estrelada*.

Quando você olha para o céu, você pratica Astronomia - você observa o Universo que te cerca e tenta entender o que vê. Por milhares de anos, tudo o que as pessoas sabiam sobre os céus elas deduziam simplesmente por observação. Quase tudo com que a Astronomia lida:

- Você pode ver à distância;
- Você descobre estudando a luz que chega dos objetos no espaço;
- Move-se pelo espaço sob influência da gravidade.

Este capítulo introduz esses conceitos (e outros mais).

Astronomia: A Ciência da Observação

Astronomia é o estudo do céu, a ciência dos objetos cósmicos e acontecimentos celestiais, e a investigação da natureza do Universo em que vivemos. Astrônomos profissionais trabalham com Astronomia observando com telescópios que capturam luzes visíveis das estrelas ou sintonizando nas ondas de rádio que vêm do espaço. Eles utilizam telescópios de fundo de quintal, instrumentos de grandes observatórios, e satélites que orbitam a Terra e colhem formas de luz (como radiação ultravioleta) que a atmosfera impede que cheguem ao solo. Eles lançam telescópios em foguetes de sondagem (equipados com instrumentos para fazer observações científicas em grande altitude) e balões não tripulados. E, ainda, eles enviam alguns instrumentos a bordo de grandes sondas espaciais pelo sistema solar adentro.

Astrônomos profissionais estudam o Sol e o Sistema Solar, a Via Láctea, e o Universo além. Eles lecionam em universidades, projetam satélites em laboratórios do governo e trabalham em planetários. Também escrevem livros (como eu, o seu leal herói Para Leigos). Muitos completaram anos de estudos para obter seus PhDs. Uma grande quantidade deles estuda física complexa ou trabalha em telescópios robóticos automatizados que já ultrapassaram de longe o céu que você reconhece com seus olhos. Eles podem nunca ter estudado *constelações* (grupos de estrelas, como a Ursa Maior e a Ursa Menor, nomeadas pelos antigos observadores de estrela) que são a primeira coisa que amadores e pessoas que têm a Astronomia como passatempo descobrem. (Você pode já se familiarizar com a Grande Concha, um *asterismo* da Ursa Maior. Um asterismo é um padrão de estrelas com nome próprio, distinto do das 88 constelações reconhecidas. A Figura 1-1 mostra a Grande Concha no céu noturno).

Além dos mais de 13 mil astrônomos profissionais por todo o mundo, milhares de amadores gostam de estudar os céus, incluindo mais de 300 mil apenas nos Estados Unidos. Astrônomos amadores geralmente conhecem as constelações e as usam como guias para explorar o céu a olho nu, com binóculos e telescópios. Muitos amadores também dão contribuições científicas úteis. Eles monitoram a alteração de brilho de estrelas variáveis; descobrem asteroides, cometas e estrelas em explosão; esquadrinham a Terra para pegar as sombras lançadas quando um asteroide passa na frente de estrelas brilhantes (ajudando, assim, os astrônomos a mapear as formas dos asteroides); e entram na busca por planetas em órbita de estrelas além do Sol.

Figura 1.1: A Grande Concha, que pode ser vista dentro da Ursa Maior, é um asterismo.

No restante da Parte I são dadas informações de como observar o céu efetivamente e proveitosamente.

Entendendo o Que Você Vê: A Linguagem da Luz

A luz nos traz informações sobre os planetas, luas e cometas em nosso Sistema Solar; as estrelas, os aglomerados de estrelas e as nebulosas em nossa Galáxia; e os objetos além dela.

Em tempos passados, as pessoas não pensavam em física ou química das estrelas; elas aprendiam e transmitiam contos folclóricos e mitos: A Ursa Maior, a Estrela do Demônio, o dragão que devora o Sol durante o eclipse solar, entre outros mais. Os contos variavam de cultura para cultura. Entretanto, muitas pessoas descobriram os padrões das estrelas. Na Polinésia, navegadores habilidosos remavam por centenas de milhas em mar aberto sem marcos de referência ou bússola. Eles navegavam pelas estrelas, pelo Sol e por seu conhecimento dos ventos e correntes predominantes.

Ao olhar para a luz de uma estrela, os povos antigos anotavam seu brilho, posição no céu e cor. Essa informação ajuda as pessoas a distinguir um objeto no céu de outro e os antigos (e agora as pessoas de hoje) acabaram conhecendo-os como velhos amigos. Alguns pontos básicos para reconhecer e descrever o que você vê no céu são:

- Distinguir estrelas de planetas;
- Identificar constelações, estrelas distintas e outros objetos celestes por nome;
- Observar o brilho (em termos de magnitude);
- Entender o conceito de ano-luz;
- Mapear a posição do céu (medidas em unidades especiais chamadas *AR* e *Dec*).

Elas ficavam enquanto eles vagavam: Planetas versus estrelas

O termo planeta vem da antiga palavra grega *planetes*, que significa errante. Os gregos (e outros povos antigos) perceberam que cinco pontos de luz se moviam em meio ao padrão formado pelas estrelas no céu. Alguns se moviam uniformemente para frente; alguns ocasionalmente voltavam para trás em seu próprio caminho. Ninguém sabia por quê. E esses pontos de luz não piscavam como as estrelas – ninguém entendia essa diferença também. Cada cultura tinha um nome para esses cinco pontos de luz, que agora chamamos de planetas. Seus nomes em português são Mercúrio, Vênus, Marte, Júpiter e Saturno. Esses corpos celestiais não vagueiam em meio às estrelas; eles orbitam ao redor do Sol, que é a estrela central do nosso Sistema Solar.

Hoje, astrônomos sabem que planetas podem ser menores ou maiores que a Terra, porém que são muito menores que o Sol. Os planetas no nosso Sistema Solar estão todos tão próximos da Terra que eles têm discos perceptíveis – ao menos quando se olha pelo telescópio. Então, podemos ver formas e tamanhos. As estrelas estão tão longe da Terra que mesmo observando-as por um telescópio poderoso, elas aparecem apenas como pontos de luz. (Para saber mais sobre os planetas do Sistema Solar, vá para a Parte II).

Se vir um Grande Urso, comece a se preocupar: Nomeando estrelas e constelações

Eu costumava dizer para as plateias do planetário que torciam os pescoços para olhar para o céu projetado acima delas: “se não conseguir enxergar um grande urso aqui, não se preocupe. Aqueles que *conseguem* vê-lo é que devem se preocupar.”

Astrônomos antigos dividiam o céu em figuras imaginárias, como a Ursa Maior; o Cisne; Andromeda e Perseus. Os antigos identificavam cada figura por um padrão de estrelas. A verdade é que, para a maioria das pessoas, Andromeda não parece nada com uma mulher acorrentada, ou qualquer outra coisa desse gênero (veja Figura 1.2).

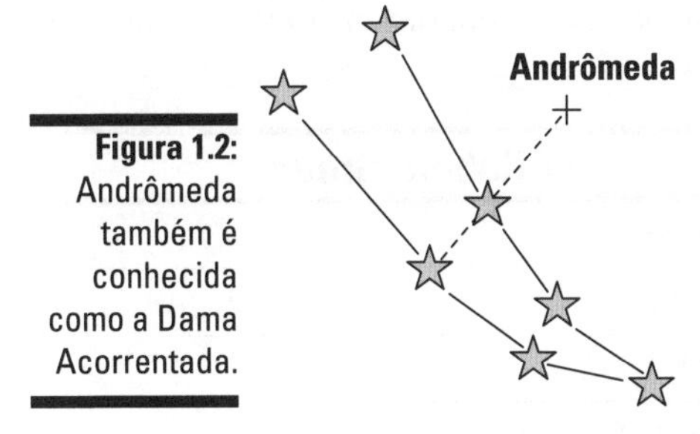

Figura 1.2: Andrômeda também é conhecida como a Dama Acorrentada.

Atualmente, os astrônomos usam um céu dividido em 88 constelações, que contêm todas as estrelas que você pode ver. A União Astronômica Internacional, que controla a ciência, colocou limites para as constelações para que os astrônomos possam concordar sobre qual estrela está em qual constelação. Anteriormente, mapas do céu desenhados por astrônomos diferentes geralmente tinham discordâncias. Agora, quando ler que a Nebulosa da Tarântula fica na constelação Dorado (veja Capítulo 12), você sabe que para ver essa nebulosa, deverá procurar no Hemisfério Sul a constelação Dorado, o Peixe Dourado.

A maior constelação é Hydra. A menor é Crux, a Cruz, que a maioria das pessoas chama de "Cruzeiro do Sul". Você pode ver o Cruzeiro do Norte também, mas não vai encontrá-lo em uma lista de constelações: ele é um *asterismo* (um padrão de estrelas com nome próprio) dentro de Cygnus, o Cisne. Embora os astrônomos geralmente concordem com os nomes das constelações, eles não chegam a um consenso sobre a tradução de cada nome. Por exemplo, alguns astrônomos chamam a Dorado de Peixe Espada, mas eu gostaria de riscar esse nome. Uma constelação, Serpens, a Serpente, é dividida em duas seções que não são ligadas, localizadas cada uma de um lado da Ophiuchus, o Serpentário, são a Serpens Caput (a Cabeça da Serpente) e a Serpens Cauda (a Cauda da Serpente).

Cada uma das estrelas em uma constelação, geralmente, não tem relação uma com a outra, exceto por sua proximidade no céu visível da Terra. No espaço, as estrelas que formam uma constelação podem não ter nenhuma relação umas com as outras, estando algumas localizadas relativamente perto da Terra e outras a distâncias bem maiores no espaço. Mas elas formam um padrão simples para observadores na Terra aproveitarem.

Geralmente, à estrela mais brilhante em uma constelação foi designada uma letra grega*. Em cada constelação, a estrela mais brilhante recebeu o nome de alfa, a primeira letra do alfabeto grego. A segunda estrela mais brilhante é a beta, e assim por diante até a ômega, a letra final do alfabeto grego de 24 caracteres. (Os astrônomos usaram apenas letras gregas minúsculas, então você as verá escritas como α, β... ω.)

Então Sírius, a estrela mais brilhante no céu noturno – em Canis Major, o Cão Maior – chama-se Alpha Canis Majoris (os astrônomos adicionam um sufixo aqui ou ali para colocar os nomes das estrelas no caso genitivo do Latim – cientistas sempre gostaram de latim).

* N.R.: O uso de letras gregas para designar estrelas foi proposto por J. Bayer em 1603, e não pelos gregos ou outros povos antigos. Estes, ao contrário, deram às estrelas nomes próprios.

A Tabela 1-1 mostra uma lista do alfabeto grego, em ordem, com o nome das letras e seus símbolos correspondentes.

Tabela 1-1 O Alfabeto Grego

Letra	Nome
α	Alpha
β	Beta
γ	Gamma
δ	Delta
ε	Épsilon
ζ	Zeta
η	Eta
θ	Theta
ι	Iota
κ	Kappa
λ	Lambda
μ	Mu
ν	Nu
ξ	Xi
ο	Ômicron
π	Pi
ρ	Rho
σ	Sigma
τ	Tau
υ	Upsilon
φ	Phi
χ	Chi
ψ	Psi
ω	Ômega

Quando olhar para um atlas estelar, você vai descobrir que estrelas individuais em uma constelação não estão marcadas como α Canis Majoris, β Canis Majoris, e assim por diante. Geralmente o criador do atlas demarca a área inteira da constelação "Canis Major" e assinala as estrelas individuais como α, β, e assim sucessivamente. Quando você ler sobre estrelas em uma lista de objetos para se observar, digamos em uma revista de Astronomia (veja o Capítulo 2), provavelmente não a verá listada como Alpha Canis Majoris e nem como α Canis Majoris. Em vez disso, para economizar espaço, a revista imprime como α CMa; CMa é a abreviação de três letras para Canis Majoris (e também a abreviação para Canis Major). Eu dou a abreviação para cada constelação na Tabela 1-2.

Astrônomos não inventam nomes especiais como Sírius para todas as estrelas de Canis Major, então eles as nomeiam com letras gregas ou outros símbolos. Na verdade, algumas constelações não têm nenhuma estrela com nome (não caia nesses anúncios que oferecem dar seu nome a uma estrela por uma taxa. A União Astronômica Internacional não reconhece nomes de estrelas comprados). Em outras constelações, astrônomos designaram letras gregas, mas podiam ver mais de 24 estrelas para as 24 letras do alfabeto grego. Assim, astrônomos deram a algumas estrelas números e letras do alfabeto romano, como 236 Cygni, T Vulpeculae, HR 1516, ou pior. Você pode até encontrar alguma RU Lupi e uma SX Sex. (Não estou inventando isso). Entretanto, como qualquer outra estrela, você pode reconhecê-las pela posição no céu (como tabulado em listas de estrelas), seu brilho, sua cor e outras propriedades, se não por seus nomes.

Quando olhar para as constelações hoje, você encontrará muitas exceções à regra dos nomes de estrelas por letras gregas correspondendo ao brilho respectivo da estrela na constelação. A exceção existe porque:

- As letras foram baseadas em observações de brilho a olho nu, pouco precisas.
- Ao longo dos anos, os autores dos Atlas estelares alteraram os limites das constelações, mudando algumas estrelas de uma constelação para outra que já tinha nomes para as estrelas já existentes.
- Alguns astrônomos mapearam constelações pequenas e do Hemisfério Sul muito depois da era grega, e a prática não era sempre seguida.
- O brilho de algumas estrelas muda ao longo dos séculos desde que os antigos gregos as mapearam.

Um bom (ou mal) exemplo é a constelação Vulpecula, a Raposa, onde apenas uma das estrelas (alfa) tem a letra grega.

Pelo fato de a alfa não ser sempre a estrela mais brilhante em uma constelação, astrônomos precisavam de outro termo para descrever esse *status* exaltado, e *lúcida* é a palavra (do latim *lucidus*, que significa luminosidade ou brilho). A lúcida de Canis Major é a Sírius, a estrela alfa, mas a lúcida de Orion, é Rigel, que é a Beta Orionis. A lúcida de Leo Minor, o Leão Menor (uma constelação particularmente difícil de localizar) é a 46 Leo Minoris.

A Tabela 1-2 lista as 88 constelações, a estrela mais brilhante em cada uma, e a magnitude da estrela. Magnitude é a medida do brilho da estrela. (Falarei sobre magnitude mais tarde nesse capítulo, na sessão "A menor, a mais brilhante: a raiz das magnitudes"). Quando a lúcida de uma constelação é a estrela alfa e ela tem um nome, eu listo apenas o nome. Por exemplo, em Auriga, o Cocheiro, a estrela mais brilhante, Alpha Aurigae, é Capella. Mas quando a lúcida não é a alfa, eu dou sua letra grega ou outra designação em parênteses. Por exemplo, a lúcida de Câncer, o Caranguejo, é Al Tarf, que é a Beta Cancri.

Tabela 1-2 As Constelações e Suas Estrelas Mais Brilhantes

Nome Latino	*Abreviação*	*Nome em Português*	*Estrela*	*Magnitude*
Andromeda	And	Andrômeda	Alpheratz	2,1
Antlia	Ant	Máquina Pneumática	Alpha Antliae	4,3
Apus	Aps	Ave do Paraíso	Alpha Apodis	3,8
Aquarius	Aqr	Aquário	Sadalmelik	3,0
Aquila	Agl	Águia	Altair	0,8
Ara	Ara	Altar	Beta Arae	2,9
Aries	Ari	Áries ou Carneiro	Hamal	2,0
Auriga	Aur	Cocheiro	Capella	0,1
Boötes	Boo	Boieiro	Arcturus	-0,04
Caelum	Cae	Buril	Alpha Caeli	4,5
Camelopardalis	Cam	Girafa	Beta Camelopardalis	4,0
Cancer	Cnc	Câncer ou Caranguejo	Al Tarf (Beta Cancri)	3,5
Canes Venatici	CVn	Cães de Caça	Cor Caroli	2,8
Canis Major	CMa	Cão Maior	Sírius	-1,5
Canis Minor	CMi	Cão Menor	Prócion	0,4
Capricornus	Cap	Capricórnio	Deneb Algedi (Delta Capricorni)	2,9
Carina	Car	Quilha ou Carena	Canopus	-0,7
Cassiopeia	Cas	Cassiopeia	Schedar	2,2

Nome Latino	*Abreviação*	*Nome em Português*	*Estrela*	*Magnitude*
Centaurus	Cen	Centauro	Rigil Kentaurus	-0,3
Cepheus	Cep	Cefeu	Alderamin	2,4
Cetus	Cet	Baleia	Deneb Kaitos (Beta Ceti)	2,0
Chamaeleon	Cha	Camaleão	Alpha Chamaeleontis	4,1
Circinus	Cir	Compasso	Alpha Circini	3,2
Columba	Col	Pomba	Phakt	2,6
Coma Berenices	Com	Cabeleira de Berenice	Beta Comae Bere-nices	4,3
Corona Australis	CrA	Coroa Austral	Alpha Coronae Australis	4,1
Corona Borealis	CrB	Coroa Boreal	Alphekka	2,2
Corvus	Crv	Corvo	Gienah (Gamma Corvi)	2,6
Crater	Crp	Taça	Delta Crateris	3,6
Crux	Cru	Cruzeiro do Sul	Acrux ou Estrela de Magalhães	0,7
Cygnus	Cyg	Cisne	Deneb	1,3
Delphinus	Del	Golfinho	Rotanev (Beta Delphini)	3,6
Dorado	Dor	Dourado	Alpha Doradus	3,3
Draco	Dra	Dragão	Thuban	3,7
Equuleus	Equ	Cavalete	Kitalpha	3,9
Eridanus	Eri	Erídano	Achernar	0,5
Fornax	For	Forno	Alpha Fornacis	3,9
Gemini	Gem	Gêmeos	Pólux (Beta Geminorum)	1,1
Grus	Gru	Grou	Alnair	1,7
Hercules	Her	Hércules	Ras Algethi	2,6
Horologium	Hor	Relógio	Alpha Horologii	3,9

(*Continuação*)

Tabela 1-2 (*Continuação*)

Nome Latino	*Abreviação*	*Nome em Português*	*Estrela*	*Magnitude*
Hydra	Hya	Hidra	Alphard	2,0
Hydrus	Hyi	Hidra Macho	Beta Hydri	2,8
Indus	Ind	Índio	Alpha Indi	3,1
Lacerta	Lca	Lagarto	Alpha Lacertae	3,8
Leo	Leo	Leão	Regulus	1,4
Leo Minor	LMi	Leão Menor	Praecipua (46 Leo Minoris)	3,8
Lepus	Lep	Lebre	Arneb	2,6
Libra	Lib	Libra ou Balança	Zubeneschemali (Beta Librae)	2,6
Lupus	Lup	Lobo	Alpha Lupus	3,2
Lynx	Lyn	Lince	Alpha Lyncis	3,1
Lyra	Lyr	Lira	Vega	0,0
Mensa	Men	Mesa	Alpha Mensae	5,1
Microscopium	Mic	Microscópio	Gamma Microscopii	4,7
Monoceros	Mon	Unicórnio	Beta Monocerotis	3,7
Musca	Mus	Mosca	Alpha Muscae	2,7
Norma	Nor	Régua	Gamma Normae	4,0
Octans	Oct	Oitante	Nu Octantis	3,8
Ophiuchus	Oph	Ofiúco ou Serpentário	Rasalhague	2,1
Orion	Ori	Órion	Rígel (Beta Orio-nis)	0,1
Pavo	Pav	Pavão	Alpha Pavonis	1,9
Pegasus	Peg	Pégaso	Enif (Epsilon Pegasi)	2,4
Perseus	Per	Perseu	Mirphak	1,8
Phoenix	Phe	Fênix	Ankaa	2,4

Nome Latino	*Abreviação*	*Nome em Português*	*Estrela*	*Magnitude*
Pictor	Pic	Pintor	Alpha Pictoris	3,2
Pisces	Psc	Peixes	Eta Piscium	3,6
Piscis Austrinus	PsA	Peixe Austral	Fomalhaut	1,2
Puppis	Pup	Popa	Zeta Puppis	2,3
Pyxis	Pyx	Bússola	Alpha Pyxidus	3,7
Reticulum	Ret	Retículo	Alpha Reticuli	3,4
Sagitta	Sge	Flecha	Gamma Sagittae	3,5
Sagittarius	Sgr	Sagitário	Kaus Australis (Epsilon Sagittarii)	1,9
Scorpius	Sco	Escorpião	Antares	1,0
Sculptor	Scl	Escultor	Alpha Sculptoris	4,3
Scutum	Sct	Escudo	Alpha Scuti	3,9
Serpens	Ser	Serpente	Unukalhai	2,7
Sextans	Sex	Sextante	Alpha Sextantis	4,5
Taurus	Tau	Touro	Aldebarã	0,9
Telescopium	Tel	Telescópio	Alpha Telescopium	3,5
Triangulum	Tri	Triângulo	Beta Trianguli	3,0
Triangulum Australe	TrA	Triângulo Austral	Beta Trianguli Australis	1,9
Tucana	Tuc	Tucano	Alpha Tucanae	2,9
Ursa Major	UMa	Ursa Maior	Alioth (Epsilon Ursae Majoris)	1,8
Ursa Minor	UMi	Ursa Menor	Polaris	2,0
Vela	Vel	Vela	Suhail al Muhlif (Gamma Velorum)	1,8
Virgo	Vir	Virgem	Spica	1,0
Volans	Vol	Peixe-Voador	Gamma Volantis	3,6
Vulpecula	Vul	Raposa	Anser	4,4

Identificar as estrelas seria bem mais fácil se elas tivessem pequenas etiquetas com nomes que você pudesse ver pelo telescópio, mas pelo menos elas não têm números de telefone que não estão na lista como um velho amigo com o qual você está desesperado para entrar em contato. (Para saber tudo sobre estrelas, dê uma olhada na Parte III.)

O que eu espio? O Catálogo Messier e outros objetos celestes

Dar nome às estrelas foi bem fácil para os astrônomos. Mas e quanto a todos aqueles outros objetos no céu – galáxias, nebulosas, aglomerados de estrelas e similares (que eu cubro na Parte III)? Charles Messier, um astrônomo francês do final do século XVIII, criou uma lista com cerca de 100 objetos celestes diferentes e os numerou. Sua lista é conhecida como o *Catálogo Messier*, e quando escutar a galáxia de Andrômeda ser chamada por seu nome científico, M31, você saberá o que significa. Hoje, 110 objetos compõem o Catálogo Messier padrão.

Você poderá encontrar imagens e a lista completa dos objetos Messier na Web, no endereço `http://pt.wikipedia.org/wiki/lista_de_objectos_Messier`.

Astrônomos amadores experientes geralmente entram em maratonas Messier em que cada pessoa tenta observar cada objeto do *Catálogo Messier* durante apenas uma longa noite. Mas em uma maratona, você não tem tempo de aproveitar uma nebulosa, aglomerados de estrelas ou galáxias em particular. Meu conselho é ir com calma e saborear cada delícia visual. Um livro incrível sobre os objetos Messier, que inclui dicas de como observar cada objeto, é o *The Messier Objects*, de Stephen J. O'Meara (Cambridge University Press e Sky Publishing Corporation, 1998).

Astrônomos confirmaram a existência de milhares de outros *objetos de céu profundo*, o termo que amadores usam para aglomerados estelares, nebulosas e galáxias, para distingui-los de estrelas e outros planetas. Pelo fato de Messier não os ter listado, os astrônomos se referem a esses objetos por seus números dados em catálogos feitos desde então. Você pode encontrar muitos desses objetos listados em guias e mapas de observação pelo NGC, o Novo Catálogo Geral (*New General Catalogue*) e os números do IC, o Catálogo de Tabelas (*Index Catalogue*). Por exemplo, o aglomerado duplo brilhante em Perseus, o Herói, consiste em NGC 869 e NGC 884.

Quanto menor, mais brilhante: A raiz das magnitudes

Um mapa estelar, desenhos das constelações ou lista de estrelas sempre indicam a magnitude de cada estrela. As *magnitudes* representam o brilho das estrelas. Um dos gregos antigos, Hiparcos, dividiu todas as estrelas que ele pôde ver em seis classes. Ele chamou as estrelas mais brilhantes de magnitude um ou *1ª magnitude*, o segundo conjunto mais brilhante de estrelas de *2ª magnitude*, e assim até as mais fracas, que eram as de *6ª magnitude*.

Em Números: A matemática do brilho

Estrelas de 1ª magnitude são cerca de 100 vezes mais brilhantes do que estrelas de 6ª magnitude. Na verdade, as estrelas de 1ª magnitude são cerca de 2,512 vezes mais brilhantes que as de 2ª magnitude, que são cerca de 2,512 vezes mais brilhantes que as estrelas de 3ª magnitude, e assim por diante. (Na 6ª magnitude, você chega a números muito grandes: as de 1ª magnitude são cerca de 100 vezes mais brilhantes.) Vocês, matemáticos, lendo isso identificam como progressão geométrica. Cada magnitude é a 5ª raiz de 100 (o que significa que quando multiplicar o número por ele mesmo 4 vezes – por exemplo, 2,512 x 2,512 x 2,512 x 2,512 x 2,512 – o resultado vai dar 100). Se duvidar da minha palavra e quiser fazer esse cálculo por conta própria, você vai obter uma resposta um pouco diferente porque deixei de fora alguns decimais.

Assim, você pode calcular o quão débil a estrela está – comparada a outra estrela - por sua magnitude. Se duas estrelas estiverem a 5 magnitudes de diferença (tal como uma estrela de 1ª magnitude e uma de 6ª magnitude), elas diferem por um fator de $2,512^5$ (2,512 a quinta potência), e uma boa calculadora de bolso te mostra que uma estrela é 100 vezes mais brilhante. Se duas estrelas tiverem 6 magnitudes de diferença, uma é cerca de 250 vezes mais brilhante que a outra. E se quiser comparar, digamos, uma estrela de 1ª magnitude com uma estrela de 11ª magnitude, seu fator será uma diferença de $2,512^{10}$ no brilho, o que significa um fator de 100 ao quadrado, ou 10.000.

O objeto mais apagado visível com o Telescópio Espacial Hubble é cerca de 25 magnitudes mais fraco que a estrela mais apagada que você pode ver a olho nu (presumindo uma visão normal e habilidades de observação – alguns especialistas e uma certa quantidade de mentirosos e contadores de vantagem dizem que podem ver estrelas até de 7ª magnitude). Falando de estrelas fracas, as de 25ª magnitude são cinco vezes 5 magnitudes, o que corresponde a uma diferença de brilho de 100^5. Então, o Hubble pode ver 100 x 100 x 100 x 100 x 100, isto é, objetos 10 bilhões de vezes mais fracos do que o olho humano é capaz de observar. Os astrônomos não esperam nada a menos de um telescópio de 1 bilhão de dólares. Pelo menos ele não custou 10 bilhões de dólares.

Você pode comprar um telescópio por menos de 1000 reais e fazer o *download* das melhores fotos do Hubble de 1 milhão de dólares de graça na internet, no www.hubblesite.org.

Note que, ao contrário da maioria das escalas e unidades comuns de medidas, quanto mais forte for o brilho da estrela, menor é a sua magnitude. Os gregos não eram perfeitos, entretanto; até Hiparco tinha um calcanhar de aquiles: ele não deixou espaço em seu sistema para estrelas muito mais brilhantes, quando medidas com precisão.

Então hoje reconhecemos algumas estrelas com magnitude zero ou magnitude negativa. Sírius, por exemplo, tem magnitude -1,5. E o planeta mais brilhante, Vênus, às vezes tem magnitude -4 (o valor exato varia, dependendo da distância que Vênus está da Terra no momento e sua direção em relação ao Sol).

Outra omissão: Hiparco não tinha uma classe de magnitude para as estrelas que ele não conseguia ver. Isso não parecia um descuido na época, pois ninguém sabia sobre essas estrelas. Mas hoje, astrônomos sabem que milhões de estrelas existem além da visão humana, e todas devem ter magnitudes. Suas magnitudes são números maiores: 7 ou 8 para estrelas que podem ser facilmente vistas por binóculos, e 10 ou 11 para estrelas que podem ser vistas por um bom telescópio pequeno. As magnitudes chegam tão alto (ou baixo) quanto 21 para a estrela mais apagada no Levantamento Celeste do Observatório Palomar (Palomar Observatory Sky Survey) e a 30 ou talvez 31 para o objeto mais apagado que o Telescópio Espacial Hubble pode captar.

Revendo através dos anos-luz

As distâncias para as estrelas e de outros objetos além dos planetas do nosso Sistema Solar são medidas em *anos-luz*. Como uma medida de distância real, um ano-luz equivale a cerca de 9,4 trilhões de quilômetros.

As pessoas confundem um ano-luz com a medida de tempo, pois o termo contém a palavra "ano". Mas um ano-luz é de fato uma medida de distância – a distância que a luz viaja, passando pelo espaço a 300 mil quilômetros por segundo, ao longo de um ano.

Quando vir um objeto no espaço, você verá como ele parecia quando a luz foi emitida pelo objeto. Considere esses exemplos:

- Quando astrônomos identificaram uma explosão no Sol, não a vimos em tempo real; a luz da explosão leva cerca de oito minutos para chegar à Terra.
- A estrela mais próxima além do Sol, a Próxima Centauri, fica a cerca de 4 anos-luz de distância. Astrônomos não conseguem ver a Próxima como ela é agora, apenas como ela era quatro anos atrás.
- Olhe para a galáxia de Andrômeda, o objeto mais distante que você pode ver prontamente sem auxílio de instrumentos, em uma noite escura e com o céu limpo, na primavera. A luz que seus olhos recebem deixou a galáxia a cerca de 2,6 milhões de anos atrás. Se a galáxia desaparecesse por algum motivo misterioso, nós nem mesmo saberíamos por mais de dois milhões de anos. (Veja o Capítulo 12 para mais dicas de como se observar galáxias.)

Eis a questão:

- Quando você olha para o espaço, você está olhando para o passado.
- Astrônomos não têm como saber exatamente como um objeto no espaço se parece agora.

Quando você olha para uma estrela grande e brilhante de uma galáxia bem distante, você deve levar em conta a possibilidade de que essas estrelas em particular nem existam mais. Algumas grandes estrelas só vivem por 10 ou 20 milhões de anos. Se as vir em uma galáxia que se situa a 50 milhões de anos-luz de distância, você estará olhando para uma estrela aposentada. Elas não estão mais brilhando naquela galáxia; elas estão mortas.

Se astrônomos enviarem *flashes* de luz para uma das galáxias mais distantes descobertas pelo Hubble e outros grandes telescópios, a luz levaria pelo menos 12 bilhões de anos para chegar, pois a galáxia mais longe fica a pelo menos 12 bilhões de anos-luz de distância (além disso, o Universo está se expandindo, então as galáxias vão estar ainda mais longe quando a luz as alcançarem). Astrônomos, entretanto, preveem que o Sol vai inchar e destruir toda a vida na Terra em meros 5 ou 6 bilhões de anos, então a luz seria um anúncio inútil da existência da nossa civilização, como um *flash* no filme celestial.

Continue em movimento: Calculando a posição das estrelas

Astrônomos costumavam chamar as estrelas de "estrelas fixas" para distingui-las de planetas errantes. Todavia, na verdade, as estrelas também estão em constante movimento real e aparente. O céu inteiro gira acima de nossas cabeças porque a Terra gira. As estrelas nascem e se põem, como o Sol e a Lua, mas elas continuam com a mesma forma. As estrelas que compõem a Ursa Maior não vão para o Cão Menor ou para Aquário. Constelações diferentes nascem em horários diferentes e em datas diferentes e são visíveis de locais diferentes por todo o mundo.

Na verdade, as estrelas da Ursa Maior (e de todas as outras constelações) se movem umas em relação às outras e em velocidades de tirar o fôlego, medidas em centenas ou milhares de metros por segundo. Mas essas estrelas estão tão longe que os cientistas precisam de medidas precisas ao longo de intervalos consideráveis de tempo para detectar seu movimento pelo céu. Então, daqui a 20 mil anos, as estrelas da Ursa Maior vão formar um padrão diferente no céu. Talvez até se pareçam com um grande urso.

Uau! Não, não, quero dizer U.A.

A Terra está a cerca de 150 quilômetros de distância do Sol, ou uma Unidade Astronômica (U.A). As distâncias entre os objetos no sistema solar são geralmente dadas em U.A. Seu plural também é U.A. (Não confunda U.A. com "Uau!")

Em anúncios públicos, coletivas de imprensa e livros populares, os astrônomos informam o quão longe as estrelas e as galáxias que eles estudam estão "da Terra". Mas entre eles mesmos e em jornais técnicos, eles sempre medem a posição contando do Sol, o centro do nosso Sistema Solar. Isso não é muito importante, pois os astrônomos não podem medir as distâncias das estrelas tão precisamente que uma U.A. a mais ou a menos faça diferença, mas eles fazem isso para dar mais consistência.

Até agora, astrônomos mediram as posições de milhões de estrelas, e muitas delas estão tabeladas em catálogos e marcadas em mapas estelares. As posições estão listadas em um sistema chamado "ascensão reta e declinação" – conhecido por todos os astrônomos, amadores e profissionais como *AR* e *Dec*:

- *AR* é a posição da estrela medida no sentido leste-oeste no céu (como a longitude, a posição de um local na Terra é medida a leste ou a oeste do meridiano principal em Greenwich, Inglaterra).
- *Dec* é a posição da estrela medida na direção norte-sul, como a latitude de uma cidade, que é medida a norte ou ao sul do equador.

Astrônomos geralmente listam a *AR* em unidades de horas, minutos e segundos, como o tempo. Nós listamos o *Dec* em graus, minutos e segundos de arco. Noventa graus fazem um ângulo reto, sessenta minutos de um arco compõem um grau e sessenta segundos de arco formam um minuto de arco. Um minuto ou segundo de arco, geralmente, é chamado de "arcominuto" ou um "arcossegundo", respectivamente.

Indo além da *AR* e da *Dec*

Uma estrela com AR 2h00m00s fica a duas horas ao leste de uma estrela com *AR* 0h00m00s, sem levar em conta a declinação. A *AR* aumenta de oeste para leste, começando de *AR* 0h00m00s, o que corresponde a uma linha no céu (na verdade um semicírculo, centralizado no centro da Terra) para o Polo Norte Celeste para o Polo Sul Celeste. A primeira estrela pode estar em *Dec* 30° Norte e a segunda pode estar em *Dec* 15°25'12" Sul, mas ainda estão a duas horas de distância na direção leste-oeste (e 45°25'12" distantes na direção norte-sul). Os Polos Celestes Norte e Sul são pontos no céu – ao Norte e ao Sul – ao redor dos quais o céu inteiro parece girar, com todas as estrelas nascendo e se pondo.

Veja os seguintes detalhes sobre as unidades da *AR* e *Dec*:

- Uma hora de AR equivale a 15 graus no equador celeste. Vinte e quatro horas de *AR* atravessam o céu, e 25 X 15 = 360 graus, ou um círculo completo pelo céu. Um minuto de *AR*, chamado de minuto do tempo, é uma medida do ângulo no céu que dá 1/60 de uma hora de *AR*. Então pegue 15°÷60, ou 1/4°. Um segundo de *AR*, ou um segundo de tempo, é sessenta vezes menor que um minuto de tempo.
- *Dec* é medida em graus, como os graus em um círculo, e em minutos e segundos de arco. Um grau inteiro é quase o dobro do tamanho aparente ou angular da Lua cheia. Cada grau é dividido em 60 segundos de arco. O Sol e a Lua Cheia têm cerca de 32 minutos de arco (32') na largura como vistos no céu, embora na realidade, o Sol seja muito maior que a Lua. Cada minuto de arco é dividido em 60 segundos de arco (60"). Quando olhar em seu telescópio de fundo de quintal com grande magnificação, a turbulência do ar borra a imagem da estrela. Em boas condições (baixa turbulência), a imagem deve medir cerca de 1" ou 2" de largura. Isso dá um ou dois arcossegundos.

Algumas regras básicas podem te ajudar a lembrar como a *AR* e a *Dec* funcionam e como ler um mapa estelar (veja a Figura 1-3):

- O Polo Norte Celeste (PNC) é o lugar onde o eixo da Terra aponta para a direção norte. Se ficar no Polo Norte geográfico, o PNC fica logo acima da sua cabeça. (Se for para lá, diga "Oi" ao Papai Noel por mim, mas tome cuidado, você pode estar sobre o gelo fino, pois não há terra firme no Polo Norte.)
- O Polo Sul Celeste (PSC) é o local para onde o eixo da Terra aponta na direção sul. Se estiver no Polo Sul geográfico, o PSC fica bem acima da sua cabeça. Espero que esteja com roupas quentes: você está na Antártida!
- As linhas imaginárias de igual *AR* passam pelo PNC e pelo PSC como semicírculos centralizados no centro da Terra. Elas podem ser imaginárias, mas elas aparecem desenhadas na maioria dos mapas celestes para ajudar as pessoas a achar as estrelas em *ARs* específicas.
- As linhas imaginárias de igual *Dec*, como a linha no céu que marca *Dec* 30º Norte, passa acima de suas latitudes geográficas correspondentes. Então, se estiver em Nova York, latitude 41º Norte, o ponto em cima estará sempre em *Dec* 41º Norte, embora sua *AR* mude constantemente com a rotação da Terra. Essas linhas imaginárias aparecem nos mapas estelares também como círculos de declinação.

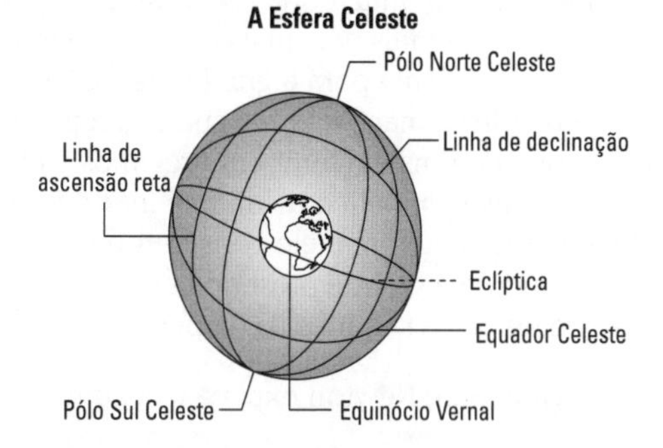

Figura 1-3: Decodificando a esfera celeste para encontrar direções no espaço.

Suponha que você queira encontrar o PNC visível do seu quintal. Mire em direção ao norte e olhe a uma altitude de *x* graus, em que *x* é sua latitude geográfica. Isso se estiver no Hemisferio Norte. Se você mora no Hemisfério Sul, você não pode ver o PNC. Entretanto, você pode procurar o PSC. Procure por um ponto ao sul cuja altitude no céu, medida em graus acima do horizonte, se equivalha a sua latitude geográfica.

Aqui estão algumas boas notícias: Se você quer apenas encontrar constelações e planetas, você não precisa saber usar a *AR* e a *Dec*. Você tem apenas que comparar um mapa de estrelas preparado para a época certa do ano e para a hora certa da noite (como impresso, por exemplo, em alguns jornais diários) com as estrelas que você vê nos horários correspondentes. Mas se quiser entender como os catálogos de estrelas funcionam e como focar uma galáxia apagada com seu telescópio, compreender o sistema ajuda.

E se comprar um daqueles telescópios incríveis, novos, surpreendentemente acessível com controles computadorizados (veja o Capítulo 3), você pode digitar a *AR* e a *Dec* de um cometa descoberto recentemente e o telescópio vai apontar diretamente para ele). Uma pequena tabela chamada *efemérides* vem com todos os anúncios de novos cometas. Ela dá a previsão da *AR* e *Dec* do cometa para noites sucessivas enquanto ele percorre os céus.

Gravidade: A Força para se Pensar

Desde o trabalho de Newton, tudo na Astronomia gira em torno da gravidade. Newton a explicou como sendo a força entre quaisquer dois objetos. A força depende da massa e da separação. Quanto maior a massa do objeto, com mais força ele puxa. Quanto maior a distância, menor é a atração gravitacional.

Albert Einstein desenvolveu uma teoria melhorada da gravidade, que passou por testes experimentais nos quais a teoria de Isaac falhou. A teoria de Newton era boa o suficiente para a gravidade experimentada no dia a dia, como a força que fez a maçã cair em sua cabeça (se ela realmente o acertou). Mas a teoria de Einstein também previu os efeitos que acontecem perto de objetos massivos, onde a gravidade é muito forte. Einstein não pensou na gravidade como uma força; ele considerou que ela seria uma torção do espaço e do tempo pela grande presença de objetos massivos, como uma estrela. Eu até perco os sentidos só de pensar sobre isso.

O conceito de gravidade de Newton explica o seguinte:

- Por que a Lua orbita a Terra, por que a Terra orbita o Sol, por que o Sol orbita o centro da Via Láctea e por que diversos outros objetos orbitam um objeto ou outro no espaço.
- Por que uma estrela ou planeta são redondos.
- Por que gás e poeira no espaço podem se juntar e formar novas estrelas.

A teoria da gravidade de Einstein, a Teoria Geral da Relatividade, explica o seguinte:

- Por que as estrelas vistas perto do Sol durante um eclipse total parecem estar um pouco fora do lugar.

- Por que os buracos negros existem.
- Por que, durante a rotação da Terra, ela arrasta espaço e tempo distorcidos com ela, um efeito que os cientistas verificaram com ajuda de satélites que orbitam a Terra.

Você pode saber mais sobre buracos negros nos Capítulos 11 e 13 sem ter que ser mestre em Teoria Geral da Relatividade. Você pode se tornar mais inteligente se ler todos os capítulos deste livro, mas seus amigos não vão te chamar de Einstein, a não ser que você deixe seu cabelo crescer, que desfile por aí com um pulôver velho e amassado e que coloque sua língua para fora quando alguém tirar sua foto.

Espaço: Uma Comoção de Movimentos

Tudo no espaço está se mexendo e virando. Objetos não podem ficar parados. Graças à gravidade, um corpo celeste sempre está puxando uma estrela, planeta, galáxia ou nave espacial. O Universo não tem centro.

Por exemplo, a Terra:

- Gira ao redor de seu eixo – o que os astrônomos chamam de *rotação* e leva um dia para completar toda a volta.
- Orbita ao redor do Sol – o que os astrônomos chamam de *translação* uma órbita completa leva um ano.
- Viaja com o Sol em uma órbita gigante ao redor do centro da Via Láctea; a viagem leva cerca de 226 milhões de anos para ser completada uma vez, e a duração da viagem se chama *ano galáctico*.
- Move-se com a Via Láctea em uma trajetória ao redor do centro do *Grupo Local de Galáxias*, algumas dúzias de galáxias que estão ao nosso lado no Universo.
- Move-se pelo Universo com o Grupo Local como parte do *Fluxo de Hubble*, a expansão geral do espaço causada pelo Big Bang.

  O Big Bang é o evento que iniciou o nascimento do Universo e colocou o próprio espaço em expansão em uma taxa agressiva. Teorias detalhadas sobre o Big Bang explicaram muitos fenômenos observados e previram, com sucesso, coisas que não tinham sido observadas antes das teorias começarem a circular. (Para saber mais sobre o Big Bang e outros aspectos do Universo, confira a Parte IV.)

Você se lembra de Ginger Rogers? Ela fez tudo o que Fred Astaire fez quando dançaram nos filmes, e ela fez tudo de trás para frente. Como Ginger e Fred, a Lua segue os movimentos da Terra (embora não de trás para frente), exceto pela rotação da Terra; a Lua gira mais lentamente, cerca de uma vez ao longo do mês. E ela cumpre suas funções enquanto também gira em torno da Terra (o que acontece cerca de uma vez ao longo do mês).

E você, como um habitante da Terra, participa dos movimentos de rotação, translação, órbita galáctica, de navegação pelo Grupo Local e da expansão cósmica. E você faz tudo isso enquanto vai trabalhar de manhã sem nem saber disso. Peça para o seu chefe ter um pouco de consideração da próxima vez que chegar um pouco atrasado.

Capítulo 2

Junte-se a Nós: Atividades e Recursos para Observação Celeste

Neste Capítulo:

- Entrando em clubes de Astronomia, usando a internet, e mais.
- Explorando observatórios e planetários.
- Curtindo astrofestas, excursões e cruzeiros de eclipse e hotéis com telescópio.

A Astronomia tem apelo universal. As estrelas fascinaram as pessoas desde a era pré-histórica até a era moderna. As primeiras observações do céu geraram todo o tipo de teoria sobre o Universo e atribuições de poder e propósito aos movimentos das estrelas, planetas e cometas. Quando você olha para o céu, centenas de milhares de pessoas em todo o mundo olham com você. Quando se trata de observação do céu, você não está sozinho. Muitas pessoas, publicações e outros recursos estão à sua disposição para te ajudar a começar, para te ajudar a não desistir, e para te fazer participar do grande trabalho que é explicar o Universo.

Neste capítulo, eu introduzo alguns desses recursos e dou sugestões de como começar. O resto depende de você. Então, una-se a nós!

Depois que souber dos recursos, organizações, instalações e equipamentos que podem te ajudar a gostar mais profundamente de Astronomia, você poderá passar confortavelmente para a ciência pura da Astronomia – a natureza dos objetos e fenômenos que acontecem lá fora no espaço. Eu descrevo o equipamento que você precisa para começar no Capítulo 3.

Você Não Está Sozinho: Clubes de Astronomia, sites, e Mais

Você tem muitas informações, organizações, pessoas, instalações e informações disponíveis para ajudá-lo a começar e a permanecer ativo na Astronomia. Você pode entrar em associações e atividades para ajudar pesquisadores a acompanhar estrelas e planetas, e você pode ir a reuniões, palestras e sessões instrucionais em clubes de Astronomia, que permitem que você compartilhe telescópios e locais de observação para contemplar o céu com outras pessoas. Você também pode encontrar sites, publicações e programas de computador com informações básicas sobre Astronomia e eventos celestes atuais.

Entrar em um clube de Astronomia para Usufruir da Companhia dos Astros

A melhor maneira de se iniciar em Astronomia sem esforços e despesas em vão é entrar em um clube de Astronomia e conhecer seus membros. Os clubes realizam reuniões mensais em que as pessoas experientes passam dicas sobre técnicas e equipamentos para iniciantes e onde os cientistas locais e de fora realizam palestras e apresentações de *slides*. Membros já devem saber onde conseguir um bom negócio por um telescópio ou binóculos usados e quais produtos no mercado valem o que custam. (Veja o Capítulo 3 para mais informações).

Ainda melhor, os clubes de Astronomia patrocinam reuniões de observação, geralmente em noites de fim de semana e ocasionalmente em datas especiais, quando há uma chuva de meteoros, um eclipse, ou qualquer outro evento especial. Uma reunião de observação é o melhor lugar para descobrir sobre a prática da Astronomia e o equipamento que você precisa. Você nem vai precisar levar um telescópio; a maioria das pessoas fica feliz em deixar você olhar pelo delas. Apenas use sapatos confortáveis, leve luvas e um chapéu para o ar gelado da noite e abra um sorriso!

Caso você more em uma cidade ou subúrbio, as possibilidades do seu céu noturno ser claro são grandes, então você pode encontrar melhores condições de observação se viajar até um lugar escuro no interior. Seu clube local de Astronomia provavelmente já tem um bom local, e quando os membros vão todos para esse local solitário, você pode aproveitar com muita segurança.

Se você mora em uma cidade de bom tamanho ou em uma cidade universitária, um clube de Astronomia deve existir perto de você. Para descobrir, acesse a internet e busque a lista de nós locais da rede de divulgação de Astronomia criada para comemorar o Ano Internacional da Astronomia em `http://www.astronomia2009.org.br`. Esses nós são clubes locais

Observando ao redor do mundo: uma amostra de Sociedades de Astronomia

A Sociedade Astronômica do Pacífico (Astronomical Society of the Pacific) (www.astrosociety.org), com sede em São Francisco, publica a revista *Mercury* para amadores. Ela realiza encontros anuais que circulam pelo oeste dos Estados Unidos e às vezes chegam até Boston ou Toronto. Ela oferece inúmeros materiais educacionais sobre Astronomia para professores e estudiosos também.

Você mora no Canadá? A Sociedade Astronômica Real do Canadá (Royal Astronomical Society of Canada) tem 27 Centros, o que é um nome chique para clube. Geralmente, profissionais da universidade mais próxima se envolvem com as atividades do Centro. Você pode encontrar uma lista dos Centros no site da RASC: www.rasc.ca.

No Reino Unido, a organização escolhida é a Associação Astronômica Britânica (British Astronomical Association), fundada em 1890 e que ainda resiste firme e forte. Seu site é: www.britastro.org/main/.

A maior parte dos outros países tem clubes de Astronomia também. Astronomia é realmente uma paixão "universal".

No Brasil existe a Sociedade Astronômica Brasileira, que congrega astrônomos profissionais, fundada em 1974, cujo site é `http://www.sab-astro.org.br`; e a Associação Brasileira de Planetários, mais jovem, que reúne profissionais ligados mais exclusivamente à divulgação da Astronomia, cujo site é: `http://www.planetarios.org.br`.

que compõem a Rede Brasileira de Astronomia (RBA). Uma lista menos atualizada, mantida pelo astrônomo Naelton Araujo, pode ser consultada em `http://www.reocities.com/naelton/assast.htm`.

Conferindo sites, revistas e softwares

Descobrir coisas sobre Astronomia é fácil. Você pode escolher entre uma variedade de recursos, inclusive sites, revistas e alguns novos *softwares* inovadores. As seções a seguir oferecem dicas para se descobrir as melhores informações.

Viajando pelo cyber espaço

A internet oferece sites sobre todos os temas da Astronomia, e os recursos têm aumentado bem, em taxas astronômicas! Você pode encontrar muitos sites listados ao longo deste livro; se quiser mais informações sobre planetas, cometas, meteoros ou eclipses, a internet oferece bons sites para todos os tópicos.

Os editores da revista *Sky & Telescope* mantêm um dos melhores sites no skyandtelescope.com. Inicie sua carreia de observador conferindo a página "This Week's Sky at a Glance" (Um Rápido Olhar no Céu Dessa Semana) da Sky & Telescope em: `skyandtelescope.com/observing/ataglance/`. Ele oferece uma descrição dia a dia (ou noite por noite) dos planetas, cometas e outras coisas para se olhar.

A Astronomia está te deixando completamente confuso? Em alguns sites, cientistas da NASA ou outros pesquisadores ficam disponíveis para responder suas perguntas. Você pode fazer perguntas a astrônomos da USP (envie um email para duvidas@astro.iag.usp.br) ou do Observatório Nacional (http://on.br/pergunte_astro/)

Indo atrás de publicações

Você pode comprar excelentes revistas para expandir seu conhecimento sobre Astronomia e sua habilidade prática. A maioria dos astrônomos amadores assina pelo menos uma dessas publicações. E, em muitos casos, se você entrar em um clube local de Astronomia, uma assinatura de uma revista nacional pode ser oferecida com desconto. (Veja "Entrar em um clube de Astronomia para usufruir da companhia dos astros" no início deste capítulo, para dicas sobre clubes).

Experimente a *Night Sky*, na qual os criadores guiam o iniciante a uma completa Astronomia – Ela é publicada apenas seis vezes ao ano, então você tem tempo de correr atrás e processar as informações dadas até a próxima edição. Seu site, www.nightskymag.com, mostra como fazer a assinatura *on-line*, por telefone ou por *e-mail*. E você pode encontrar a publicação em muitas livrarias de planetários e museus.

Quando estiver pronto para se formar na *Night Sky*, pegue uma cópia das duas maiores (literalmente, as duas maiores) revistas de Astronomia: *Sky & Telescope* (que publica a *Night Sky*) e *Astronomy*. Experimente as publicações por um mês, e se conseguir absorver mais informações de uma do que de outra, vá em frente e assine. Você também pode fazer isso pelos sites: skyandtelescope.com e www.astronomy.com.

Os leitores canadenses podem receber edições bimensais da *SkyNews: The Canadian Magazine of Astronomy & Stargazing*, uma publicação inteligente e completa que é disponibilizada pelo National Museum of Science and Technology Corporation (Companhia do Museu Nacional de Ciência e Tecnologia). Ligue para 1-866-759-0005, ou visite o site: www.skynewsmagazine.com para informações.

Na França, uma revista popular é a *Ciel & Espace* (www.cieletespace.fr); na Austrália, a *Sky & Space* (www.skyandspace.com.au) controla o ramo; e na Alemanha, procure por *Sterne und Weltraum* (www.wissenschaft-online.de/suw). No Brasil, encontrará excelentes artigos sobre Astronomia na revista eletrônica *Café Orbital* (www.on.br/revista) publicada pelo Observatorio Nacional, ou nas revistas *Scientific American Brazil* (http://www.vol2.com.br/sciam/) e *Ciência Hoje* (http://www.cienciahoje.uol.com.br/). Onde quer que more, poderá encontrar uma revista especializada feita para você.

E onde quer que more, você precisará de um *Manual do Observador* (Observer's Handbook) tal como o da Sociedade Astronômica Real do Canadá (Royal Astronomical Society of Canada) (www.rasc.ca) Dúzias de especialistas compilam o guia para ajudar você a aproveitar os céus.

No Brasil, sugerimos os guias e manuais diversos publicados pelo astrônomo Ronaldo R. Mourão e o *Guia Ilustrado de Astronomia* de Ian Ridpath.

Software de pesquisa

Um programa planetário para o seu computador pessoal é uma verdadeira mão na roda. O programa pode te mostrar como o céu sobre sua casa se apresentará todos os dias. Esse *software* é incrível para uma consulta antes de sair de casa para observar o céu durante a noite. Alguns astrônomos usam esse programa para planejar suas sessões de observação. Eles programam horários dos objetos que observarão com telescópios e binóculos em diferentes momentos da noite, usando o "tempo noturno" de maneira eficiente.

Programas de planetários estão disponíveis por uma grande variedade de preços com muitas características diferentes. Você pode encontrar versões atuais anunciadas em revistas e sites de ciências e Astronomia (vejas as duas seções anteriores); eles foram atualizados para tornar-se cada vez mais úteis. Você precisa apenas de um programa para começar, e esse pode ser o programa que vai usar sempre. A melhor maneira de selecionar um programa de planetário que sirva as suas necessidades é falar com astrônomos amadores experientes no clube de Astronomia local. O que funciona para eles, deve funcionar para você.

Esses são alguns programas que eu acho úteis, cada um precisa de um *drive* de CD-ROM no seu computador.

- Embora eu tenha pago mais de US$300 ou mais por programas de planetário, um que eu gostei de usar recentemente custou menos de US$60: a versão mais barata e simples do *Starry Night*, do pessoal do `www.space.com`.

  Depois de instalar o programa, clique no ícone *Starry Night* e surge uma imagem colorida do céu (uma simulação, não uma imagem ao vivo), completa, com horizonte e uma nova árvore.

  Se acessar o programa à noite, a imagem mostrará como as estrelas, os planetas e a Lua irão parecer a olho nu ao ar livre em sua localidade (presumindo que o tempo esteja limpo). Se rodar o programa durante o dia, você verá a imagem do céu azul, com o Sol na altitude certa. Ligue o programa um pouco depois do pôr do sol e verá o céu escurecendo e os planetas e estrelas aparecendo a cada momento. Você terá uma visão realista do mundo lá fora sem sair da frente do seu computador! Mas não haverá nenhum veleiro nesse pôr do sol; o programa é científico, não romântico. Clique nos ícones, arraste objetos e poderá ver como o céu estará em qualquer local do mundo a quase qualquer hora.

- Você também pode procurar na internet pelo programa gratuito *Stellarium* que roda tanto em Windows quanto Linux. Stellarium possui versão em português e tem um desempenho bem similar ao do *Starry Night*.

- O *TheSky* é um programa de planetário altamente recomendado com muitos apetrechos. Você pode adquirir o programa em diversas versões, para astrônomos iniciantes e avançados, com preços que variam de US$49 a US$279. A Software Bisque em Golden, Colorado, produz o programa, e você pode conferir no site: `www.bisque.com`, que conta as principais características.

- Você pode encontrar uma versão bem simples (e de graça!) *on-line* do programa de planetário em: `www.skyandtelescope.com`. O *Interactive Sky Chart* aparece em sua tela, mostrando o céu sobre o Greenwich, Inglaterra, naquele momento. Você pode reiniciar para a sua localidade geográfica e para qualquer data e hora que planeje olhar os céus.

Visitando Observatórios e Planetários

Você pode visitar *observatórios profissionais* (organizações que têm grandes telescópios operados por astrônomos e outros cientistas para o estudo do Universo) e *planetários públicos* (instalações especialmente equipadas com máquinas que projetam as estrelas e outros objetos celestes em uma sala escura com muitas explicações dos vários fenômenos do céu) para descobrir mais sobre telescópios, Astronomia e programas de pesquisa.

Espiando os observatórios

Você pode encontrar centenas de observatórios profissionais nos Estados Unidos e em muitas outras regiões. Algumas servem como instituições de pesquisa operadas por universidades e faculdades ou agências do governo. Como exemplo, temos o U.S. Naval Observatory (localizado no centro de Washington D.C., controlado pelo Serviço Secreto e casa do vice-presidente dos Estados Unidos; `www.usno.navy.mil`) e postos avançados em cumes de montanhas remotos (como o Mt. Evans Meyer-Womble Observatory da Universidade de Denver, rotulado como o "Observatório mais alto em operação na Costa Leste", a 14.148 pés; `www.du.edu/~rstencel/MtEvans`). Outros observatórios são dedicados inteiramente à educação e informação pública; cidades, países, sistemas escolares ou organizações sem fins lucrativos frequentemente gerenciam esses locais.

Os observatórios de pesquisa, geralmente, ficam localizados em locais exóticos e com nomes apropriados, como o Lowell Observatory (`www.loweel.edu`) no Mars Hill, em Flagstaff, Arizona, onde o Planeta Plutão foi descoberto em 1930. O fundador do observatório, Percival Lowell, achou que poderia ver canais em Marte usando um telescópio nesta montanha.

O Observatório Solar Nacional (National Solar Observatory) (`www.sunspot.noao.edu`) possui diversos telescópios para observação do Sol em Sunspot, Novo México, um pouco acima da pequena cidade Cloudcroft, que fica logo acima da cidade de Alamogordo. E a Universidade Estadual da Georgia (`www.chara.gsu.edu/HLCO`) opera um observatório cerca de 80 quilômetros a leste de Atlanta no Hard Labor Creek. (Proibido invadir!)

Alguns observatórios ficam localizados perto de grandes cidades, como o Observatório e Planetário Griffith (www.fgriffthobs.org) – gerenciado inteiramente para o público no Griffith Park, em Los Angeles – e o Observatório Mount Wilson (www.mtwilson.edu) nas montanhas São Bernardino sobre Los Angeles, Califórnia. Mount Wilson, onde a expansão do Universo e o magnetismo do Sol foram descobertos, vale a visita.

No Observatório Palomar (www.astro.caltech.edu/observatories/palomar/), perto de São Diego, Califórnia, você poderá ver o famoso telescópio de 200 polegadas, que há décadas foi o maior e o melhor do mundo. Mesmo com instrumentos mais novos, o telescópio ainda faz grandes contribuições para o conhecimento do Universo. O observatório também tem um pequeno museu e uma loja de presentes.

Um dos maiores observatórios dos Estados Unidos continental é o Observatório Nacional Kitt Peak (www.noao.edu/kpno.html), a 90 quilômetros de Tucson, Arizona. O Observatório Nacional de Astronomia Óptica (National Optical Astronomy Observatory) (www.noao.edu) o administra. E se quiser outra boa fonte de telescópios ópticos, você pode encontrar vários dos maiores e mais avançados telescópios dos Estados Unidos, Canadá, Japão e Reino Unido – conhecidos coletivamente como os Observatórios Mauna Kea (www.ifa.hawaii.edu/mko/maunakea.htm) – acima do vulcão Mauna Kea, na ilha do Havaí.

O Observatório Maria Mitchell (http://209.68.19.123/), na Ilha de Nantucket de Cape Cod, Massachusetts, oferece cursos de Astronomia de verão para crianças, palestras e "noites de observação abertas."

Você pode também visitar os observatórios de Astronomia, onde os cientistas "escutam" sinais de rádio das estrelas ou até procuram sinais de civilizações alienígenas. O Observatório de Radioastronomia Nacional (www.nrao.edu), por exemplo, tem instalações perto de Socorro, Novo México e Green Bank, Virgínia Ocidental, que recebem visitantes.

No Brasil, você poderá visitar o Observatório do Pico dos Dias (http://www.ina.br/~divulg/visitas/visitas.html), em Brasópolis, MG; os observatórios Nacional (www.on.br) e o do Valongo (www.ov.ufrj.br), no Rio de Janeiro; o observatório astronômico da Serra da Piedade (www.fisica.ufmg.br/OAP), em Caeté, MG; ou o Observatório do Capricórnio (www.webcampinas.com.br/observatorio.php) em Campinas, SP.

Você pode encontrar uma lista de observatórios no site *Sky & Telescope* usando o mesmo formulário para localizar um clube de Astronomia (veja a seção "Entrar em um clube de Astronomia para companhia estrelada" no início deste capítulo ver pág. 30). Apenas vá para skyandtelescope.com/resources/organizations, confira o campo intitulado "Observatory", deixe o campo da cidade em branco, e escolha um país. Se clicar em Estados Unidos, ele trará uma lista de 250 observatórios.

Ou você pode dar uma olhada no diretório AstroWeb de Observatórios e Telescópios em: cdsweb.u-strasbg.fr/astroweb/telescopes.html. O diretório cobre o mundo inteiro, além de telescópios no espaço (não tente visitá-los).

Muitos observatórios ficam abertos para o público em intervalos semanais ou mensais, e alguns oferecem tours diários (durante o dia) e operam museus astronômicos, completos com loja de presentes.

Pequenas visitas a planetários

Planetários são perfeitos para astrônomos iniciantes. Eles fornecem exposições instrutivas e projetam maravilhosos *shows* celestes dentro da cúpula do planetário ou em uma tela imensa. E muitos oferecem sessões de observação do céu noturno com pequenos telescópios, geralmente do lado de fora, no estacionamento, em um pequena cúpula do observatório adjacente, ou em um parque público da região. Muitos têm lojas excelentes, onde você pode conferir os últimos lançamentos de livros e revistas de Astronomia, além de mapas de estrelas. A equipe do planetário pode te direcionar para o clube de Astronomia mais próximo, que pode até realizar reuniões no planetário.

Eu praticamente cresci no Planetário Hayden no Museu de História Natural em Nova York. Ocasionalmente, eu confesso, até conseguia entrar de graça. A equipe do planetário era gentil o suficiente para me receber de volta para uma palestra (também de graça) em seu 50º aniversário. Embora o velho planetário tenha sido demolido, um novo e espetacular o substituiu. Você deve fazer desse planetário o primeiro destino da próxima vez que visitar a Big Apple. É caro, mas ainda é bem mais barato que um *show* da Broadway, e suas estrelas nunca erram uma fala ou cantam fora do tom (só não tente entrar de graça como eu!)

A Loch Ness Productions, em Massachusetts, é o monstro da indústria dos planetários. Ela armazena dados de mais de 2.500 planetários em todo o mundo. Para encontrar um planetário perto de você, confira o *Planetarium Compendium* (Compêndio de Planetários) em: `www.lochness.com`.

No Brasil, o maior planetário fica na Cidade do Rio de Janeiro (`www.planetario.com.br`). Há duas cúpulas e sessões diárias para atendimento ao público. Vários outros planetários também existem espalhados pelas cidades brasileiras. Veja uma lista deles em `www.planetários.org.br/planetários/planetáriosbr.html`. No Rio de Janeiro, também é possível visitar o Museu de Astronomia e Ciências Afins (`www.mast.br`).

Tirando Férias com as Estrelas: Astrofestas, Viagens de Eclipses e Hotéis com Telescópio

Uma viagem de Astronomia é um presente para a mente e um banquete para os olhos. Além disso, viajar com as estrelas é geralmente mais barato do que um feriado convencional. Você não tem que visitar os pontos turísticos mais legais para se manter no mesmo nível que seus vizinhos esnobes. Você pode ter a experiência de uma vida inteira e voltar se gabando do que você viu e fez, não só sobre o que comeu e gastou.

Você pode, entretanto, gastar muito dinheiro em um tipo de viagem de Astronomia: o cruzeiro de eclipse. Mas se gosta de cruzeiros marítimos, ir a um para um eclipse não custa mais do que uma viagem parecida que não tem nenhuma recompensa celeste. E tours de eclipse baratos também estão disponíveis. Astrofestas e hotéis com telescópios são opções adicionais; eu cobri todos os pontos básicos nas seções seguintes. Faça as malas e peça aos vizinhos para cuidar do seu cachorro.

Que comece a festa! Indo a astrofestas

Astrofestas são convenções ao ar livre para astrônomos amadores. Centenas deles armam seus telescópios (alguns feitos em casa, outros não) em um campo e as pessoas se revezam na observação do céu. (Prepare-se para muitos "Oohs", e "Ahs".) O melhor telescópio e equipamento feito em casa recebem prêmios da organização da festa. Se chover à noite, as pessoas que vão à festa podem assistir a *shows* de *slides* em um salão ou grande tenda próximos. A organização muda, mas geralmente, alguns atendentes acampam no campo e outros alugam cabanas baratas ou alugam ônibus até o hotel mais perto. Astrofestas geralmente duram diversos dias e noites (às vezes até uma semana). Elas atraem de centenas a milhares (sim, milhares!) de fabricantes de telescópios e astrônomos amadores. E as maiores astrofestas têm um site com fotos de eventos anteriores e detalhes das atrações que estão por vir.

As melhores astrofestas nos Estados Unidos incluem:

- a Stellafane, em Vemont (`www.stellafane.com`);
- a Texas Star Party, onde você pode ficar sozinho com as estrelas no Estado da Estrela Solitária (`www.texasstarparty.org`);
- a RMTC Astronomy Expo, onde você pode se entorpecer com as estrelas a uma altitude de 7.600 pés nas montanhas de São Bernardino, na Califórnia (`www.rmtcastronomyexpo.org`);
- A Enchanted Skies Star Party, no deserto do Novo México (`www.socorro-nm.com/starparty`);
- a Nebraska Star Party, com um sítio muito escuro em Sandhills (`www.nebraskastarparty.org`).

A longo prazo, sugiro que visite ao menos uma das melhores astrofestas listadas acima, mas enquanto isso, você pode encontrar astrofestas e outros eventos de Astronomia perto de você, usando o Calendário de Eventos (Event Calendar) *on-line* da Sky&Telescope em: `skyandtelescope.com/resources/calendar`.

Para o caminho da totalidade: Indo a cruzeiros e tours de eclipse

Tours e cruzeiros de eclipse são viagens planejadas a lugares de onde você pode ver o eclipse total do Sol. Astrônomos podem calcular com bastante antecedência quando e de onde um eclipse será visível. As localidades de onde você pode ver um eclipse total são limitadas a uma estreita faixa pela terra e mar, o caminho da totalidade. Você pode ficar em casa e esperar até que um eclipse total venha até você, mas você pode não viver o suficiente para ver mais do que um, ou até nenhum. Então, se você for um observador do tipo impaciente, poderá querer uma viagem pelo caminho da totalidade, pois o próximo eclipse total visível do Brasil não será antes de 2045.

Reconhecendo as razões para agendar um tour

Se um eclipse for visível em uma região a uma distância possível de ser percorrida de carro, você não precisa se inscrever para um *tour*. Se você for um viajante doméstico e internacional experiente, poderá organizar a viagem sozinho até o caminho da totalidade para um eclipse distante. Mas considere esse fato: meteorologistas e astrônomos experientes identificaram as melhores localizações com anos de antecedência. Na maioria das vezes, esses locais não são grandes metrópoles que oferecem uma grande quantidade de acomodações para viajantes. Você teria que viajar para pontos aleatórios do globo. Depois que especialistas tabelarem um local como o primeiro local para ver um eclipse, os *promoters* e indivíduos entendidos reservam todos, ou quase todos, os hotéis locais e outras instalações com anos de antecedência. Rapazes e moças que chegarem atrasados, especialmente os que viajam sozinhos, podem ficar sem sorte.

Um promotor de turismo geralmente reúne um meteorologista e alguns astrônomos profissionais (às vezes até eu!). Então, você tem a vantagem de um homem do tempo para tomar decisões de última hora sobre mover o grupo do campo de observação para um local com melhor previsão do tempo, um astrônomo para mostrar as maneiras mais seguras de se fotografar um eclipse, e, geralmente, outro palestrante que contará antigos contos de eclipses e falará sobre as mais recentes descobertas sobre o Sol e o espaço. E, se você viajar aos bandos, pelo menos um dos especialistas carrega um Sistema de Posicionamento Global (GPS) para verificar se o grupo está na localização desejada.

Na noite que segue o eclipse, todos mostram seus vídeos do céu escurecido, os pássaros se empoleirando, algum desajeitado derrubando o telescópio na pior hora possível e uma multidão exaltada dizendo "Uau" e "Urra". E, é claro, o *replay* do eclipse – de novo e de novo.

Se esses detalhes não te convenceram a ir a um *tour* de eclipse para prazeres visuais, considere isso: um grupo de turistas para um destino estrangeiro é quase sempre mais barato do que ir por conta própria (e muito mais satisfatório do que esperar 15 anos).

Você consegue! Participando de uma pesquisa científica

Você pode tornar o seu *hobby* astronômico benéfico e divertido se juntando a esforços nacionais e internacionais para recolher preciosas informações científicas. Você pode ter apenas um par de binóculos comparado aos dois telescópios de dez metros de largura do Observatório Keck, mas se Mauna Kea tem um dia nublado, o Keck não consegue ver nada. E se uma espetacular bola de fogo passar por cima da sua cidade, você pode ser o único astrônomo a vê-la.

Satélites secretos do Departamento de Defesa dos Estados Unidos e cineastas amadores de férias no Parque Nacional Glacier gravaram um dos mais espetaculares e interessantes meteoros de todos os tempos. Um clipe de um filme caseiro aparece em quase todos os documentários científicos sobre meteoros, asteroides e cometas que passam na televisão. É recompensador estar no local certo, na hora certa. E algum dia, você pode estar nessa posição.

Junte-se aos astrônomos amadores e aproveite os projetos que eu recomendo ao longo deste livro. Você pode fazer essas atividades por conta própria, mas pode ser mais fácil comparar anotações com alguém que tenha mais experiência. E então, faça perguntas pelo seu clube de Astronomia local.

Examinando as vantagens dos cruzeiros

Um cruzeiro de eclipse é melhor do que um *tour*, porém é mais caro. No mar, o capitão e o navegador têm "dois graus de liberdade". Quando o meteorologista diz "siga para sudoeste até o caminho da totalidade por 200 milhas" na noite anterior ao eclipse (em virtude de uma melhor previsão do tempo para uma localidade sem nuvens na hora do eclipse), o navio pode seguir essas instruções. Mas em terra, você tem que manter o ônibus na estrada, e a estrada nem sempre vai à direção que você quer que ela vá. E ainda que o ônibus siga por uma estrada que sirva, você encontra pelo caminho milhares de viajantes de eclipse tentando conseguir o melhor local de última hora porque o tempo mudou. No cruzeiro, você pode deixar a navegação com a tripulação, reclinar a cadeira do deque, tomar um gole da sua *piña colada*, preparar a câmera e esperar a totalidade.

Eu tenho visto muitos eclipses e minha experiência diz que se ficar em terra firme, você consegue ver a totalidade cerca da metade das vezes. Todavia, ao se viajar pelo oceano, você nunca perde.

Tomando a decisão certa

Você pode encontrar propagandas de *tours* e cruzeiros de eclipses em revistas de Astronomia e em muitas revistas de ciência e natureza, e você também pode agendar essas viagens com agentes de turismo. Clubes, fraternidades e sociedades de ex-alunos de faculdades, geralmente, patrocinam os cruzeiros disponíveis.

Aqui estão algumas maneiras para se escolher o *tour* ou cruzeiro certos para você:

- Consulte artigos recentes e antigos em revistas de Astronomia. A maioria publica artigos sobre os prospectos de visualização de um eclipse solar com alguns anos de antecedência. Pegue as recomendações de especialistas sobre os melhores locais para assistir.

- Confira as propagandas de operadoras de viagem. Quais *tours* e cruzeiros vão aos melhores lugares? Pegue brochuras de agentes de viagens, promotores de turismo e linhas de cruzeiros. Geralmente, promotores listam as viagens de eclipse anteriores de sucesso, indicando o nível de experiência.

Dirigindo para hotéis com telescópios

Hotéis com telescópios são *resorts* onde a atração é o céu escuro e a oportunidade de montar seu próprio telescópio em uma localidade com vista excelente. Eles geralmente têm telescópios que você pode usar, talvez por uma taxa adicional.

Alguns hotéis com telescópio que vale a pena visitar:

- Star Hill Inn, a uma altitude de 7.200 pés em Sapello, Novo México, é um pioneiro nas acomodações de *resort* para astrônomos (`www.starhillinn.com`).

- Skywatcher's Inn, em Benson, Arizona, tem um telescópio de 20 polegadas – você pode ficar no Quarto Galaxy com o seu próprio teto de cúpula de planetário (`www.skywatchersinn.com`).

- O The Observer's Inn fica localizado na cidade mineradora histórica de Julian, Califórnia. Embora a pousada tenha sofrido estragos por um incêndio florestal, a parte dos visitantes deve reabrir no primeiro quarto do ano de 2005 (`www.observersinn.com`).

- O StarGazers Inn & Observatory, em Big Bear Lake, Califórnia, é uma pousada luxuosa com meia pensão, que oferece telescópios e binóculos para usar e banheiras à luz de velas para relaxar "depois do céu" (`www.stargazersinn.com`).

Na Europa, dois hotéis com telescópios que valem a pena visitar:

- COAA (Centro de Observação Astronômica no Algrave), no sul de Portugal, com pelo menos quatro telescópios e três suítes para hóspedes (`www.coaa.co.uk/index.html`).

- Fieldview Guest House, uma hospedaria com seis telescópios, fora do caminho batido na East Anglia, Reino Unido (`www.fieldview.net`).

Capítulo 3

Seu Jeito de Ver a Noite: Ferramentas Incríveis para Observar o Céu

Neste Capítulo

- Familiarizando-se com o céu noturno.
- Observando objetos a olho nu.
- Usando de forma correta telescópios e binóculos.
- Planejando uma estratégia precisa de observação.

Se alguma vez já saiu ao ar livre para observar o céu durante a noite, você observou as estrelas – estrelas e outros objetos no céu. Observação a olho nu pode distinguir cores e a relação entre os objetos – como encontrar a Estrela Polar usando as "estrelas apontadoras" na Grande Concha.

Da observação a olho nu, você pode avançar uma pequena etapa adicionando instrumentos ópticos para ver estrelas mais débeis e objetos com maior detalhamento. Primeiro tente com binóculos, e então evolua para o telescópio. Quando perceber, você já será um astrônomo!

Mas eu estou colocando os pés pelas mãos aqui. Primeiro você precisa observar, de maneira tranquila, o cosmos e contemplar a beleza e o mistério sozinho. Você pode utilizar três ferramentas básicas – pelo menos uma que você já possua.

Quer você use seus olhos, um par de binóculos ou um telescópio, cada método de observação é melhor para alguns propósitos:

- O olho humano é ideal para observar meteoros, a aurora boreal, ou a conjunção dos planetas (quando dois ou mais planetas estão próximos um do outro no céu) ou mesmo para observar um planeta e a Lua.
- Binóculos são melhores para observar estrelas com brilho variável, que estão muito longe de suas estrelas de comparação (estrelas co-

nhecidas pelo brilho constante usadas como referência para estimar o brilho de uma estrela com brilho variável) para poder ser vistas por um telescópio. E binóculos são maravilhosos para observar toda a Via Láctea e para ver nebulosas brilhantes e aglomerados de estrelas espalhados pelo céu. Algumas das galáxias mais brilhantes – como a M31 em Andrômeda, as Nuvens de Magalhães e a M33 em Triângulo – podem ser melhor vistas por binóculos.

- Você precisa de um telescópio para ter uma visualização decente da maioria das galáxias e para distinguir os membros de estrelas duplas próximas, entre outros usos. (Uma estrela dupla consiste em duas estrelas que aparecem muito próximas uma da outra; elas podem, ou não, estar perto uma da outra no espaço, mas quando estão realmente juntas, elas formam um sistema estelar binário.)

Neste capítulo, eu cubro essas ferramentas de observação, te dou informações iniciais rápidas sobre geografia do céu durante a noite e um plano útil para se aprofundar em Astronomia. Em pouco tempo, você estará observando o céu com facilidade.

Vendo Estrelas: Informações Primárias de Geografia Celeste

Quando visto pelo Hemisfério Norte, o céu inteiro parece orbitar ao redor do Polo Norte Celeste. Perto dele está a Estrela do Norte (também chamada de Polaris), um bom ponto de referência para observadores de estrela, pois ela quase sempre aparece no mesmo exato local no céu, durante a noite toda (e durante o dia todo, mas você não pode vê-la então).

Nas seções seguintes, eu te mostrarei como se familiarizar com a Estrela do Norte e darei novos fatos sobre constelações.

Enquanto a Terra gira...

Nossa Terra gira. O filósofo grego Heráclides do Ponto proclamou esse conceito no século quarto a.C. Mas as pessoas duvidaram das observações de Heráclides por acreditar que se as suas teorias fossem verdadeiras, elas deveriam se sentir tontas como passageiros em um carrossel em alta velocidade ou em uma carruagem dando voltas. Elas não conseguiam imaginar a Terra girando se elas não pudessem sentir fisicamente os seus efeitos. Em vez disso, os antigos achavam que o Sol girava em torno da Terra, fazendo o movimento de translação todos os dias. (Eles não podiam sentir os efeitos da rotação da Terra, nem você, nem eu, porque somos pequenos demais para notar.)

A prova de que a Terra gira, ou sua *rotação*, não veio até 1815, mais de dois milênios depois de Heráclides (pesquisas não recebiam muitos recursos do governo naquela época, então o progresso era lento). A prova veio de um grande pêndulo francês: uma bola de metal pesada suspensa no teto sobre o chão no Partheon (uma igreja) em Paris por um arame de 60 metros. A bola é chamada de *Pêndulo de Foucault*, em homenagem ao físico francês que surgiu com o plano. Se mantiver o olho no pêndulo enquanto ele vai de um lado ao outro durante o dia todo, você poderá ver que a direção que a bola segue pelo chão gradualmente muda, como se o chão estivesse girando embaixo dele. E estava; o chão girava com a Terra.

Se você não está convencido de que a Terra gira, ou se apenas gosta de olhar grandes pêndulos, você pode ver o Pêndulo de Foulcault no Museu de Ciências da Virgínia em Richmond (`www.smv.org/info/foucaultEX.htm`). Entretanto, se acreditar, você pode tomar sua bebida preferida e aproveitar o pôr do sol.

Como eu expliquei no Capítulo 1, a rotação da Terra em torno de seu eixo faz com que as estrelas e os outros objetos se movam pelo céu de leste para oeste. Além disso, o Sol se move pelo céu durante o ano em um círculo chamado *eclíptica*. (Se conseguisse ver estrelas durante o dia, você poderia notar que o Sol está indo em direção ao oeste pelas constelações, dia a dia.) A elíptica tem inclinação de 23,5 graus em relação ao equador celeste, o mesmo ângulo de inclinação do eixo da Terra do perpendicular ao seu plano orbital.

Os planetas ficam próximos à eclíptica enquanto eles se movem durante o ano. Eles se movem sistematicamente por doze constelações localizadas ao longo da eclíptica, que são chamadas coletivamente de *Zodíaco*: Aries, Taurus, Gemini, Cancer, Leo, Virgo, Libra, Scorpius, Sargittarius, Capricornus, Aquarius e Pisces. (Na verdade, uma 13ª constelação intersecta a eclíptica – Ophiuchus – mas em tempos antigos, ela não foi inclusa nas 12 originais).

A progressão gradual da Terra ao longo de sua órbita do sol resulta em uma aparência diferente do céu noturno no decorrer do ano. As estrelas não ficam localizadas nos mesmos lugares em relação ao horizonte durante a noite ou durante um ano. As constelações que apareciam no alto do céu ao anoitecer um mês atrás ficam agora mais abaixo no oeste ao anoitecer. E se você observar as constelações que surgem abaixo no leste imediatamente antes do amanhecer, você terá uma prévia do que verá à meia-noite em alguns meses.

Para acompanhar as constelações, use os mapas celestes que vêm mensalmente em revistas de Astronomia como a *Sky & Telescope* ou *Astronomy*. (Para saber mais sobre as revistas, confira o Capítulo 2.) O jornal diário também pode conter mapas do céu noturno, ou você pode comprar um *planisfério* barato, o qual apresenta um painel giratório em uma moldura – com um buraco cortado que representa os limites da sua visão – que significa o céu durante a noite. Você pode ajustá-lo de acordo com o dia e hora. Procure, em livrarias, pela *Carta Celeste do Brasil*, de Ronaldo R. Mourão, que é particularmente apropriada às nossas Latitudes.

...não tire o olho da Estrela do Norte

Qualquer um pode sair de casa em uma noite com céu limpo e ver algumas estrelas. Mas como saber o que está olhando? Como pode encontrá-las de novo? O que você deve olhar?

Uma das maneiras que mais poupam tempo para se familiarizar com o céu noturno se viver no Hemisfério Norte é se familiarizar com a Estrela do Norte, ou Polaris, que praticamente não se move. Depois de identificar para que lado fica o norte, você poderá se orientar pelo resto do céu do norte, ou por qualquer outro local, na verdade. No céu do sul, você precisa encontrar as estrelas brilhantes Alpha e Beta Centauri (uma carta celeste do Hemisfério Sul ou um simples mapa estelar pode ajudar), que indicam o caminho para a Cruzeiro do Sul.

Você pode facilmente encontrar a Estrela do Norte usando a Grande Concha na constelação Ursa Maior (veja Figura 3-1). A Grande Concha é um dos padrões mais reconhecidos do céu. Se morar nos Estados Unidos continental, você poderá vê-la todas as noites do ano.

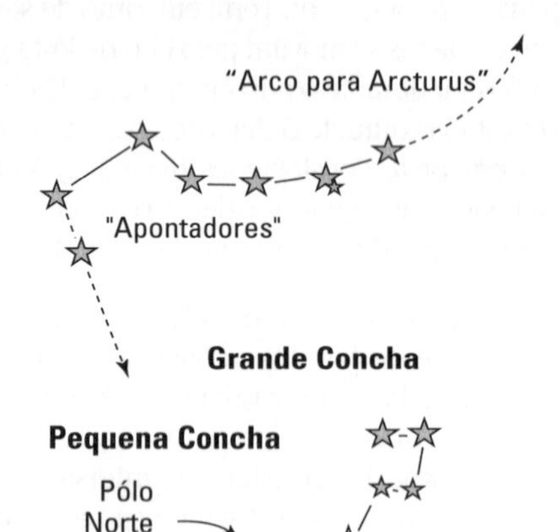

Figura 3-1: A Grande Concha aponta outras visões no céu

As duas estrelas mais brilhantes na Grande Concha, Dubhe e Merak, formam uma ponta da concha e apontam diretamente para a Estrela do Norte. A Grande Concha ajuda a localizar a estrela brilhante Arcturus, em Boötes, também: apenas imagine a suave continuação da curva da alça da Concha, como a Figura 3-1 mostra.

As estrelas próximas de Polaris nunca se põem abaixo do horizonte na maior parte das latitudes da América do Norte, o que as tornam *estrelas circumpolares*: elas parecem circular ao redor de Polaris. A Ursa Maior é uma constelação circumpolar para quase todo o Hemisfério Norte. A área circumpolar do céu depende da sua latitude. Quanto mais próximo morar do Polo Norte, maior será a região circumpolar do céu. E, no Hemisfério Sul, quanto mais ao sul for sua localização, maior será a parte circumpolar do céu.

Embora não seja circumpolar para a maioria dos observadores, Órion é uma constelação muito distinta que é visível no céu noturno durante o verão do Hemisfério Sul, com três estrelas que formam seu cinto apontando para Sírius, em Cão Maior, e Aldebarã, em Touro. Órion também contém estrelas de primeira magnitude, Betelgeuse e Rígel, dois faróis brilhantes no céu (veja a Figura 3-2). Para saber mais sobre a magnitude das estrelas, volte ao Capítulo 1.

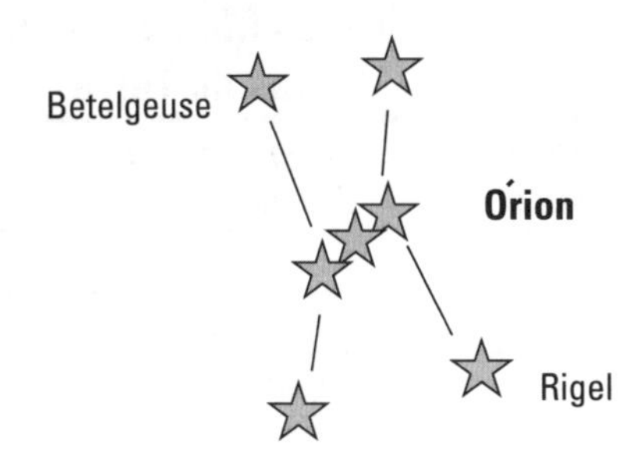

Figura 3-2: Órion e suas estrelas brilhantes que parecem faróis: a Rígel e a Betelgeuse.

Você pode se familiarizar com o céu noturno olhando o mapa de constelações deste livro (confira o Apêndice B) e conferi-lo com seus próprios olhos. Assim como se familiarizar com as ruas da sua cidade te ajudam a chegar ao seu destino de forma mais rápida, saber as constelações te ajuda a ajustar o campo de visão para ver os objetos celestes que quer observar. Ganhar conhecimento sobre os céus também te ajuda a acompanhar a aparição das estrelas e seus movimentos enquanto guiar uma sessão noturna.

Começando com a Observação a Olho Nu

Se você ainda não conhece os pontos cardeais de sua área, reserve um tempo para se familiarizar com eles. Você precisa saber distinguir o norte do sul e o leste do oeste. Depois que ajustar sua postura, você poderá usar os destaques celestes semanais do site da Sky & Telescope (`skyandtelescope.com`) ou a imagem que aparece na sua tela quando você roda um programa de planetário para se orientar até as estrelas mais brilhantes e planetas. (Para saber mais sobre recursos de Astronomia, veja o Capítulo 2.) Quando reconhecer as estrelas mais brilhantes, você terá mais facilidade em encontrar os padrões das mais apagadas ao seu redor.

A Tabela 3-1 lista algumas das estrelas mais brilhantes que você pode ver no céu durante a noite, as constelações que as contêm e suas magnitudes (a medida do seu brilho – veja o Capítulo 1). Muitas delas são visíveis no Brasil. Algumas você só pode ver de latitudes ao norte, portanto estrelas brilhantes que você não pode ver no Brasil podem oferecer um espetáculo e tanto para os americanos. Veja o Capítulo 11 para informações sobre a classe espectral, que é uma indicação da cor e temperatura de uma estrela. (Estrelas de classe espectral B, por exemplo, são brancas e bem quentes, e estrelas M são vermelhas e relativamente frias.)

Comece sua observação consultando um mapa estelar ou um planetário de computador para ver quantas das estrelas mais brilhantes você poderá localizar durante a noite. Depois que fizer isso, tente identificar algumas das estrelas mais fracas das mesmas constelações. E, é claro, fique atento aos planetas com mais brilho: Mercúrio, Vênus, Marte, Júpiter e Saturno (que são abordados nos Capítulos 6 e 8).

Tabela 3-1 As Estrelas Mais Brilhantes Vistas da Terra

Nome Comum	*Magnitude Aparente*	*Designação da Constelação*	*Classe Espectral*
Sírius	-1,5	α Canis Majoris	A
Canopus	-0,7	α Carinae	A
Rigil Kentaurus	-0,3	α Centauri	G
Arcturus	-0,04	α Bootes	K
Vega	0,03	α Lyrae	A
Capella	0,1	α Aurigae	G
Rígel	0,1	β Orionis	B
Prócion	0,4	α Canis Minoris	F
Achernar	0,5	α Eridani	B
Betelgeuse	0,5	α Orionis	M
Hadar	0,6	β Centauri	B
Acrux	0,8	α Crucis	B
Altair	0,8	α Aquilae	A
Aldebarã	0,9	α Tauri	K
Antares	1,0	α Scorpii	M
Spica	1,0	α Virginis	B
Pollux	1,1	β Geminorum	K
Fomalhault	1,2	α Piscis Austrini	A
Debeb	1,3	α Cygni	A

Durante o inverno e o verão, a Via Láctea fica alta nos céus na maior parte das localidades do Brasil. Se você consegue reconhecer a Via Láctea como um todo, uma faixa luminosa clara e larga atravessando o céu, você possui, pelo menos, um ótimo sítio de observação.

O passo mais importante para a observação a olho nu é proteger sua visão de luzes que lhe possam ofuscar. Se não conseguir um local escuro no campo, procure um local escuro nos fundos do seu quintal ou possivelmente no telhado do seu prédio. Você não vai eliminar a poluição da luz no alto do céu que resulta das luzes coletivas da sua cidade, mas árvores ou o muro de uma casa podem evitar que luzes próximas, inclusive iluminação de postes, ofusquem sua visão. Depois de 10 ou 20 minutos, você poderá ver as estrelas mais fracas; você estará se "adaptando ao escuro".

Ao assistir o brilhante cometa Hyakutake em 1996 de uma pequena cidade nos Finger Lakes ao norte de Nova York, eu descobri que andar pela esquina de um prédio para me colocar na sombra fez uma enorme diferença na visibilidade do cometa.

O ideal é que se queira um local com uma boa vista do horizonte apenas com árvores e prédios baixos um pouco distantes, mas encontrar esse tipo de localidade é quase impossível em uma grande área urbana.

Se não conseguir encontrar um local com uma vista do horizonte por todos os lados, o horizonte mais importante é o do sul. Você faz a maior parte das observações no Hemisfério Norte enquanto olha para o sul (com o leste à esquerda e o oeste à direita). Quando se olha para o sul, as estrelas nascem à sua esquerda e se põem à sua direita. Se morar ou estiver de visita no Hemisfério Sul, reverta esse procedimento e olhe para o norte.

Sempre tenha um relógio, um caderno e uma lanterna vermelha e fraca para anotar o que você vê. Algumas lanternas vêm com uma lâmpada vermelha, ou você pode apenas comprar em uma papelaria um papel celofane vermelho para embrulhar, com ele, a lanterna. Depois que se adaptar ao escuro, a luz branca reduz sua habilidade de ver as estrelas mais apagadas, mas uma luz vermelha fraca não interfere com sua adaptação ao escuro.

Quanto é realmente claro?

Eu falo sobre magnitude no Capítulo 1, mas ajuda saber que os astrônomos podem definir magnitudes de várias maneiras e com propósitos diferentes:

- *Magnitude Absoluta* é o brilho de um objeto celeste visto por uma distância padrão de 32,6 anos-luz. Astrônomos consideram essa a magnitude "real" do objeto.
- *Magnitude Aparente* é o brilho que um objeto parece ter da Terra, que geralmente é diferente da magnitude absoluta, dependendo de quão longe da Terra está o objeto. Uma estrela mais perto da Terra pode parecer mais clara do que uma mais distante, mesmo se sua magnitude for mais fraca.
- *Magnitude Limite* depende do céu, se ele está limpo e escuro na hora da observação – um objeto muito claro pode ficar invisível se muitas nuvens o estiverem cobrindo, por exemplo. A magnitude limite é especialmente importante na observação de meteoros e de objetos do céu profundo. Em uma noite limpa e escura, a magnitude limite pode ser 6 no zênite, mas na cidade essa magnitude limite pode ser de apenas 4.

Mapas de estrelas representam as magnitudes aparentes das estrelas para simular sua aparência no céu.

Usar Binóculos ou um Telescópio para uma Visão Melhor

Como em qualquer novo *hobby*, você deve ganhar experiência e pesquisar o que está disponível antes de começar a comprar equipamentos caros. Você não deve comprar um telescópio antes de ver vários telescópios, de diferentes tipos, em ação e de ter discutido sobre eles com outros observadores. Nas sessões seguintes, eu darei conselhos para se escolher os binóculos ou telescópios certos para você.

Binóculos: Varrendo o céu à noite

É importante ter um bom par de binóculos. Compre ou pegue emprestado um antes de comprar um telescópio. Binóculos são excelentes para muitos tipos de observação, e se (suspiro) você desistir da Astronomia, você ainda poderá usá-los para outras coisas. Apenas não esqueça os de seu vizinho em sua garagem.

Binóculos são excelentes para se observar estrelas que variam, procurar cometas brilhantes e novas, e, ainda, para varrer o céu apenas para apreciar a vista. Você poderá nunca descobrir um cometa por conta própria, mas, com certeza, vai querer ver os mais brilhantes que surgirão. Nada funciona melhor para esse propósito do que um bom par de binóculos.

As seções seguintes abordam a maneira com a qual os binóculos são especificados de acordo com sua capacidade, e eu te mostro as etapas que se levam para descobrir que tipo de binóculos você deve comprar. A Figura 3-3 te leva para dentro de um par de binóculos.

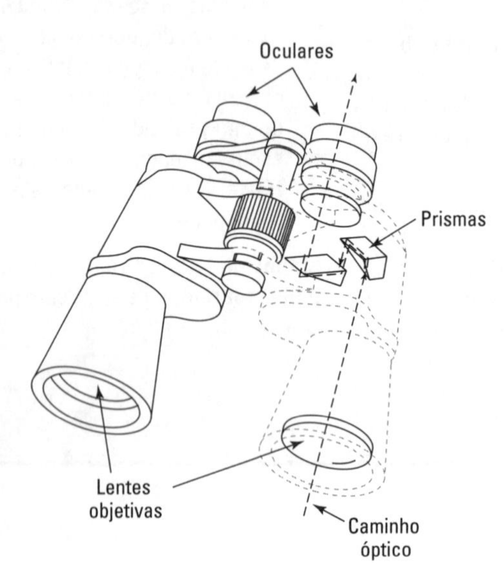

Figura 3-3: Binóculos são como um par de telescópios coordenados para seus olhos. Lentes maiores permitem que você veja objetos mais apagados.

Decifrando o número nos binóculos

Binóculos vêm em muitos tamanhos e tipos diferentes, mas cada par de binóculos é descrito por uma classificação numérica – 7 x 35, 7 x 50, 16 x 50, 11 x 80, e assim por diante. (Note que as classificações são lidas como 7 por 35, 7 por 50, 16 por 50, e 11 por 80. "Não diga 7 vezes 35"). É assim que se decodificam essas classificações:

- O primeiro número é magnificação óptica. Um par de binóculos 7 x 35 ou 7 x 50 fazem com que os objetos pareçam sete vezes maior do que a olho nu.
- O segundo número é a *abertura*, ou o diâmetro, das lentes que captam a luz (as lentes grandes) nos binóculos, medida em milímetros. Assim, binóculos 7 x 35 e 7 x 50 têm o mesmo poder de magnificação, mas o par 7 x 50 tem lentes maiores que recebem mais luz e mostram as estrelas mais apagadas do que o par 7 x 35.

Você também deve manter as seguintes considerações em mente:

- Binóculos maiores mostram objetos mais apagados do que os pequenos, mas eles pesam mais e são mais difíceis de segurar em direção ao céu de maneira constante.
- Binóculos com magnificação maior, como um 10 x 50 e um 16 x 50, mostram os objetos mais nítidos, se conseguir segurá-los de maneira firme o suficiente, mas eles têm menores campos de visão, por isso encontrar alvos celestes é mais difícil do que com binóculos de menor magnificação.
- Binóculos gigantes – 11 x 80, 20 x 80, e assim por diante – são pesados e difíceis de se manterem firmes; muitas pessoas não conseguem usá-los sem um tripé ou aparador. O maior, 40 x 150, deve ser usado com um aparador.
- Muitos tamanhos intermediários estão disponíveis, como o 8 x 40 ou o 9 x 56.

Eis a minha opinião: o 7 x 50 é o melhor tamanho para a maioria dos propósitos astronômicos e, com certeza, o melhor tamanho para se começar. Se comprou binóculos muito menores do que 7 x 50, você se equipou mais para observar pássaros do que para a Astronomia. Compre um muito maior do que 7 x 50 e vai adquirir um elefante branco que dificilmente irá usar.

Para ter certeza de que seus binóculos estão certos para você

Primeiramente, e mais importante, você não deve comprar binóculos a não ser que possa devolvê-los depois de testá-los. Eis como você faz os testes básicos para determinar se um par de binóculos vale a pena ter:

- A imagem deve estar nítida em seu campo de visão quando olhar para o campo estelar.
- Você não deve ter dificuldades em focar os binóculos para a sua visão, com ajuste separado para pelo menos uma das lentes oculares

(as lentes menores que ficam próximas aos seus olhos quando você olha pelos binóculos).

- Quando ajustar o foco, ele deve mudar suavemente. As imagens das estrelas devem ser pontos nítidos quando em foco e ter forma circular quando fora de foco.
- Camadas especiais transparentes são depositadas nas lentes objetivas (as lentes maiores) de muitos binóculos. Essa característica é chamada de multicamada, o que resulta em uma imagem mais clara, e uma visão com mais contraste do campo estelar.

Bons binóculos são vendidos em lojas especializadas em ciências e sistemas ópticos. Algumas grandes lojas de máquinas fotográficas têm seleções de binóculos decentes. Entretanto, eu sugiro que você evite as lojas de departamento. Você pode comprar mercadorias de baixa qualidade em algumas dessas lojas ou pagar preços exorbitantes por binóculos chiques em outras. E você pode apostar que os vendedores que vão te atender sabem menos que você.

Você pode pagar centenas de dólares ou até alguns milhares por um bom par de binóculos 7 x 50, mas se pesquisar, você pode encontrar um par perfeitamente adequado por $ 200 ou menos. (Uma loja de excedentes militares é um excelente local para se procurar.) Binóculos usados geralmente são um bom negócio.

Muitos astrônomos compram seus binóculos de manufaturas e lojas varejistas especializadas que fazem propaganda em revistas de Astronomia e na internet (veja o Capítulo 2 para mais informações sobre esses recursos). Se tiver que fazer o pedido por e-mail (na Web), pergunte a amadores experientes que você conheceu no clube de Astronomia ou para alguém que trabalhe na equipe do planetário para recomendar um fornecedor.

Fabricantes de binóculos com boa reputação incluem Bausch & Lomb, Bushnell, Canon, Celestron, Fujinon, Leica, Meade, Nikon, Orion e Pentax. Alguns binóculos de ponta da Canon têm estabilização de imagem, uma característica de alta tecnologia que torna a imagem bem mais firme. Isso pode ser útil em barcos que balançam em alto-mar.

Telescópios: Quando a proximidade conta

Se quiser olhar as crateras na Lua ou as superfícies e camadas de nuvens dos planetas, você vai precisar de um telescópio. O mesmo conselho vale para a observação de estrelas com brilho variável, de galáxias ou das pequenas e lindas nuvens brilhantes chamadas de *nebulosas planetárias*, que não têm nada a ver com planetas (veja os Capítulos 11 e 12).

Entretanto, antes de observar o Sol ou qualquer objeto que passar em sua frente, leia as instruções especiais no Capítulo 10 para proteger seus olhos e evitar ficar cego!

As seções seguintes cobrem as classificações de telescópios, montagem, e dicas de compras para encontrar o melhor telescópio para suprir suas necessidades.

Focando a classificação dos telescópios

Os telescópios têm três classificações principais:

- Refratores que usam *lentes* para coletar e focar a luz (veja a Figura 3-4). Na maioria dos casos, você olha diretamente por um refrator.
- Refletores que usam *espelhos* para coletar e focar a luz (veja a Figura 3-5).
  Refletores têm tipos diferentes:
  - Em um refletor *Newtoniano*, você olha por uma ocular que faz um ângulo reto com respeito ao tubo do telescópio.
  - Em um telescópio *Cassegrain*, você olha por uma ocular situada no extremo inferior do Tubo do Telescópio.
  - Um refletor *Dobsoniano* te dá a maior abertura (ou poder de absorção de luz) por investimento, mas você poderá ter que subir em um banco ou escada para olhar por ele. Dobsonianos tendem a ser maiores do que os outros telescópios amadores (pelo fato de serem mais acessíveis) e a ocular é situar-se na parte superior.
- Tanto o *Schmidt-Cassegrains* quanto o *Maksutov-Cassegrains* usam espelhos e lentes. Esses modelos são mais caros que os refletores de aberturas comparáveis.

Muitas variedades estão disponíveis dentro desses tipos gerais de telescópios. E todos os telescópios usados com propósitos amadores são equipados com uma ocular, que é uma lente especial (na verdade, uma combinação de lentes montadas juntas como uma unidade) que magnifica a imagem focada para observação. Quando tira fotografias, você geralmente não usa uma ocular.

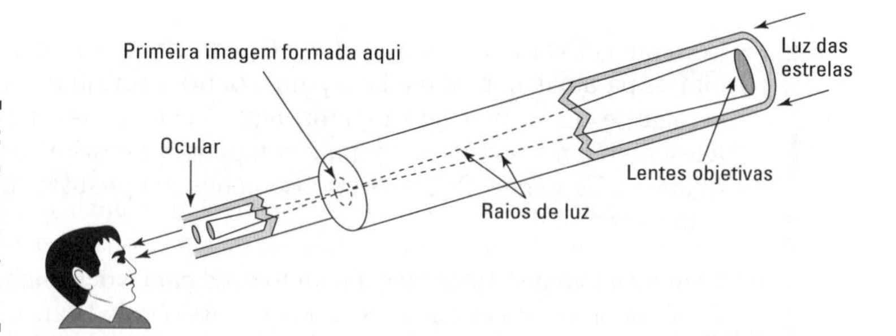

Figura 3-4: Um telescópio refrator usa lentes para coletar e focar a luz.

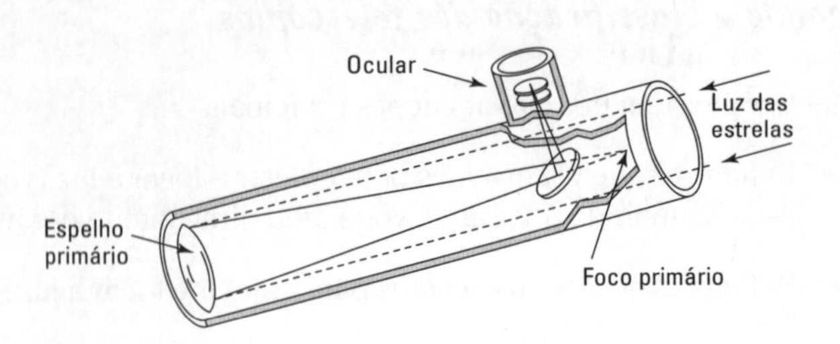

Figura 3-5: O cientista inglês, Sir Isaac Newton, inventou o refletor, que usa espelhos para coletar e focar a luz.

Assim como um microscópio ou uma câmera com lentes permutáveis, você pode usar oculares permutáveis com quase todos os telescópios. Algumas empresas não fabricam telescópios; em vez disso, especializaram-se em fazer oculares que servem em diversos tipos de telescópios.

Principiantes geralmente compram a ocular com maior magnificação que encontram, que é uma boa forma de desperdiçar dinheiro. Eu recomendo oculares com média ou baixa potência, porque quanto maior for a potência da peça, menor será o seu campo de visão, tornando difícil encontrar alvos mais fracos (e até possivelmente os mais brilhantes). Para um telescópio pequeno, a observação fica geralmente melhor com oculares que variam de 25x a 50x, não mais do que 200x. (O x significa "vezes", como em 25 vezes maior do que você veria a olho nu.) Se vir uma propaganda de telescópio que o anuncia por sua "alta potência", o anúncio pode estar tentando vender produtos medíocres a compradores desavisados. E, se um vendedor falar sobre a alta potência de um telescópio, procure outra loja.

O que limita a sua visão dos melhores detalhes com um telescópio pequeno não é a potência da ocular. A turbulência da atmosfera ou até o vento balançando o telescópio pode afetar sua visão.

Examinando a montagem do telescópio

Telescópios geralmente são montados em um suporte, um tripé, ou em um aparador de uma dessas duas formas:

- Com uma *montagem altazimutal*, você pode girar o telescópio para cima e para baixo, e de um lado para o outro – em altitude (plano vertical) e em azimute (plano horizontal). Você precisa ajustar o telescópio em ambos os eixos para compensar o movimento do céu quando a Terra gira. Refletores Dobsonianos sempre usam a montagem altazimutal.

- Com a *montagem equatorial*, um tanto mais cara, você alinha o eixo do telescópio para apontar diretamente para o Polo Norte Celeste, ou para os habitantes do Hemisfério Sul, o Polo Sul Celeste. Depois de encontrar um objeto, simplesmente girar o telescópio pelo eixo polar mantém-no no campo de visão. Assegure-se de alinhar o telescópio com o Polo a cada sessão de observação.

Colorindo nosso Universo

O que você vê quando olha para um objeto celeste pelos binóculos ou telescópio? Você vê estrelas, planetas e objetos celestes gloriosos em cores brilhantes, como mostrados nas fotos da seção colorida deste livro? Não!

Desculpe a provocação, mas o mais provável é que você veja as estrelas e os objetos celestes em cores pálidas. Muitas estrelas parecem brancas, ou quase brancas aos olhos, binóculos ou telescópios – um pouco mais amarela do que branca, por exemplo. As cores são mais vívidas quando as estrelas adjacentes são bem contrastantes, como descoberto vendo algumas estrelas duplas por telescópios.

Muitas fotos de objetos celestes têm manipulação de cor, tradicionalmente descritas como tendo *cores falsas*. Astrônomos não usam as cores falsas para enfeitar o Universo, que é bem claro e bonito por conta própria, muito obrigado. E isso não é feito para dar uma falsa impressão da profundidade do céu. Na verdade, as alterações ajudam na busca pela verdade, de forma semelhante a uma mancha que em *slides* médicos traz os detalhes das células e ajuda a identificar as relações e as diferenças físicas.

Dependendo do método de observação e de apresentação, as fotos do mesmo objeto podem parecer muito diferentes. Mas todas elas mostram aos cientistas as diferenças na estrutura de um objeto, que substâncias ele pode conter, que processos dinâmicos estão acontecendo. Também, muitas imagens astronômicas são obtidas em forma de luzes invisíveis para o olho humano (como ultravioleta, infravermelho e raios-X), então os astrônomos usam cores falsas nessa ausência de qualquer cor reconhecível.

A montagem altazimutal geralmente é mais estável e mais fácil para principiantes usarem, mas a montagem equatorial é melhor para acompanhar as estrelas que nascem e se põem.

Os objetos que você verá no telescópio geralmente estão de ponta-cabeça, o que não é o que acontece com os binóculos. Claro, na verdade não faz muita diferença na visualização, apenas saiba que a parte de cima e a de baixo estão invertidas quando usar um telescópio. Adicionar uma lente para girar a imagem reduz a luz que entra pelo telescópio e apaga um pouco a imagem. Quando vista por um telescópio de montagem equatorial, um campo de estrelas mantém a mesma orientação do nascente até o poente. Mas com um telescópio com montagem altazimute, o campo gira durante a noite, então as estrelas no topo vão terminar ao lado.

Comprando telescópios da maneira fácil (e econômica)

Um telescópio barato e produzido em massa, geralmente chamado de telescópio de farmácia ou de loja de departamento, geralmente é um desperdício de dinheiro. E ele ainda custa mais do que cem ou até mais de mil dólares.

Um bom telescópio, comprado novo, pode te custar uma boa parte de mil dólares, e você certamente poderá que pagar mais. Mas você pode encontrar alternativas:

Mantendo a segurança ao olhar para o Sol

Dar mesmo que uma pequena olhada para o Sol por um telescópio, binóculos, ou qualquer outro instrumento óptico é muito perigoso, a não ser que ele seja equipado com um filtro solar feito por um fabricante de boa reputação especialmente para se ver o Sol. O filtro deve ser devidamente instalado no telescópio, não de improviso.

Você também deve usar um filtro solar quando for observar planetas que cruzam o disco do Sol. (Como se diz que os planetas estão em trânsito). Ver um objeto contra o Sol requer o uso de técnicas de proteção da visão, porque também implica olhar para o Sol. Se tiver um refletor Newtoniano, um refletor Dobsoniano, ou um refrator, você pode tentar usar a projeção. Veja o capítulo 10 para mais coisas específicas sobre observação solar e proteção dos olhos.

- Telescópios usados geralmente estão à venda, por anúncios em revistas de Astronomia ou em informativos de clubes locais de Astronomia. Se você puder examinar com cuidado e testar um telescópio usado e acabar encontrando um do qual goste, compre! Um telescópio em bom estado pode durar décadas.
- Em muitas áreas, amadores podem observar com telescópios maiores operados por clubes de Astronomia, planetários e observatórios públicos.

A tecnologia dos telescópios amadores está evoluindo a passos largos, e o que antes era o sonho de um astrônomo pode hoje ser um equipamento obsoleto. Qualidade e capacidades estão aumentando e os preços diminuindo.

Falando de maneira geral, um bom refrator fornece visões melhores do que um bom refletor que tem a mesma abertura ou tamanho de telescópio. A abertura ou o tamanho do telescópio se referem ao diâmetro da lente, ou espelho principal, ou, em um telescópio mais complicado, o tamanho da porção não obstruída dos ópticos. Mas um bom refrator é muito mais caro do que um refletor.

Os Maksutov-Cassegrains e Schmidt-Cassegrains são bons compromissos entre o preço baixo de um refletor e a alta performance de um refrator. Para muitos astrônomos, esses modelos são os telescópios preferidos.

No início de 2005, um dos melhores telescópios era o Meade ETX-90PE, uma versão bem atualizada do antigo ETX-90. Sua abertura é de 3,5 polegadas, quase o menor tamanho de qualquer telescópio pelo qual você deva começar. (Se encontrar um bom instrumento a um bom preço com abertura de 2,5 polegadas ou mais, especialmente se for um refrator, considere-o como possível compra.)

O Meade ETX-90PE está na faixa dos US$695 e vem com um comando computadorizado Autostar e um tripé (que costumavam ser cobrados separadamente). Esse aparelho automaticamente aponta para qualquer objeto que você especificar, se ele estiver visível da sua localização no momento. O Autostar pode até encontrar objetos em movimento, como planetas, baseado nas informações armazenadas, e ele vem equipado para oferecer um *tour* das melhores vistas no céu, selecionadas sem que entre com nenhum dado.

Você definitivamente não quer gastar tanto dinheiro até ver um telescópio em ação em uma reunião do clube de Astronomia ou em uma astrofesta (veja o Capítulo 2). Mas o preço não é menor do que aquele que você pagaria em uma boa câmera e em uma ou duas lentes extras. Você pode encontrar telescópios maiores mais baratos – dê uma olhada nos assuntos atuais das revistas de Astronomia – mas você terá que se esforçar mais para aprender como usá-los de maneira eficaz.

Alguns telescópios de marca são vendidos apenas por agentes autorizados que tendem a ter conhecimentos de especialistas. Mas aceitar seus conselhos é um pouco salgado, especialmente se eles vendem diversas marcas competidoras de telescópios e se fabricarem os próprios também.

Os sites-chave para procurar informação sobre produtos de telescópios são:

- A Celestron, por muitos anos o fabricante preferido de milhares de astrônomos (`www.celestorn.com`);
- A Meade Instruments Corporation (`www.meade.com`);
- A Orion Telescopes & Binoculars (`www.telescope.com`).

Em cada um desses *sites* você poderá encontrar o manual de instruções para diversos telescópios que são vendidos. Considere dar uma olhada no manual antes de comprar um telescópio para saber se ele vai ser útil caso tenha problemas no futuro.

Um bom *seeing* arruinado

A turbulência na atmosfera afeta a qualidade da visão das estrelas. Ela faz com que as estrelas pareçam piscar. O termo *seeing* descreve as condições da atmosfera relacionada com a constância da imagem – um bom *seeing* ocorre quando o ar está estável e a imagem se mantém imóvel. Possivelmente terá melhores *seeing* no final da noite quando o calor do dia já se dissipou. Quando o *seeing* estiver ruim, a imagem tende a "quebrar", e as estrelas duplas se unem em um borrão pelo telescópio. As estrelas sempre piscam mais perto do horizonte onde o *seeing* é pior.

A temperatura de um telescópio que foi trazido do interior de uma casa quente para o ar frio da noite causa *seeing* ruim. Você deve esperar um pouco até o telescópio esfriar; o *seeing* irá melhorar. As situações variam, mas trinta minutos, geralmente, são suficientes para fazer uma diferença significativa no *seeing*.

Planejando Seu Mergulho na Astronomia

Eu recomendo que entre no *hobby* da Astronomia de forma gradual, investindo a menor quantia de dinheiro possível até ter certeza do quer fazer. Aqui está um plano para adquirir as habilidades básicas e o equipamento necessário:

1. **Se tiver um computador de última geração, invista em um programa de planetário barato. Comece fazendo observações a olho nu no crepúsculo em todas as noites com o céu limpo e antes do amanhecer se for uma pessoa madrugadora.**

   Para planejar suas observações de planetas e constelações, confie nos cenários semanais do céu no site *Sky & Telescope* (`skyandtelescope.com`). Se não tiver um computador que sirva, planeje suas observações nos destaques celestes mensais da revista *Astronomy* ou *Sky & Telescope.*

2. **Depois de um ou dois meses se familiarizando com o céu e de descobrir o quanto você gosta, invista em um par de úteis binóculos 7x50.**

3. **Enquanto continua a observar as estrelas brilhantes e constelações, invista em um atlas estelar que mostra muitas das estrelas mais débeis, assim como aglomerados de estrelas e nebulosas.**

   Norton's Star Atlas e *Reference Handbook* (editado por Ian Ridpath, 20ª edição, PI Press, 2004) tem sido o produto líder por gerações. No entanto, veja o que mais se encontra disponível em anúncios de revistas em planetários e em lojas de presentes de museus de ciências. Compare os mapas em seu atlas estelar com as constelações que está observando; o atlas mostra as *ARs* e as *Decs* (Veja o Capítulo 1 para informações sobre *ARs* e *Decs*). Eventualmente, você vai começar a desenvolver uma familiaridade com o sistema de coordenadas.

4. **Entre em um clube de Astronomia na sua região, se possível, e conheça as pessoas que têm experiência com telescópios. (Veja o Capítulo 2 para saber mais sobre os clubes.)**

5. **Se tudo correr bem, e quiser continuar com a Astronomia – invista em um telescópio de boa qualidade e fabricação entre 2,5 e 4 polegadas.**

   Estude os sites dos fabricantes de telescópio apresentados um pouco antes neste capítulo ou recorra a catálogos anunciados em revistas de Astronomia. Melhor ainda, fale com um astrônomo experiente do clube se puder.

Se descobrir que gosta tanto de Astronomia quanto eu acho que irá gostar, depois de alguns anos você deverá considerar mudar para um telescópio de 6 ou 8 polegadas. Ele pode ser mais difícil de usar, mas você se tornará mestre depois de ter adquirido alguma experiência. Equipado com um telescópio maior, você poderá ver muito mais estrelas e outros objetos.

Capítulo 4

Apenas de Passagem: Meteoros, Cometas e Satélites Artificiais

Neste Capítulo

- Descobrindo fatos rápidos sobre meteoros, meteoroides e meteoritos.
- Seguindo a cabeleira e a cauda de cometas.
- Visualizando satélites artificiais.

Ver um objeto se movendo no céu durante o dia? Você provavelmente sabe se é um pássaro, um avião, ou o Super-Homem. Mas durante a noite, você consegue distinguir a luz de um meteoro da luz de um satélite Iridium? E entre objetos que se movem mais lentamente, mas de maneira perceptível pelo céu estrelado, você consegue distinguir um cometa de um asteroide?

Este capítulo define e explica muitos objetos que passam pelos céus durante a noite. (O Sol, a Lua e os planetas também se movem pelo céu, mas em um processo mais constante. Eu os explico melhor nas partes II e III.) Quando conhecer esses visitantes noturnos, você poderá ficar ansioso para curti-los.

Meteoros: Fazendo um Pedido para uma Estrela Cadente

Nenhum termo da Astronomia é mais mal empregado do que a palavra "meteoro". Astrônomos amadores, e até cientistas, rapidamente cospem "meteoro" quando meteoroide e meteorito são os termos mais precisos. Esses são os significados corretos:

- Um *meteoro* é um lampejo de luz produzido quando um objeto pequeno e sólido de ocorrência natural (um meteoroide) entra na atmosfera da Terra vindo do espaço; as pessoas muitas vezes chamam os meteoros de "estrelas cadentes".

- Um *meteoroide* é um objeto pequeno e sólido no espaço, geralmente um fragmento de um asteroide ou cometa, que orbita o Sol. Alguns meteoroides raros são na verdade rochas lançadas de Marte e da Lua.
- Um *meteorito* é um objeto sólido vindo do espaço que caiu na superfície da Terra.

Se um meteoroide entra na atmosfera da Terra, ele pode produzir um meteoro com brilho suficiente para que você enxergue. Se um meteoroide for grande o bastante para atingir o chão ao invés de se desintegrar no ar, ele se torna um meteorito. Muitas pessoas caçam e colecionam meteoritos por causa de seu valor para cientistas e colecionadores.

Os dois tipos principais de meteoroides têm diferentes locais de origem:

- Os *meteoroides cometários* são pequenas partículas fofas de poeira deixadas pelos cometas
- Os *meteoritos asteroidais*, que variam de tamanho, desde partículas microscópicas a rochas, são literalmente pedaços de asteroides – conhecidos também pelo nome de pequenos planetas – que são corpos rochosos que orbitam ao redor do Sol (e que eu vou descrever no Capítulo 7).

Quando você vai a um museu de ciências e vê um meteorito em exposição, você está examinando um meteoróide asteroidal que caiu na Terra (ou, em casos raros, uma rocha que caiu depois de ter sido jogada para fora da Lua ou de Marte pelo impacto de um corpo maior). Ele pode ser feito de rocha, ferro (na verdade, uma mistura quase à prova de ferrugem de níquel e ferro), ou de ambos. Mostrando rara simplicidade (pelo menos uma vez), os cientistas chamam esses tipos de meteoritos, respectivamente de meteoritos *rochosos*, *ferrosos* e *ferro-rochosos*.

Sacuda a poeira espacial

Se um astrônomo encontrar um micrometeorito (um meteorito tão pequeno que só é possível ver pelo microscópio), ele pode ser uma parte do que começou como um meteoroide cometário, ou pode ser um meteoroide asteroidal muito pequeno.

Micrometeoritos são tão pequenos que não criam fricção suficiente para queimar e se desintegrar na atmosfera, então eles seguem lentamente em direção ao solo. É possível que você tenha um ou dois pedaços dessa poeira espacial em seu cabelo agora mesmo, mas é quase impossível identificar a poeira, pois ela estaria perdida entre milhões de outras partículas microscópicas na sua cabeça (sem ofensas).

Cientistas obtêm esses micrometeoritos lançando pratos coletores ultralimpos em jatos que voam a grandes altitudes. E eles arrastam rodos magnetizados, que pegam os micrometeoritos que são feitos de ferro, pela lama do fundo do mar.

Em janeiro de 2004, a sonda espacial Stardust da NASA passou pelo Cometa Wild-2 (um pequeno cometa que passa por dentro da órbita de Marte uma vez a cada seis anos, mais ou

(continua)

menos, e, assim, sendo fácil de ser alcançado por uma sonda) e coletou um pouco da poeira do cometa. Terminando esse "passeio selvagem", a Stardust deve deixar essa amostra de poeira na Terra por um paraquedas em 2006. Você pode ver onde o Cometa Wild-2 está localizado enquanto ele passa pelo sistema solar em `stardust.jpl.nasa.gov/comets/wildnow.html`, um site da NASA que é atualizado a cada dez minutos. E você pode rastrear a sonda Stardust em `stardust.jpl.nasa.gov/mission/snow.html`, que também é atualizada em intervalos de dez minutos.*

Nas seções seguintes, eu abordo sobre três tipos de meteoros: meteoros esporádicos, bolas de fogo e bólidos. E te deixo por dentro das chuvas de meteoros.

Para encontrar um excelente guia de iniciantes para a observação de meteoros, formulários para apresentação da contagem de meteoros e formulários especiais para o relato de bolas de fogo, visite a Rede de Meteoros da América do Norte (North America Meteor Network) em: `www.namnmeteors.org`. Dê uma olhada no *site* de meteoros e cometas de Gary Kronk em: `comets.amsmeteors.org` e a Organização Internacional de Meteoros (International Meteor Organization) em: `www.imo.net`.

Encontrando meteoros esporádicos, bolas de fogo e bólidos

Quando estiver ao ar livre em uma noite escura e vir uma "estrela cadente" (o *flash* de luz de um meteoroide qualquer em queda), o que você provavelmente está vendo é um meteoro esporádico. Mas se muitos meteoros surgirem, todos parecendo vir do mesmo lugar entre as estrelas, você está testemunhando uma *chuva de meteoros*. Chuvas de meteoros estão entre as mais belas visões dos céus; eu dedico a próxima seção deste capítulo a elas.

Um meteoro incrivelmente brilhante é uma bola de fogo. Embora uma *bola de fogo* não tenha definição oficial, muitos astrônomos consideram que um meteoro que parece mais brilhante que Vênus é uma bola de fogo. Entretanto, Vênus pode não estar visível na hora que vir o meteoro brilhante. Então como você pode decidir se está vendo uma bola de fogo?

Aqui está a minha regra para identificar uma bola de fogo: se todas as pessoas que estão olhando para o meteoro dizem "Uaus" e "Oohs" (todos tendem a gritar quando veem um meteoro brilhante), o meteoro pode ser apenas um brilhante. Mas se as pessoas que estão *olhando para o lado errado* veem momentaneamente um brilho claro no céu ou no solo ao redor, é uma bola de fogo. Para parafrasear a antiga canção de Dean Martin, quando um meteoro atinge seus olhos como um grande pedaço de *pizza*, isso é uma bola de fogo!

* Um pequeno módulo Stardust voltou à Terra em 15 de janeiro de 2006 após uma missão bem-sucedida na qual poeira cometária foi coletada pela primeira vez. A análise desses grãos de poeira revelou, entre outras coisas, a presença do aminoácido glicina no cometa wild-2. A sonda Stardust continua no espaço e deve encontrar-se com outro cometa, Temple 1, em fevereiro de 2011.

Bolas de fogo não são tão raras. Se olhar para o céu regularmente em noites escuras por algumas horas, a cada vez, você provavelmente verá uma bola de fogo duas vezes por ano. Mas *bolas de fogo diurna* são muito raras. Se o Sol estiver no céu e você vir uma bola de fogo, marque isso como uma visão de sorte. Você viu uma bola de fogo imensamente forte. Quando não cientistas veem bolas de fogo durante o dia, eles geralmente a confundem com um avião ou míssil pegando fogo e prestes a bater.

Qualquer bola de fogo muito brilhante (aproximando-se do brilho de quarto lunar ou mais) ou qualquer bola de fogo diurna representam a possibilidade de que o meteoroide que produz a luz vai chegar até o solo. Meteoritos que acabam de cair, geralmente, têm grande valor científico, e podem valer um bom dinheiro também. Se você viu uma bola de fogo que caiba nessa descrição, anote todas as informações seguintes para que o seu testemunho possa ajudar os cientistas a encontrar o meteorito e a determinar de onde ele veio:

1. **Anote a hora, de acordo com o seu relógio.**

   Na primeira oportunidade, veja o quanto o seu relógio atrasa ou adianta de acordo com uma fonte de tempo precisa como o Serviço da Hora do Observatório Nacional que pode ser consultado em `http://pcdsh01.on.br/HoraLegalBrasileira.asp`

2. **Lembre-se exatamente de onde você está.**

   As possibilidades de você não ter um Sistema de Posicionamento Global (GPS) para ler exatamente onde você está são grandes, mas você pode fazer um rascunho mostrando onde estava parado quando viu a bola de fogo – anote estradas, prédios, grandes árvores, ou qualquer outro ponto de referência.

3. **Faça um desenho do céu, mostrando o caminho da bola de fogo em relação ao horizonte quando a viu.**

   Mesmo que não tenha certeza se estava olhando para o sudeste ou norte-noroeste, um desenho da sua localização e do percurso da bola de fogo ajudam os cientistas a determinar a trajetória da bola de fogo e onde o meteoroide pousou.

Depois de uma bola de fogo diurna ou uma bola de fogo noturna muito intensa, cientistas interessados procuram por testemunhas oculares. Eles colhem as informações e, comparando os relatos das pessoas que viram a bola de fogo de diferentes localidades, eles podem estreitar a área de busca onde ela mais provavelmente pousou no solo. Mesmo uma bola de fogo brilhante pode ser do tamanho de uma pequena pedra – que facilmente caberia na palma da sua mão – então, cientistas precisam restringir a área de busca para terem uma chance razoável de encontrá-la. Se não encontrar um anúncio por e informações em algum meio de comunicação depois de ter visto uma bola de fogo, o mais provável é que o planetário ou museu de história natural mais próximo aceitem seu testemunho e saibam para onde o enviar.

Um *bólido* é uma bola de fogo que explode ou que produz um grande barulho mesmo que ele não se parta. Pelo menos, é assim que eu o defino. Algumas pessoas usam às vezes bólido e às vezes bola de fogo. (Você não vai encontrar um consenso oficial sobre esse termo; você pode encontrar definições diferentes em quase todas as fontes de confiáveis). O barulho que você escuta é o *boom* sônico do meteoroide, que está caindo pelo ar mais veloz do que a velocidade do som.

Quando uma bola de fogo se parte, você vê dois ou mais meteoros de uma vez, muito próximos um do outro e indo para a mesma direção. O meteoroide que produz a bola de fogo se fragmentou, provavelmente por forças aerodinâmicas, assim como um avião que cai por falta de controle às vezes se parte, embora sem explodir.

Geralmente um meteoro brilhante deixa para trás uma trilha luminosa. O meteoro dura alguns segundos, mas a trilha luminosa – ou *rastro de meteoro* – pode persistir por muitos segundos ou até minutos. Se durar o tempo suficiente, ele se distorce por causa dos ventos da altitude elevada, assim como as letras de fumaça escritas por aviões sobre a praia ou sobre um estádio gradualmente se deformam com o vento.

Você vê mais meteoros depois da meia-noite do que antes porque da meia-noite até o meio-dia você está do lado da Terra que anda de frente, onde nosso planeta mergulha pelo espaço e varre meteoritos. Do meio-dia a meia-noite, você está do lado de trás, e os meteoros têm que correr para conseguirem entrar na atmosfera e ficarem visíveis. Os meteoros são como insetos que se espatifam no para-brisa do seu carro. Eles batem muito mais no vidro da frente enquanto dirige pela estrada do que no vidro de trás, pois o da frente está indo em direção aos insetos, e o de trás está se afastando deles.

Observando uma vista radiante: Chuvas de meteoros

Normalmente, apenas alguns meteoros por hora são visíveis – um tanto mais depois da meia-noite do que antes (para observadores no Hemisfério Norte), e um tanto mais no outono do que na primavera. Entretanto, em certas ocasiões todos os anos, você pode ver 10, 20, ou até 50 ou mais meteoros por hora no céu escuro e sem lua, longe das luzes da cidade. Esse evento é uma *chuva de meteoros*, quando a Terra passa por um grande anel de bilhões de meteoroides que seguem a órbita do cometa que os derramou. (Eu discorro sobre cometas em detalhes mais tarde neste capítulo). A Figura 4-1 ilustra a ocorrência de uma chuva de meteoros.

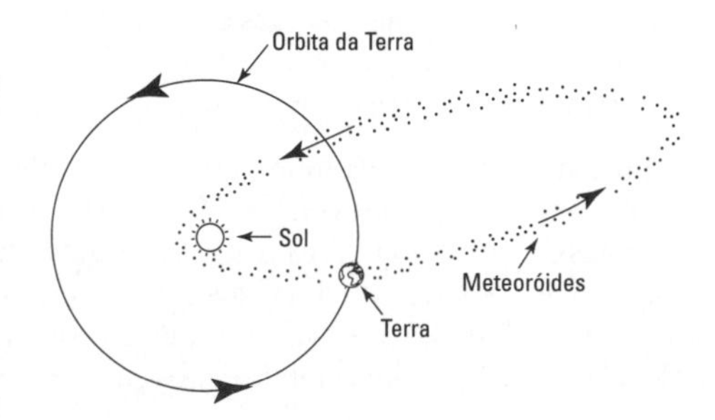

Figura 4-1: O caminho da Terra cruzando um cinturão de meteoroides cria uma chuva de meteoros.

A direção no espaço ou local no céu de onde uma chuva de meteoros parece vir se chama *radiante*. A chuva de meteoros mais popular é os Perseídeos, que em seu pico produz até 80 meteoros por hora. (Os Perseídeos recebem esse nome porque eles parecem sair de um ponto localizado na direção da constelação de Perseu, seu radiante. Chuvas de meteoros geralmente recebem seu nome em homenagem a uma constelação ou estrela brilhante [como a Eta Aquarii] perto de seus radiantes).

Algumas outras chuvas de meteoros produzem tantos meteoros quanto os Perseídeos, mas poucas pessoas reservam um tempo para observá-las. Os Perseídeos vêm em noites de agosto, geralmente perfeitas para se observar o céu, mas as outras grandes chuvas de meteoros – Os Geminídeos e os Quadrantídeos – passam pelo céu nos meses de dezembro e janeiro, respectivamente.

A Tabela 4-1 lista as maiores chuvas de meteoros anuais. As datas na tabela são as noites em que as chuvas geralmente atingem seu pico. Algumas chuvas duram dias e algumas duram por semanas, chovendo meteoros em taxas menores do que nos valores de pico. Os Quadrantídeos podem durar só uma noite ou apenas algumas horas.

Tabela 4-1 Maiores Chuvas de Meteoros Anuais

Nome da Chuva	*Data Aproximada*	*Taxa de Meteoros (Por Hora)*
Quadrantídeos	3-4 de Jan	90
Lirídeos	21 de Abr	15
Eta Aquarídeos	4-5 de Maio	30
Delta Aquarídeos	28-29 de Jul	25
Perseídeos	12 de Ago	80
Orionídeos	21 de Out	20
Geminídeos	13 de Dez	100

O radiante dos Quadrantídeos fica no canto nordeste da constelação do Boieiro. Os meteoros foram nomeados por uma constelação encontrada em um mapa de estrelas do século XIX que os astrônomos não reconhecem mais oficialmente. Além de perder o propósito do nome, os Quadrantídeos parece também ter perdido o cometa que os procriava – sua origem era um mistério até 2003, quando o astrônomo Petrus Jenniskens descobriu que o objeto com o nome de 2003 EH 1 pode ser o cometa gerador.

Os Geminídeos são uma chuva de meteoros que parece estar associada com a órbita de um asteroide em vez de um cometa. Entretanto, o "asteróide" é provavelmente um cometa morto, que não emite mais gás e poeira para formar uma cabeça e uma cauda. O objeto 2003 EH 1, o provável pai dos Quadrantídeos, pode ser um cometa morto também. (Eu discutirei cometas na próxima seção.)

Os Leonídeos são uma chuva de meteoros incomum que ocorre no dia 17 de novembro todos os anos, geralmente sem grandes efeitos. Mas a cada 33 anos, muitos meteoros estão mais presentes do que o normal, às vezes por diversos novembros consecutivos. Grande número de Leonídeos foram vistos em novembro de 1966 e de novo em novembro de 1999, 2000, 2001 e 2002, pelo menos por um breve momento em algumas localidades. A próxima grande exposição deve vir em 2032.

Você quase nunca vê tantos meteoros por hora como eu listei na Tabela 4-1. A taxa oficial de meteoros é definida para condições excepcionais de visualização, que poucas pessoas experimentam hoje em dia. Mas chuvas de meteoros variam de ano a ano, assim como uma chuva normal. Às vezes, as pessoas veem tantos meteoros quanto listados na Perseídeos. Em raras ocasiões, elas veem muito mais do que o esperado. Tal inconsistência é a razão de manter dados precisos dos meteoros que você conta, os quais podem ser úteis para os arquivos científicos.

Para rastrear meteoros, você precisa de um relógio, um caderno, uma caneta ou lápis para anotar suas observações, e uma lanterna com uma luz fraca para ver o que está escrevendo.

A melhor luz para observações astronômicas é a de uma lanterna vermelha, que você pode comprar ou transformar uma lanterna comum embrulhando sua lâmpada em um papel celofane vermelho. Alguns astrônomos pintam as lâmpadas com uma camada fina de esmalte de unhas vermelho. Se usar uma luz branca, você ofusca seus olhos e torna impossível ver as estrelas e os meteoros mais fracos por cerca de 10 ou 30 minutos, dependendo das circunstâncias. Deixar sua vista se acostumar com o escuro se chama *adaptação ao escuro* e é uma etapa pela qual você precisa passar todas as vezes que for observar o céu durante a noite.

A melhor maneira para se observar e contar meteoros é reclinar-se em uma espreguiçadeira. (Você pode se sair bem apenas deitando em um cobertor com um travesseiro, mas possivelmente você vai pegar no sono nessa posição e pode perder a melhor parte do *show*). Incline sua cabeça para que olhe em um ângulo um pouco maior que 45° acima do horizonte para o zênite (veja a Figura 4-2) – a melhor direção para contar meteoros. E leve também garrafas térmicas com café, chá ou chocolate quente!

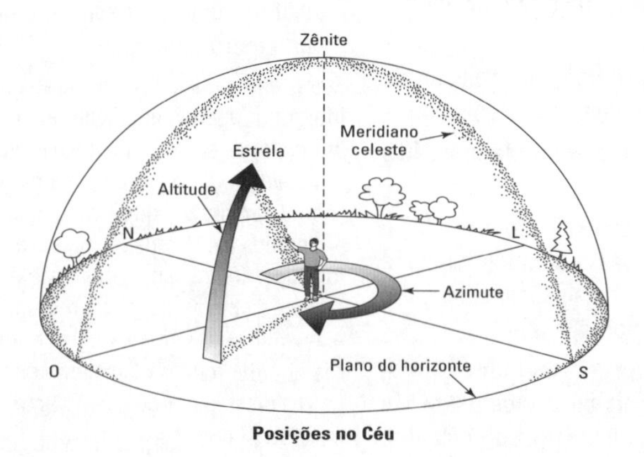

Figura 4-2: Incline sua cabeça em ângulo um pouco maior que 45° entre o horizonte e o zênite para a melhor visualização de meteoros.

Você não precisa olhar em direção ao radiante quando assiste a uma chuva de meteoros, embora muitas pessoas o façam. Os meteoros caem por todo o céu, e seus caminhos visíveis podem começar e terminar longe de seus radiantes. Mas você pode extrapolar visualmente os caminhos dos meteoros de volta pelo caminho de onde eles parecem vir, e os caminhos apontam de volta para o radiante. É assim que você consegue distinguir uma chuva de meteoros de um esporádico.

Se estiver olhando para o radiante, entretanto, você vê alguns meteoros que parecem ter percursos muito curtos, mesmo que pareçam bastante claros. Os percursos parecem pequenos porque o meteoro está vindo bem na sua direção. Felizmente, a chuva de meteoroides é microscópica e não vai chegar ao solo

Fotografando meteoros e chuva de meteoros

Uma noite clara sem lua é um bom momento para se tentar fotografar meteoros. Para um melhor resultado, use uma câmera de 35 mm antiga, que possa ser operada manualmente – ou uma câmera moderna que você possa ajustar completamente para ser operada manualmente. (Use uma câmera com filme, não um modelo digital: câmeras digitais não são propícias para as longas exposições que você precisa para fotografar meteoros). Depois de ter o equipamento necessário, siga esses passos:

1. **Use lentes comuns, não uma com *zoom* ou lentes de telescópio, e ajuste a distância para infinito.**
2. **Ajuste o f/número da lente no menor valor**

   Use uma lente que você possa ajustar de f/5.6 ou menos – quanto menor, melhor.
3. **Use um filme com a velocidade de ISO 400.**

   Especialistas geralmente preferem filme preto e branco, mas o colorido funciona da mesma forma, é mais fácil, e, hoje em dia, é mais barato para revelar.
4. **Coloque sua câmera em um tripé e aponte – para mais ou menos a metade da altura do céu ou um pouco mais alto, para qualquer direção que tenha menos interferência na luz celeste (poluição de luz) da cidade ou outras luzes.**
5. **Ajuste a câmera para um tempo de exposição e deixe o obturador aberto por 10 ou 15 minutos. Feche o obturador, avance o filme e faça outra exposição.**

   Entretanto, se uma bola de fogo passar pela parte do céu para onde a câmera está voltada, anote a hora e feche o obturador imediatamente. Você tem uma foto importante do rastro de uma bola de fogo e você não pode adicioná-la com exposições futuras porque a bola de fogo já passou. Comece uma nova exposição.
6. **Quando levar a foto para revelar, fale para o processador de fotos para "imprimir todos os negativos".**

   Os operadores de máquinas processadoras de fotos geralmente pulam fotos de céu, que podem parecer com exposições ruins ou desperdiçadas para os não astrônomos.

Fotografar uma chuva de meteoros é igual a fotografar apenas um. Contudo, para ter as melhores fotos, espere até que o radiante (área da constelação de onde a chuva de meteoros parece estar vindo) fique bem acima do horizonte – digamos a 40 graus ou mais – antes de apontar sua câmera em direção a ele. Se capturar diversas chuvas de meteoros em uma mesma exposição, seus rastros parecerão com os ferros de uma roda de bicicleta, todos apontando para a mesma direção: o radiante.

É assim que se julga a altitude acima do horizonte: a parte superior acima da sua cabeça, ou o zênite, é a altitude a 90 graus, então, a metade do caminho do horizonte até o zênite é uma altitude de 45 graus, dois terços do caminho para cima é de 60 graus, e assim por diante.

Cometas: Tudo sobre Bolas de Gelo Sujo

Cometas, grandes aglomerados de poeira e gelo que lentamente percorrem seu caminho pelo céu parecendo bolas peludas que deixam rastros gasosos, são visitantes populares das profundezas do Sistema Solar. Eles nunca deixam de atrair a atenção. A cada 75 ou 77 anos, a mais conhecida bola de gelo, o Cometa Halley, retorna a nossa vizinhança. Se você perdeu sua aparição em 1986, tente de novo em 2061! Se for impaciente, você pode ver outros cometas interessantes durante esse tempo. Geralmente um cometa menos famoso, como o Hale-Bopp em 1997, é muito mais brilhante do que o Halley.

Muitas pessoas confundem cometas e meteoros, mas você pode facilmente distingui-los depois que ler as seguintes dicas:

- Um meteoro dura alguns segundos; um cometa fica visível por dias, semanas, e até meses.
- Meteoros passam como um *flash* pelo céu enquanto cai sobre nossas cabeças, a cerca de 160 quilômetros do observador. Os cometas se arrastam pelo céu a uma distância de muitos milhões de quilômetros.
- Meteoros são comuns; cometas que você pode facilmente ver a olho nu aparecem menos de uma vez por ano, em média.

Nas seções seguintes, eu discuto a estrutura de um cometa, cometas famosos da história e métodos que você pode usar para ver um cometa.

Formando as cabeças e as caudas da estrutura de um cometa

Historicamente, astrônomos descreveram os cometas como tendo uma cabeça e uma cauda ou caudas. Mais tarde, eles nomearam o ponto brilhante de luz na cabeça de *núcleo*. Hoje, sabemos que o núcleo é o cometa de fato – a então chamada bola de gelo sujo. Um cometa é uma mistura aglomerada de gelo, gases congelados (como monóxido de carbono e dióxido de carbono congelado) e partículas sólidas – a poeira ou "sujeira", mostrado na figura 4-3. As outras características de um cometa são apenas emanações que evaporam do núcleo.

Astrônomos acreditam que cometas nasceram na vizinhança dos planetas exteriores, começando perto da órbita de Júpiter e se estendendo até Netuno. Os cometas perto de Júpiter e Saturno foram afetados gradualmente pela gravidade desses grandiosos planetas e se distanciaram para longe no espaço, onde eles preenchem uma grande região esférica bem além de Plutão – ou a *Nuvem de Oort* – se estendendo até 10.000 U.A. do Sol. (Eu defino a U.A. ou Unidade Astronômica, como sendo uma distância que corresponde a cerca de 149 milhões de quilômetros, no Capítulo 1). Outros cometas foram ejetados ou foram formados e permaneceram no Cinturão de Kuiper (veja o Capítulo 9), uma região que começa ao redor da órbita de Netuno e continua até uma distância de cerca de 50 U.A. do Sol, ou cerca de 10 U.A. além de Plutão. Estrelas de passagem geralmente perturbam essa região colocando novos cometas em órbita, o que pode levá-los para mais perto da Terra e do Sol, onde nós podemos vê-los.

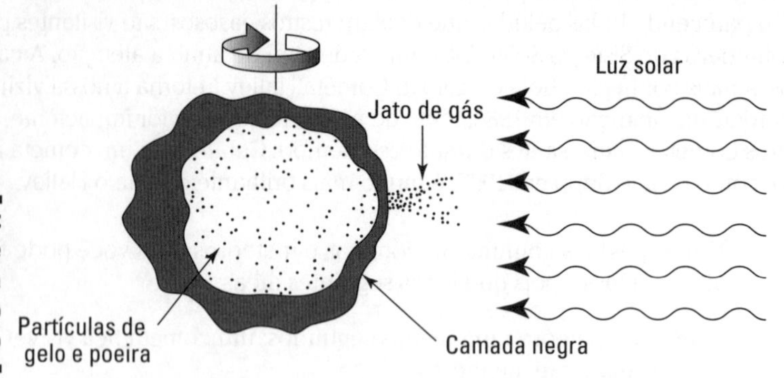

Figura 4-3: Um cometa é realmente uma bola de gelo sujo

Um cometa distante do Sol é apenas o núcleo; não tem cabeça ou cauda. A bola de gelo pode ter dúzias de quilômetros de diâmetro ou apenas 2 ou 3 quilômetros. Isso pode parecer bem pequeno para os padrões astronômicos, e pelo fato de o núcleo brilhar apenas em virtude da luz refletida do Sol, cometas distantes são muito apagados e difíceis de encontrar.

Imagens do núcleo do Halley, de uma sonda da Agência Espacial Europeia que passou muito próxima a ele em 1986, mostra que a bola de gelo esburacado em rotação tem uma camada negra, como a sobremesa tartufo (bolas de sorvete de baunilha, cobertas com chocolate) servidas em restaurantes finos. Cometas não são tão gostosos (eu acho), mas eles são um deleite para os olhos. Aqui e ali no núcleo do Halley, a sonda fotografou plumas de gás e poeira, provenientes de buracos ou fossas similares a gêiseres jorrados pelo espaço onde o Sol dificilmente aqueceu a superfície. Que camada! E em 2004, a sonda Stardust da NASA conseguiu imagens próximas do núcleo do Cometa Wild-2. Esse núcleo parece ter crateras de impacto e está marcado pelo que parecem ser cumes feitos de gelo. Esses são os fatos, falando friamente.

Quando um cometa se aproxima do Sol, o calor solar vaporiza mais do gás congelado e ele dispara pelo espaço, soltando poeira também. O gás e a poeira formam uma nuvem nebulosa e que brilha em volta do núcleo chamado *coma* (um termo derivado da palavra latina para "cabelo", não é a palavra usada para se referir a um estado de inconsciência). Quase todos confundem a coma com a cabeça do cometa, mas a cabeça, falando corretamente, consiste tanto da coma quanto do núcleo.

O brilho da coma de um cometa é em parte a luz do Sol, refletida por milhões de pequenas partículas de poeira, e em parte emissões de luzes fracas de átomos e moléculas dentro da coma.

A poeira e o gás na coma de um cometa estão sujeitas a forças de perturbação que podem aumentar a(s) cauda(s) de um cometa.

A pressão da luz do Sol empurra as partículas de poeira na direção oposta ao sol (veja a Figura 4-4), produzindo a *cauda de poeira* do cometa. Esta brilha refletindo a luz do Sol e tem essas características:

- uma aparência suave, às vezes levemente curvada;
- uma cor amarela pálida.

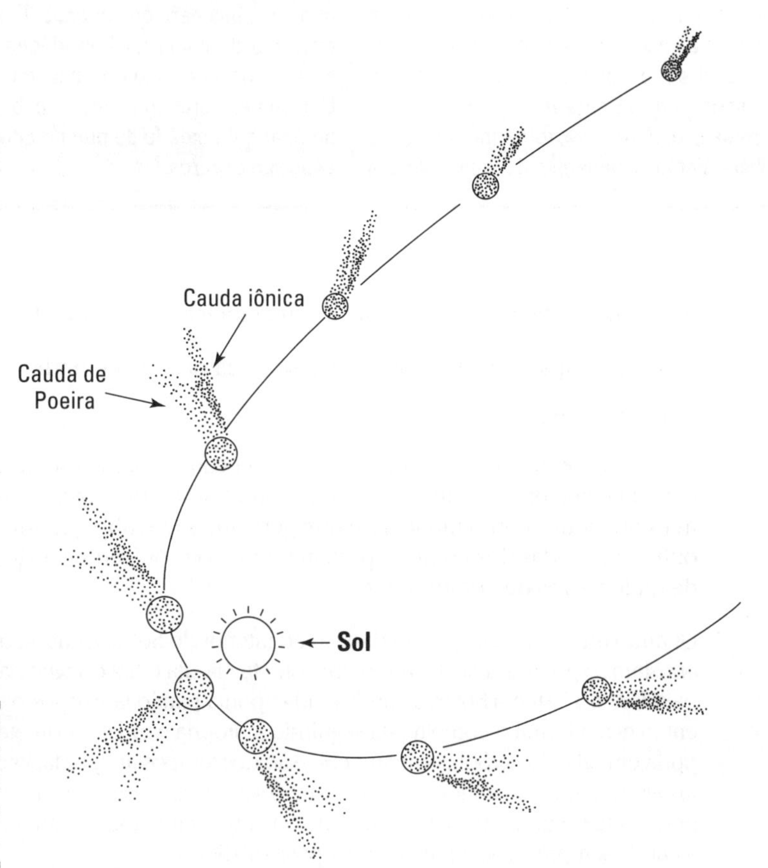

Figura 4-4: A cauda de um cometa aponta para o lado oposto do Sol.

O outro tipo de cauda de cometa é a *cauda iônica* (também chamada de cauda de plasma ou cauda de gás). Uma parte do gás na coma fica ionizada, ou carregada eletricamente, quando atingida pela luz ultravioleta do Sol. Nesse estado, os gases são submetidos à pressão do vento solar, uma corrente invisível de elétrons e prótons que sai do Sol para o espaço (veja o Capítulo 10). O vento solar empurra o gás do cometa eletrificado para fora em uma direção completamente oposta ao Sol, formando a cauda de plasma do cometa. A cauda de plasma é como um golpe de vento: ela mostra aos astrônomos que observam o cometa de longe para que lado o vento solar está soprando no ponto do cometa no espaço.

"Coma" é que é?

A primeira regra para a observação é: Saia da cidade! Embora o núcleo de um cometa possa ter apenas 8 ou 16 quilômetros de diâmetro, a coma que se forma a sua volta pode chegar a dezenas de milhares ou até centenas de milhares de quilômetros. Os gases estão em expansão, como uma nuvem de fumaça de um cigarro. Quando eles se dispersam, definham-se, tornando-se menos visíveis. Então o tamanho da coma de um cometa não depende apenas da quantidade de matéria que o cometa solta; ele também depende da sensibilidade do olho humano ou do filme fotográfico (ou detector eletrônico) que você usa para observação. E o tamanho aparente da coma também depende da escuridão do céu quando você for observar. Um cometa brilhante aparece bem menor no centro da cidade do que no interior cujos céus são escuros.

Ao contrário da cauda de poeira, a cauda iônica de um cometa tem:

- uma aparência fina, às vezes distorcida ou até quebrada;
- cor azul.

De vez em quando, o comprimento de uma cauda iônioca se desprende do cometa e voa pelo espaço. O cometa então forma uma nova cauda iônica, mais ou menos como um lagarto que gera um novo rabo quando ele perde outro. As caudas dos cometas podem ter milhões ou centenas de milhões de quilômetros de comprimento.

Quando um cometa segue em direção ao interior do Sol, sua cauda ou caudas arrastam-se por trás dele. Quando um cometa circula o Sol e segue na direção para fora do Sistema Solar, a cauda ainda aponta para o lado oposto do Sol, então dessa forma o cometa está seguindo a própria cauda! O cometa se comporta em relação ao Sol como um cortesão dos tempos antigos fazia com o seu imperador: nunca virando as costas para o seu mestre. O cometa na figura 4-4 pode estar seguindo no sentido horário ou anti-horário, mas de qualquer forma, a cauda sempre aponta para o lado oposto do Sol.

A coma e a cauda de um cometa são apenas um ato prestes a desaparecer. O gás e a poeira dispersados pelo núcleo para formar a coma e as caudas são perdidos pelo cometa para sempre – eles apenas voam para fora. No momento em que o cometa viajar até muito além da órbita de Júpiter, de onde a maioria dos cometas vêm, ele vai consistir apenas de um núcleo despido de novo. Mas a poeira que ele dispersou poderá produzir uma chuva de meteoros (que eu abordei um pouco antes neste capítulo) algum dia, caso se cruze com a órbita da Terra.

Esperando pelos "cometas do século"

De anos em anos, um cometa é suficientemente brilhante e está em uma posição tão boa no céu que você pode facilmente vê-lo a olho nu ou com binóculos pequenos. Eu não posso dizer quando tal cometa vai aparecer, pois os únicos cometas cujos retornos os astrônomos podem prever com precisão em um futuro próximo são os pequenos que não têm muito brilho. Quase todos os cometas brilhantes e interessantes são descobertos e não previstos.

O Cometa Halley é o único cometa brilhante cuja visitas os astrônomos conseguem prever com precisão, mas ele não aparece muitas vezes. Sua aparição em 1910 foi muito anunciada por toda a parte, e todos conseguiram vê-lo. Mas um cometa ainda mais brilhante veio no mesmo ano, o Grande Cometa de 1910, e nenhum astrônomo tinha previsto a sua chegada. Tudo o que você pode fazer é continuar olhando para cima. Monitore as revistas de Astronomia e sites no final dessa seção para notícias de novos cometas e então siga as instruções para vê-los. E com sorte, você poderá ser o primeiro a ver e reportar um novo cometa, e nesse caso, a União Astronômica International dará a ele um nome em sua homenagem.

A cada cinco ou dez anos, aparece um cometa que é tão brilhante que os astrônomos o elegem como "O cometa do século". As pessoas têm memória curta. Mas mantenha-se interessado, e você poderá ter a chance de ver um belo cometa:

- Em 1967, era possível ver o Cometa Ikeya-Seki em plena luz do dia perto do Sol se você erguesse o seu polegar para bloquear o grande e brilhante disco solar. Eu nunca vou esquecer-me daquela visão ou do meu dedão queimado de Sol.
- Em 1976, era possível ver o Cometa West a olho nu mesmo no céu noturno acima da cidade de Los Angeles, um dos piores locais para ver objetos celestes que eu conheço.
- Em 1983, o Cometa IRAS-Iraki-Alcock podia ser visto (a olho nu) realmente se movendo durante a noite. (A maioria dos cometas se move tão lentamente pelo céu que você pode ter que esperar uma hora ou mais para notar qualquer mudança na posição.
- Nos anos 1990, os cometas brilhantes Hyakutake e Hale-Bopp apareceram do nada e milhões de pessoas em todo o mundo puderam testemunhar.

Astrônomos, amadores ou profissionais não viram um grande cometa no novo milênio até o presente momento, mas um está fadado a aparecer, e você pode até ser a pessoa que o descobrirá!

Sites oferecem muitas informações sobre cometas atuais visíveis e fotografias deles para astrônomos amadores e profissionais. Na maioria das vezes, os cometas atuais são muito fracos para que qualquer um que não tenha um telescópio amador avançado possa ver. Confira regularmente esses três sites especialmente bons para se assegurar de que tem as últimas novidades:

- A Home Page de Observação de Cometas no Laboratório de Propulsão a Jato da NASA, em: `encke.jpl.nasa.gov`.
- A página de Cometas Atuais, com histórias e observações, em: `cometgraphy.com/current_comets.html`
- A página de Cometas da Sky & Telescope, que dá dicas de como observar e fotografar cometas, em: `skyandtelescope.com/observing/objects/comets/`

Na caça do grande cometa

Achar um cometa não é difícil, mas encontrar o seu primeiro pode levar anos e anos. O conhecido caçador de cometas contemporâneo, David Levy, vistoriou sistematicamente o céu por nove anos antes de encontrar seu primeiro cometa. Desde então, ele encontrou mais 20.

O melhor telescópio que se pode usar para procurar cometas é um telescópio de foco curto ou rápido, o que significa aqueles nos catálogos cujas especificações incluem um f/número baixo (como o f/número de lentes de câmeras) – f/5.6, ou melhor ainda, um f/4. E você precisará de uma ocular de baixa potência, como um 20x ou um 30x (veja o Capítulo 3). O objetivo de usar um f/número baixo e da baixa magnificação é ver a maior área de céu possível com o seu telescópio. Mas os cometas brilhantes que você está prestes a descobrir são poucos e muito distantes.

Um telescópio relativamente barato para começar sua caça aos cometas é o refrator ShortTube 80mm. Ele possui uma óptica excelente a um modesto preço: US$ 275 quando você o compra com o tripé Paragon da Orion. Sua razão focal de f/50 e magnificação de 16x são perfeitas para se começar a caça aos cometas. Eu recomendo a maleta de alumínio também (cerca de US$40), porque esse telescópio é compacto o suficiente para ser levado a bordo de um avião ou em canto apertado do porta-malas para que você possa sondar o céu e tentar encontrar um cometa onde quer que você vá. Você pode encontrar os binóculos e telescópios da Orion no site: `www.telescopes.com` (para saber mais sobre como escolher telescópios, veja o Capítulo 3).

Você pode procurar cometas desconhecidos de duas formas: da forma fácil e da forma sistemática. Continue lendo para descobrir as duas técnicas e para informações de como relatar um cometa.

Localizando cometas da maneira fácil

A maneira fácil de procurar por cometas é não fazer nenhum esforço extra. Apenas esteja alerta para nebulosidades estranhas quando olhar por seus binóculos ou telescópio para as estrelas ou outros objetos durante a noite no céu. Faça uma varredura no céu por pontos estranhos (ao contrário de estrelas, que são pontos incisivos de luz se seus binóculos estiverem em foco). Caso localize com precisão uma área embaçada, confira no seu atlas estelar para ver se algo naquele local *deveria* parecer embaçado, como uma nebulosa ou uma galáxia. Se não encontrar nada do gênero no atlas, você pode ter encontrado um cometa, mas antes de ficar animado, espere algumas horas e veja se o possível cometa se moveu contra o padrão de estrelas adjacentes. Se o Sol nascer ou nuvens entrarem no caminho e bloquearem sua visão, olhe de novo na noite seguinte. Se o objeto for de fato um cometa, você vai notar que sua posição mudou em relação às estrelas. E, se a mancha for brilhante o suficiente, você poderá até ver a cauda, o que entrega de fato que o que está vendo é um cometa.

Localizando cometas da maneira sistemática

A maneira sistemática de procurar por cometas é baseada no preceito de que você pode encontrá-los mais facilmente onde eles são mais brilhantes e onde o céu está mais escuro. Cometas mais próximos do Sol brilham mais, mas o céu está mais escuro nas direções longe da direção do Sol.

Como um consenso entre o mais longe do Sol e o mais perto possível do Sol, procure cometas no leste antes da aurora por uma parte do céu que está:

- pelo menos 40 graus do Sol (que está abaixo do minúsculo horizonte);
- não mais que a 90 graus do Sol.

Lembre-se que existem 360 graus até o horizonte, então 90 graus é um quarto do caminho até o céu.

Um programa de planetário para computador pode te ajudar a mapear as regiões das constelações que se situam nesta parte do céu em qualquer noite do ano (veja o Capítulo 2 para mais informações sobre esses programas). E, é claro, você pode procurar por cometas a oeste no crepúsculo seguindo as mesmas regras sobre a distância do Sol. Pela minha experiência, os primeiros "cometas" que irá descobrir serão trilhas de condensação de aviões, que pegam os raios do Sol em sua altitude elevada, mesmo que o Sol já tenha se posto na sua localidade.

Comece por um canto da área do céu que você planeja conferir e lentamente arraste o telescópio pela área. Mova o telescópio um pouco para cima ou para baixo e varra a próxima faixa de céu na sua área de busca. Você pode varrer todas as partes da esquerda para a direita, ou pode varrer indo e vindo *bustrofedonicamente* (um termo que se refere a arar a terra com gado; o gado ara o primeiro sulco em uma direção e depois volta pelo campo, arando na direção oposta).

Brincando de dar nomes para objetos espaciais

Se descobrir um cometa, a União Astronômica Internacional vai nomeá-lo em sua homenagem e, possivelmente, também em homenagem à pessoa seguinte ou à próxima que reportá-lo independentemente.

Se você descobriu um meteoro, não vai ter tempo de dar nome a ele antes dele desaparecer. Você pode tentar gritar "João", mas o nome não vai pegar e você pode ter atraído atenção não desejada. Os únicos meteoros que receberam nomes são aqueles espetaculares observados por centenas de pessoas. Eles ganharam nomes como "A Grande Bola de Fogo Diurna de 10 de Agosto de 1972", mas nenhum procedimento oficial controla como isso acontece.

Se descobrir um meteorito, ele receberá o nome da cidade ou do local onde você o encontrou. O meteorito pertence ao proprietário da terra onde foi encontrado, por exemplo, se encontrar um em terras do governo dos Estados Unidos, como um parque ou floresta nacional, ele vai para o Instituto Smithsoniano.

Se descobrir um asteroide, você poderá recomendar um nome para ele, mas ele não será seu. (veja o Capítulo 7 para mais informações sobre asteroides).

Será mais fácil impressionar seus amigos contando sobre o seu projeto de busca *bustrofedônica* por cometas do que se realmente descobrir um cometa. Vai te dar uma baita massagem no ego (a não ser que seus amigos decidam que você está arando).

Reportando um cometa

Quando descobrir um cometa, siga as instruções no site do Departamento Central de Telegramas de Astronomia da União Astronômica Internacional (que não usa mais telegramas) e dê o seu relato por e-mail. O *site* é: `cfa-www.harvard.edu/iau/cbat.html`.

O Departamento não aprecia alarmes falsos, então, tente fazer que um amigo que gosta de olhar estrelas confira sua descoberta antes de espalhar a notícia. Se a descoberta conferir, você – como o descobridor amador de um cometa – pode ser elegível para uma parte do prêmio em dinheiro do Prêmio Edgar Wilson, que está descrito no site do Departamento Central (`cfa-www.harvard.edu/iau/special/EdgarWilson.html`).

Mas mesmo que nunca descubra um cometa, e a maioria dos astrônomos nunca descobre, você pode aproveitar os cometas que outros descobriram.

Satélites Artificiais: Lidando com uma Relação de Amor e Ódio

Um satélite artificial é algo que as pessoas constroem e lançam para o espaço, onde ele orbita a Terra e outros corpos celestes. Os satélites artificiais que orbitam a Terra nos dão previsões do tempo, monitora o El Niño, transmitem programas de rede de televisão e ficam em guarda contra lançamentos de mísseis intercontinentais por potências hostis. E eles também podem ser usados para a Astronomia.

O Telescópio Espacial Hubble é um satélite artificial, e os astrônomos o amam. Ele fornece visões incomparáveis das estrelas e de galáxias distantes e nos deixa ver o Universo por luzes infravermelhas e ultravioletas que de outra forma estariam bloqueadas pelas grossas camadas da atmosfera da Terra.

Mas os satélites artificiais também podem pegar os raios de um Sol poente ou até o Sol que já se pôs para os observadores no nível do solo. Ao capturar a luz do Sol, eles representam pontos de luz que podem se mover pela parte do céu que o astrônomo está fotografando com longo tempo de exposição para registrar estrelas débeis. Astrônomos não gostam dessa interferência. Pior ainda, alguns satélites artificiais transmitem em frequências de rádio que interferem com o "grande prato" e outras antenas de rádio que os astrônomos usam para receber emanações de rádio naturais do espaço. As ondas de rádio celestes podem ter viajado por mais de bilhões de anos de um quasar, ou pode ter levado mais de cinco mil anos para nos alcançar de outro sistema solar na Via Láctea, possivelmente trazendo saudações de alienígenas benevolentes que querem nos mandar a cura para o câncer. Mas assim que as ondas de rádio chegam, um tom trombeteado e modulações estridentes de um satélite passando por cima do observatório interferem na nossa recepção. Podemos nunca saber qual é o noticiário do sistema Alfa Centauri.

Então os astrônomos amam os satélites quando eles fazem algo bom para nós e os odeiam quando eles interferem com as nossas observações. Mas para tirar o melhor de uma coisa ruim, astrônomos amadores se tornaram espectadores e fotógrafos entusiastas dos satélites artificiais que passam sobre nossas cabeças.

Procurando satélites artificiais no céu

Centenas de satélites em funcionamento orbitam a Terra, junto com milhares de peças de lixo espacial – satélites que não funcionam, partes de foguetes de lançamento de satélites, pedaços de satélites quebrados, ou até mesmo de satélites que explodiram, e pequenos flocos de tinta de satélites e foguetes. No solo, o ônibus espacial é um foguete tripulado, mas no espaço, ele orbita a Terra como um grande satélite artificial.

Você poderá ver de relance a luz refletida de qualquer um dos foguetes maiores e do lixo espacial, e radares de defesa potentes podem rastrear até pedaços bem pequenos.

A melhor maneira de começar a observar satélites artificiais é olhar para os grandões – como a Estação Espacial Internacional da NASA, o Telescópio Espacial Hubble, e naves espaciais (que estão no céu em missões) – e os muito reluzentes (as dúzias de satélites de comunicação Iridium).

Olhar para um satélite artificial grande e reluzente pode ser gratificante para um astrônomo iniciante. Previsões de cometas e chuvas de meteoros quase sempre vêm enganadas, os cometas sempre parecem mais apagados do que o esperado, e geralmente você vê menos meteoros do que o anunciado. No entanto, previsões para observação de satélites artificiais geralmente acertam na mosca. Você pode surpreender seus amigos levando-os para o lado de fora no início de uma noite limpa, olhar para o relógio e dizer: "Hum... a Estação Espacial Internacional deve estar para aparecer por ali (aponte para a direção certa quando disser isso) daqui a um ou dois minutos." E ela vai aparecer!

Quer saber para o que olhar? Eu te ajudo. Aqui estão algumas características para que você possa localizar com precisão os maiores e mais brilhantes satélites:

- Um satélite como o Telescópio Espacial Hubble ou a Estação Espacial Internacional geralmente aparecem no começo da noite como um ponto de luz, movendo-se uniformemente de um modo que se pode notar de oeste a leste, na parte ocidental do céu. Ele se move muito devagar para você confundi-lo com um meteoro e muito rápido para se parecer com um cometa. Ele pode ser visto facilmente a olho nu, então não pode ser um asteroide, e, de qualquer forma, ele se move muito mais rápido do que um asteroide.

Às vezes, você pode confundir um avião a jato em alta altitude com um satélite. Mas dê uma olhada pelo binóculo. Se o objeto no campo de visão for um avião, você deverá ser capaz de distinguir luzes piscando ou até a silhueta da aeronave contra a fraca iluminação do céu noturno. E quando estiver em um local tranquilo, você poderá ouvir o avião. Você não pode ouvir um satélite.

- Um satélite Iridium tem uma situação de visualização completamente diferente: ele geralmente aparece como uma faixa de luz que se move e fica incrivelmente clara para então desaparecer depois de vários segundos. Ele se move mais devagar, muito mais lentamente que um meteoro. E um clarão ou *flash* de um Iridium geralmente brilha mais do que Vênus, o segundo mais brilhante que perde apenas para a Lua no céu noturno. O Sol, localizado abaixo da nossa linha do horizonte, se reflete em uma das antenas chatas de alumínio, do tamanho de uma porta, no satélite e emite um *flash* de luz. Em astrofestas, as pessoas se animam quando veem um clarão de Iridium, assim como elas ficam quando veem uma bola de fogo. Você pode até ver alguns clarões de Irídio durante o dia.

  E leve isso em conta: mais de 60 satélites Iridium estão em órbita. Eles interferem na Astronomia, e os astrônomos querem que eles desapareçam, mas pelo menos os satélites têm um "chamariz" para nos entreter.

Encontrando previsões para ver satélites

Alguns jornais e homens e mulheres do tempo dão previsões diárias ou ocasionais para a visualização de satélites da sua área local. Você pode encontrar informações sempre que quiser consultando esses sites:

- Para a Estação Espacial Internacional, a *Sky & Telescope* oferece previsões para observação na página de seu Almanaque em: `skyandtelescope.com/observing/almanac`. Mude a localidade padrão (Greenwich, Inglaterra) para a sua cidade e coloque a data e a hora que você quer começar a procurar a Estação Espacial.
- Para satélites de comunicação Iridium, as previsões mais convenientes estão disponíveis no site Heavens-Above em: `www.heavens-above.com`. Coloque a sua localização e hora que o Heavens-Above após computar por um ou dois minutos fornecerá uma tabela das próximas oportunidades de observação.
- O Heavens-Above é também o local para informações sobre a visualização do Telescópio Espacial Hubble. Clique no link Hubble na seção "Satellites" para ter uma programação da visualização em sua localidade.

Depois que tiver sucesso vendo alguns satélites artificiais brilhantes, você poderá tentar fotografá-los. Siga as instruções no quadro "Fotografando meteoros e chuva de meteoros" um pouco antes neste capítulo. Tudo o que vai precisar é de uma câmera propícia para tirar exposições de tempo, um tripé firme e algum filme veloz.

Parte II

Dando uma Volta pelo Sistema Solar

Nessa parte...

Adivinhe! Homens não são de Marte, e mulheres não são de Vênus. Na verdade, nenhum desses planetas tem condições de manter vida como conhecemos. Vênus é muito quente, Marte é muito frio, e os cientistas não têm conhecimento de que algum tenha água líquida.

Essa parte explica como os planetas no nosso Sistema Solar realmente são. Será que Marte já teve vida? E quanto à lua de Júpiter, Europa? Eu contarei a vocês o que os cientistas sabem até agora.

E se você assistiu a um daqueles filmes "Oh não, um grande asteroide está vindo em direção à Terra!", você pode estar imaginando se deve levar essa ameaça a sério. Eu incluo um capítulo que explica os asteroides e os riscos reais de eles atingirem a Terra.

Capítulo 5

Um Par Perfeito: A Terra e a Sua Lua

Neste Capítulo:

- Vendo a Terra como um planeta.
- Entendendo o tempo, as estações e a idade da Terra.
- Focando nas fases da Lua e suas características.

As pessoas geralmente pensam nos planetas como objetos no céu, como Júpiter e Marte. Os gregos antigos – e pessoas por séculos depois – fizeram distinções entre a Terra, que era considerada o centro do Universo, e os planetas. Eles pensavam nos planetas como sendo pequenas luzes no céu que giravam em torno da Terra.

Hoje já sabemos mais coisas. A Terra não é o centro do Universo. Ela não é nem o centro do Sistema Solar; o Sol fica com esse título. A Lua orbita em torno da Terra, junto com centenas de outros satélites artificiais (veja o Capítulo 4), e é isso. E junto com a Terra na órbita em torno do Sol estão outros sete planetas no Sistema Solar, inúmeras outras Luas, um cinturão de asteroides, milhões de cometas e mais. No entanto, até onde sabemos, a vida em nosso Sistema Solar existe apenas na Terra.

A Terra deixou de ter seu lugar exaltado no pensamento humano como o centro do Universo rumo ao seu verdadeiro, porém significante, *status*: nosso planeta natal. E você não vai encontrar outro lugar no Sistema Solar que se pareça tanto com nosso lar.

A Terra é o que os astrônomos chamam de planeta *terrestre* – um tipo de definição redundante, porque terrestre é o que a Terra certamente é. Todavia, o significado científico é de um planeta feito de rochas que orbita em torno do Sol. Os quatro planetas mais próximos do Sol são os planetas terrestres do Sistema Solar: Mercúrio, Vênus, Terra e Marte, na ordem de distância do Sol.

Algumas pessoas consideram a Lua um planeta terrestre e têm o sistema Terra-Lua como um planeta duplo. Para alienígenas que procurarem nos visitar, essa distinção provavelmente ajudará: "apenas siga a direção daquela estrela amarela esbranquiçada no Setor 49, 832 do Braço de Órion, na Via Láctea, e, então, siga até a terceira rocha do Sol; é um planeta duplo e fácil de visualizar."

Colocando a Terra sob o Microscópio Astronômico

A Terra é única entre os planetas conhecidos. Nas seções seguintes, eu direi o porquê, fazendo um sumário rápido de algumas de suas principais características e como elas interagem com assuntos astronômicos como o tempo e as estações. E caso tenha esquecido como ela se parece, você pode conferir uma ótima foto da NASA na seção colorida, que mostra a Terra e a Lua juntas.

Uma peça rara: As características únicas da Terra

O que é tão especial sobre a Terra? Para começar, nós habitamos o único planeta que conhecemos com:

- **Água líquida na superfície.** A Terra tem lagos, rios e oceanos, diferente de qualquer outro planeta conhecido. Infelizmente, ela tem tsunamis e furacões também. Os oceanos cobrem 70 por cento da superfície da Terra.
- **Grandes quantidades de oxigênio no ar.** O ar na terra tem 21 por cento de oxigênio; nenhum outro planeta tem mais do que traços de oxigênio na atmosfera atual, até onde sabemos.
- **Placas tectônicas** (também conhecidas como deslocamentos continentais). A crosta da Terra é composta por grandes placas de rocha que se movem; onde as placas colidem, terremotos ocorrem e montanhas se formam. Novas crostas emergem nas cordilheiras no meio do oceano, bem no fundo do mar, fazendo com que o solo marinho se espalhe. (Para saber mais sobre as propriedades do solo marinho, veja o quadro "O fundo do mar da Terra e suas propriedades magnéticas" mais adiante neste capítulo.)
- **Vulcões ativos**. Rochas quentes derretidas, brotando das profundezas da superfície, formam imensas formas de terra vulcânicas como as Ilhas Havaianas. Vulcões entram em erupção todos os dias na Terra.
- **Vida, inteligente ou não**. Eu deixarei você julgar a inteligência, mas de amebas, bactérias e vírus unicelulares até flores e árvores, peixes e árvores, e insetos e mamíferos, a Terra é abundante em vida.

Pesquisadores estão investigando indicações tentadoras de que Marte e Vênus podem ter um dia partilhado alguns desses traços com a Terra (veja o Capítulo 6). Contudo, até onde sabemos, eles não têm vida agora, e não há prova de que jamais tenham tido.

Cientistas acreditam que a presença de água líquida na superfície da Terra é uma das principais razões para que a vida floresça aqui. Você pode facilmente imaginar formas de vida avançada em outros planetas. Você vê isso na televisão e nos cinemas. Mas as imagens que você vê são todas imaginárias. Cientistas não têm evidências convincentes de qualquer tipo de vida, passada ou atual, em qualquer lugar além da Terra.

Apreciando as luzes do norte

A aurora é uma das visões mais bonitas do céu noturno, e para muitas pessoas, uma visão rara. Dependendo se você vive no Hemisfério Norte ou no Hemisfério Sul, você poderá ver a aurora boreal ou a aurora austral, respectivamente.

As auroras aparecem quando correntes de elétrons da magnetosfera da Terra chovem para a atmosfera abaixo, estimulando o oxigênio e outros gases a brilharem. O brilho misterioso no céu escuro pode permanecer estável por minutos e até horas, ou ficar mudando constantemente (tornando difícil para um observador iniciante identificar). Ela pode tremeluzir, pode pulsar, ou até soltar lampejos pelo céu. A aurora pode aparecer de diversas formas; aqui estão algumas das mais comuns:

- **Brilho:** A forma mais comum de aparição da aurora. O brilho se parece com uma parte do céu onde uma fina nuvem reflete a luz da Lua ou as luzes da cidade. Mas você não vê nenhuma nuvem – apenas a misteriosa luz de uma aurora.
- **Arco:** Com a forma de um arco-íris, mas sem a luz do Sol para produzir um. Um arco verde estável ou pulsante é o tipo mais comum de arco, porém, às vezes, um arco vermelho claro aparece.
- **Cortina:** Essa forma espetacular de aurora se parece com uma cortina ondulada de um teatro, onde a natureza é a estrela do *show*.
- **Raios:** Uma ou mais linhas longas e com brilho fino no céu, parecendo feixes fracos dos céus.
- **Coroa:** Bem elevada, uma coroa no céu, com raios emanando para todas as direções.

As auroras ocorrem constantemente em duas faixas geográficas da Terra nas latitudes mais altas do sul e do norte. As pessoas que vivem abaixo desses dois "*ovais de aurora*" veem auroras todos os dias. Mas, você pode encontrar grandes exceções: quando uma grande perturbação no vento solar atinge a magnetosfera, os ovais se movem em direção ao equador. As pessoas na *zona da aurora* (as terras abaixo dos ovais) podem perder as suas auroras, mas observadores de estrelas ao longo do equador, que raramente as veem, presenciam um grande *show*. As horas mais propícias para se ver auroras claras fora das zonas de aurora são os primeiros anos depois do pico do ciclo solar, então, mantenha os olhos bem abertos para as auroras entre 2013 e alguns anos seguintes. Se não quiser esperar tanto para a aurora vir até você, visite o Alasca ou a Noruega, que ficam próximos do oval de aurora do norte e você poderá ver as luzes no norte em quase qualquer noite limpa.

Confira a aparição diária dos ovais de aurora com visualizações e informações dos satélites da NASA, da NOAA (Administração Oceanográfica e Atmosférica Nacional [National Oceanographic and Atmospheric Administration]) e da Força Aérea dos EUA no *site* Solar Terrestial Dispatch (Emissão Terrestre Solar) em: `www.spacewe.com`. Você poderá encontrar previsões de atividades de auroras, e, ainda, poderá relatar suas observações no Formulário de Submissão de Atividade de Auroras (Auroral Activity Submission Form).

Esferas de influência: Regiões distintas da Terra

A Figura 5-1 mostra quatro imagens da Terra vista do espaço. Os padrões da Terra de terra, mar e nuvens estão claramente visíveis.

Cientistas classificam as regiões da Terra em:

- *Litosfera*: As regiões rochosas do nosso planeta.
- *Hidrosfera*: A água nos oceanos, lagos e qualquer outro lugar na Terra.
- *Criosfera*: As regiões congeladas – notadamente a Antártida e as geleiras da Groelândia.
- *Atmosfera*: O ar do nível do solo até milhares de quilômetros acima.
- *Biosfera:* Todas as coisas vivas da Terra – no solo, no ar, na água e, também, subterrânea.

Então, você é uma parte da biosfera que vive na litosfera, bebe da hidrosfera e respira da atmosfera. (Você também pode dar um passeio pela criosfera.) Eu não conheço nenhum outro lugar do espaço em que isso aconteça.

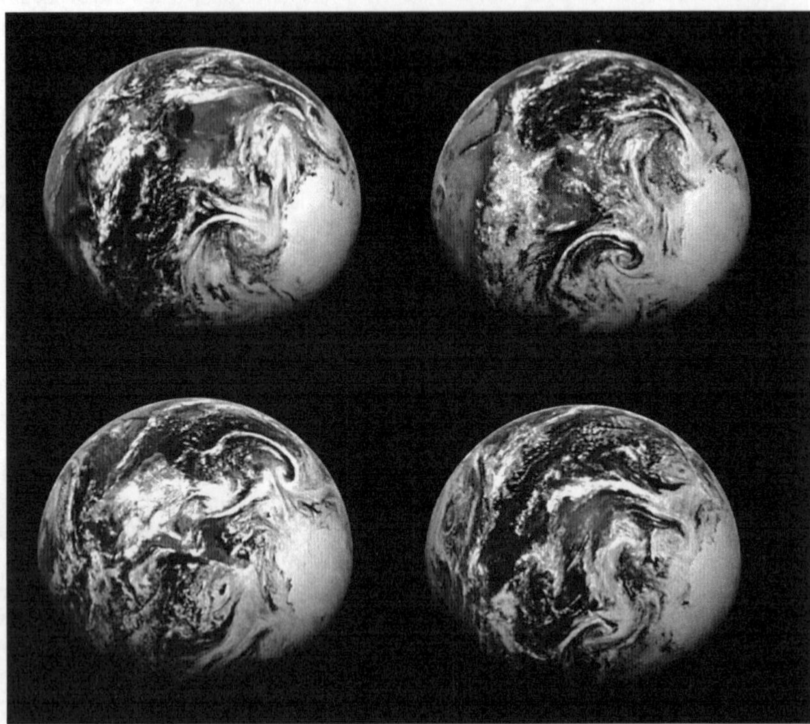

Figura 5-1: Quatro imagens que mostram as mudanças na aparência da Terra.

Cortesia da NASA

Além das regiões que eu descrevi na lista anterior, uma parte bastante importante do nosso planeta é a *magnetosfera*, que tem um papel relevante na proteção da Terra contra qualquer emanação perigosa do Sol (veja o Capítulo 10). Às vezes chamada de cinturão de radiação da Terra (ou cinturões de radiação de Van Allen, em homenagem a James Van Allen, o físico americano que os descobriu com o primeiro satélite artificial dos EUA, o Explorer 1), a magnetosfera consiste de partículas carregadas eletricamente – na maior parte prótons e elétrons – que ficam se movimentando de cima para baixo sobre a Terra, presos em seu campo magnético.

Ocasionalmente, alguns dos elétrons escapam e caem na atmosfera terrestre abaixo, atingindo átomos e moléculas e fazendo-as brilhar. Esse brilho é a aurora (veja a seção anterior e confira a tabela "Apreciando as luzes do norte", anteriormente neste capítulo, para mais informações sobre auroras).

A superfície sólida da Terra – a parte na qual você pisa – é a crosta. Abaixo da crosta ficam o manto e o núcleo. O núcleo tem a maior parte de ferro e níquel e é muito quente, chegando a quase 7.000ºC no centro. E o núcleo também tem camadas: o núcleo externo se encontra no estado líquido, e o núcleo interno é sólido.

A pressão extremamente alta das camadas sobrepostas faz o ferro no núcleo interno se solidificar. No processo de resfriamento da Terra que ainda se extenderá por milhões de anos, a parte sólida no centro vai aumentar de tamanho cobrindo o núcleo líquido, como um cubo de gelo se formando em volta de líquidos que gelam.

O núcleo da Terra está muito distante da nossa capacidade de escavação, mas ele produz um efeito que qualquer um pode observar da superfície. As correntes em movimento de ferro derretido no núcleo externo geram um campo magnético que alcança o planeta inteiro e chega longe no espaço, o chamado *campo geomagnético*.

O campo geomagnético:

- Faz a agulha de uma bússola apontar.
- Fornece um sistema de orientação invisível para que pombas voltem para casa, algumas aves migratórias e até algumas bactérias que vivem no oceano.
- Forma a magnetosfera ao redor da Terra.
- Protege a Terra de partículas eletricamente carregadas do espaço, como o vento solar ou muitos raios cósmicos (partículas com grande energia e alta velocidade resultantes de explosões no Sol e de pontos distantes no espaço).

O campo geomagnético é um campo magnético planetário global, o que significa que ele se estende por todas as partes da Terra e é gerado continuamente. Marte, Vênus e a nossa Lua não têm um campo magnético global, e essa diferença-chave fornece aos cientistas informações sobre os núcleos desses objetos. Para saber mais sobre o núcleo lunar, veja a seção: "Impacto profundo: uma teoria sobre a origem da Lua" mais adiante neste capítulo.

O fundo do mar da Terra e suas propriedades magnéticas

De acordo com pesquisas geofísicas, padrões de rochas magnetizadas existem em solo marinho nos dois lados das cordilheiras mesoceânicas. A rocha foi magnetizada no processo de resfriamento de seu estado líquido, prendendo e "congelando" uma parte do campo magnético da Terra que era absorvido enquanto a rocha se solidificava. Então, rochas do fundo do mar se parecem com um ímã, com um campo magnético que tem força e direção. Depois da solidificação da rocha, seu campo magnético não poderia mais se alterar, e se tornaria um fóssil de campo magnético. É como um fóssil de dinossauro que permanece para sempre na posição em que estava quando morreu.

Os padrões descobertos perto das cordilheiras mesoceânicas consistem em faixas de rochas magnetizadas, com centenas de quilômetros de comprimento, que ficam paralelas às cordilheiras e se alternam em polaridade, como o final de uma barra magnética que atrai a agulha de uma bússola que busca o norte, e a próxima faixa tem polaridade oposta, e assim por diante.

A alternância das faixas de rochas magnetizadas opostas se deve às novas rochas que emergem das cordilheiras mesoceânicas, resfriando-se e magnetizando-se, e se afastando das cordilheiras enquanto mais rochas as empurram. As faixas magneticamente opostas mostram que o próprio campo geomagnético periodicamente reverte sua direção, como uma barra de ímã que você roda em 180 graus em intervalos – tirando o fato de que os intervalos para os campos magnéticos têm provavelmente centenas de milhares de anos.

Um processo desconhecido faz com que o campo geomagnético, gerado nas profundezas do núcleo da Terra, se reverta de tempos em tempos. Esse efeito é preservado nos campos magnéticos fósseis das rochas no fundo do mar e nas rochas dos continentes que anteriormente estavam debaixo do mar.

Por que mencionar essas coisas de fundo do mar em um livro sobre Astronomia? Porque essa propriedade única da Terra pode corresponder a um fenômeno descoberto em Marte. Enquanto cientistas consideram as evidências encontradas nos vários planetas terrestres, inclusive a Terra, descobrimos semelhanças e diferenças que nos ajudam a entendê-los melhor. Essa pesquisa é chamada de *planetologia comparada*, que eu abordo com mais detalhes nas descrições de Marte e Vênus no Capítulo 6.

Examinando o Tempo, as Estações e a Idade da Terra

Pode ser difícil acreditar nisso, porque você não dá mais do que cinco passos sem ter acesso a algum relógio, mas a rotação da Terra era a base original do nosso sistema de medir tempo, e agora sabemos que o movimento de órbita da Terra e a inclinação de seu eixo produzem as estações. Nossa "ciranda" solar já existe por um longo tempo: a Terra tem cerca de 4,6 bilhões de anos.

Orbitando por toda a eternidade

Hoje em dia, cientistas têm relógios atômicos que medem o tempo com grande precisão. Entretanto, originalmente e até a Era Moderna, nosso sistema de tempo era baseado na rotação da Terra.

Entendendo como o tempo corre

A Terra leva 24 horas para uma rotação em torno do seu eixo. Ela gira de oeste a leste ou no sentido anti-horário, se visto acima do Polo Norte), e sua órbita em torno do Sol no sentido anti-horário (como visto do espaço bem acima do Polo Norte). A duração do dia, 24 horas, é a média de tempo que leva para o Sol nascer e se pôr de novo. Esse processo é chamado de *tempo solar médio* e é equivalente ao tempo padrão em seu relógio.

Então, a duração do dia é de 24 horas de tempo solar médio. E um ano consiste em aproximadamente 365 dias, o tempo que a Terra leva para dar uma volta completa em torno do Sol.

Pelo fato de a Terra se mover em torno do Sol, o tempo em que você vê o Sol nascer depende tanto do movimento de rotação da Terra, como do de translação.

A Terra dá uma volta de 23 horas, 56 minutos e 4 segundos em relação às estrelas. Essa quantidade de tempo é chamada de *dia sideral*. (Sideral significa que pertence às estrelas.) Note que a diferença entre 24 horas e 23 horas, 56 minutos e 4 segundos é de 3 minutos e 56 segundos, que é quase cerca de 1/365 de um dia. A diferença não é coincidência: ela acontece porque durante um dia, a Terra se move por 1/365 de sua órbita em torno do Sol.

Astrônomos costumavam depender de relógios especiais chamados relógios siderais, que mediam o tempo sideral registrando 24 horas siderais durante um intervalo de 23 horas, 56 minutos e 4 segundos do tempo solar médio. As horas, minutos e segundos siderais são um pouco menores do que as unidades correspondentes do tempo solar. Usar um relógio sideral permitia que os astrônomos pudessem acompanhar as estrelas para conseguir apontá-las com o telescópio corretamente. Todavia, não precisamos mais fazer isso. Programas de computador que miram os telescópios ou que retratam o céu em um computador planetário, como eu descrevi no Capítulo 2, fazem as contas para você, então você pode simplesmente usar o horário padrão na sua localidade para descobrir onde estrelas e constelações diferentes aparecem no céu.

Por outro lado, astrônomos ainda têm o costume de relatar observações astronômicas em um sistema comum chamado *Tempo Universal* (UT – Universal Time) ou em *tempo médio em Greenwich*. A UT é, simplesmente, a hora padrão em Greenwich, Inglaterra. Se morar na América do Sul, a hora padrão na sua localização estará sempre atrasada em relação à hora em Greenwich. Por exemplo, no Rio de Janeiro, o Sol nasce cerca de três horas depois que ele nasceu em Greenwich. Quando o relógio marcar 6 da manhã em Greenwich, o relógio no Rio de Janeiro estará marcando 3 da manhã.

Uma medida de tempo definida com mais precisão, o *Tempo Universal Coordenado*, ou UTC (Coordinated Universal Time), que é idêntico à UT em quase todos os propósitos, é o padrão internacional oficial.

Ajustando a hora certa

No Brasil, o serviço da Hora do Observatório Nacional (ON), no Rio de Janeiro, é o encarregado pelo Tempo. Você pode acessar o UTC a qualquer momento que quiser na página do Serviço da Hora em `http://pcdsh01.on.br/`. O site do Observatório Naval Americano (`tycho.usno.navy.mil`) tem um espaço onde você pode encontrar a Hora Sideral Local Aparente na sua região. *Hora Sideral Local Aparente* é igual à ascensão reta (veja o Capítulo 1) das estrelas em seu meridiano – a linha imaginária do zênite até o ponto sul do horizonte. Uma estrela está melhor localizada para observação quando ela está no meridiano.

Para determinar o fuso horário que se aplica em quase qualquer outro local do mundo, e para convertê-lo em Tempo Universal, consulte o Mapa de Zonas Horárias do Mundo do Almanaque Náutico Her Majesty em `aa.usno.navy.mil/AA/faq/docs/world_tzones.html`.

Falando de maneira geral, o horário para economizar energia (chamado Horário de Verão) é uma hora mais tarde que o horário padrão na mesma região geográfica. Mas nem todos os lugares aderem ao Horário de Verão. Por exemplo, o Arizona, nos Estados Unidos que recebe bastante luz do Sol o ano todo, nunca tem Horário de Verão.

Inclinando-se às estações

Ensinar alunos sobre a causa das estações deve ser uma das tarefas mais frustrantes para qualquer professor de Astronomia. Não importa os cuidados que o professor tome ao explicar que as estações não têm nada a ver com a distância que estamos do Sol, muitos estudantes não aprendem. Pesquisas feitas, até em cursos da Universidade de Harvard, mostram que alunos brilhantes de graduação acham que o verão é quando a Terra está mais próxima do Sol e o inverno é quando a Terra está mais longe do Sol.

O que os alunos se esquecem é que quando o verão chega ao Hemisfério Norte, o sul passa pelo inverno. E quando os australianos estão surfando durante o verão, as pessoas nos Estados Unidos usam seus casacos de inverno. Mas a Austrália e os Estados Unidos são do mesmo planeta. A Terra não pode estar mais longe e mais perto do Sol ao mesmo tempo. A Terra é um planeta, e não um mágico.

A causa real das estações é a inclinação do *eixo* da Terra (veja a Figura 5-2). O eixo, a linha que passa pelos polos norte e sul, não é perpendicular ao plano da órbita da Terra em torno do Sol, na verdade, o eixo tem uma inclinação de 23 ½ graus da perpendicular ao plano orbital. O eixo aponta o norte para um lugar entre as estrelas – na verdade, perto da Estrela do Norte (pelo menos em curto prazo; o eixo lentamente muda a direção para onde aponta, então vai chegar uma época, em um futuro distante, em que a Estrela do Norte não vai mais ser a Estrela do Norte).

Atualmente, a Estrela do Norte, também chamada de Polaris, é a estrela Alpha Ursae Minoris, localizada no asterismo Pequena Concha da constelação Ursa Menor. Se você se perder e quiser seguir para o norte, busque a Pequena Concha (veja o Capítulo 3 para mais informações sobre a Polaris).

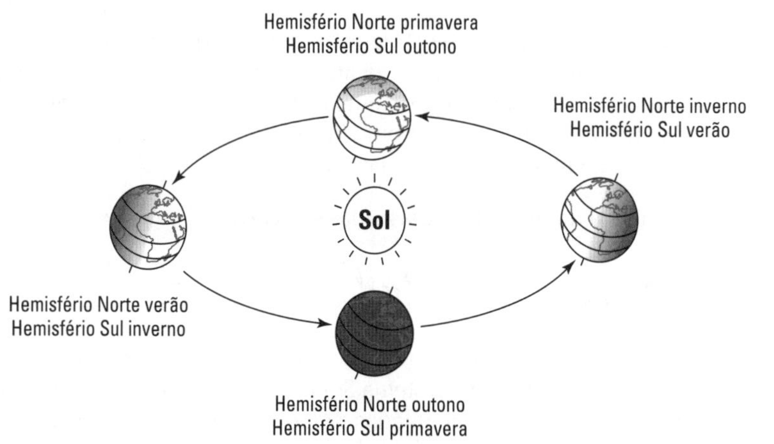

Figura 5-2: A inclinação do eixo da Terra determina as estações.

O eixo da Terra aponta "para cima" pelo Polo Norte e "para baixo" pelo Polo Sul. Quando a Terra está em um lado de sua órbita, o eixo que aponta para cima também aponta um pouco mais para o Sol, que então fica maior no céu ao meio-dia no Hemisfério Norte. Seis meses depois, o eixo aponta para cima e um pouco mais para longe do Sol. Na verdade, o eixo sempre aponta para a mesma direção no espaço, mas a Terra agora se moveu para o lado oposto do Sol.

O verão acontece no Hemisfério Norte quando o eixo que está apontando para cima pelo Polo Norte aponta um pouco para o Sol. Quando isso acontece, o Sol ao meio-dia fica mais alto no céu do que em outras estações do ano, então ele brilha mais diretamente no Hemisfério Norte e fornece mais calor. Ao mesmo tempo, o eixo que aponta para baixo pelo Polo Sul aponta para o lado oposto do Sol, que, então, brilha mais baixo no céu ao meio-dia do que em qualquer outra estação do ano, criando menos luz solar direta – e assim, é inverno na Austrália.

Nós usufruímos mais horas de luz do Sol no verão porque o Sol fica mais alto no Céu. Demora mais para ele chegar àquela altura, e leva mais tempo para ele se pôr.

Quando orbitamos em torno do Sol, ele parece se mover pelo céu, seguindo um círculo chamado *eclíptica*, mencionado no Capítulo 3. A eclíptica é inclinada em relação ao equador pelo mesmo ângulo exato da inclinação da Terra em seu eixo: 23 ½ graus. Aqui estão alguns eventos-chave na jornada anual do Sol pela eclíptica:

- Quando o Sol passa da parte de "baixo"(sul) do equador para "cima" (norte), nós temos o primeiro dia de primavera no Hemisfério Norte, chamada de *equinócio vernal*.
- Quando ele alcança o ponto mais ao norte da eclíptica, temos o *solstício de verão*.

- Quando ele passa pelo equador e retorna ao sul, o outono começa no Hemisfério Norte com o *equinócio outonal*.

- E quando ele alcança o ponto mais possível ao sul na eclíptica, temos o solstício de inverno.

No Hemisfério Norte, o solstício de verão é o dia com mais horas de luz do Sol durante o ano, já que o Sol atinge sua posição mais alta no céu – demorando mais para chegar àquela altura e descer de volta ao horizonte. Da mesma forma, o solstício de inverno no Hemisfério Norte é o dia com menos quantidade de luz solar durante o ano.

E isto é a duração das horas e das estações.

Estimando a idade da Terra

Medir a radioatividade é a única maneira precisa de se datar coisas muito antigas na Terra ou no Sistema Solar. Alguns elementos, como o urânio, têm formas instáveis chamadas *isótopos radioativos*. Um isótopo radioativo se transforma em outro isótopo do mesmo elemento, ou em um elemento diferente, em uma taxa determinada pela *meia-vida* da substância radioativa. Se a meia-vida for de 1 milhão de anos, por exemplo, metade dos isótopos radioativos que estavam originalmente presentes se transformará em outra substância (chamada de *isótopo filho*) quando 1 milhão de anos tiver passado, deixando metade ainda radioativa. Uma metade da metade que restou se transforma em átomos isótopos filhos em outro milhão de anos. Então, depois de 2 milhões de anos, apenas 25 por cento dos átomos isótopos radioativos ainda existirão. Depois de 3 milhões de anos, restarão apenas 12 ½ por cento. E assim por diante.

Quando os átomos isótopos radioativos originais, chamados de *átomos pais*, e os átomos filhos ficarem juntamente presos em um pedaço de rocha ou metal, como um meteorito, cientistas podem contar os respectivos números de átomos para determinar a idade da rocha em um processo que se chama *datação radioativa*.

Os cientistas usaram a datação radioativa para determinar que as rochas mais antigas na Terra têm cerca de 3,8 bilhões de anos. Entretanto, a Terra é, sem sombra de dúvida, mais velha que isso. Erosões, elevações montanhosas e *vulcanismo* (a erupção de rochas derretidas do centro da Terra, incluindo a formação de novos vulcões) destroem constantemente as rochas da superfície, por isso a superfície original de rochas da Terra já foi destruída há muito tempo.

Meteoritos, entretanto, fornecem idades radioativas de até 4,6 bilhões de anos. Meteoritos são considerados restos de asteroides. E asteroides são destroços do Sistema Solar primitivo, de quando os planetas se formaram (veja o Capítulo 7 para saber mais sobre asteroides).

Desse modo, os cientistas acham que a Terra e outros planetas têm cerca de 4,6 bilhões de anos. A Lua, entretanto, é um pouco mais nova, como vou explicar na próxima seção.

Entendendo a Lua

A Lua tem 3476 quilômetros de diâmetro, um pouco mais do que ¼ do diâmetro da Terra. A Lua não tem atmosfera significante, apenas traços de átomos de hidrogênio, hélio, neônio e argônio, junto com outros gases em ainda menor quantidade. Ela é feita de rochas sólidas (veja a Figura 5-3). Sua massa é apenas 1/81 da massa da Terra, e sua densidade é cerca de 3,3 vezes a densidade da água, que é notavelmente menor do que a densidade da Terra (5,5 vezes da densidade da água).

As seções seguintes te darão informações sobre as fases da Lua, eclipses lunares e sobre a geologia (incluindo dicas úteis para se observar a variedade das características lunares). Eu também compartilho uma teoria sobre a origem da Lua.

Figura 5-3: A lua é feita de rochas e vales, crateras e planícies de lava seca – não espere queijo na imagem.

Cortesia da NASA

Prepare-se para uivar: As fases da Lua

Exceto durante o eclipse lunar (veja a seção seguinte), metade da Lua está sempre à luz do Sol e metade está no escuro. Mas esses hemisférios claros e escuros, ao contrário da crença popular, não correspondem ao lado lunar próximo e ao lado lunar distante. Estes lados são os hemisférios que apontam em direção à Terra e para longe da Terra, que são sempre os mesmos. As metades lunares na luz solar e na noite são os hemisférios que ficam em direção do Sol e na direção oposta a ele. E eles sempre mudam quando a Lua se move em torno da Terra (veja a Figura 5-4)

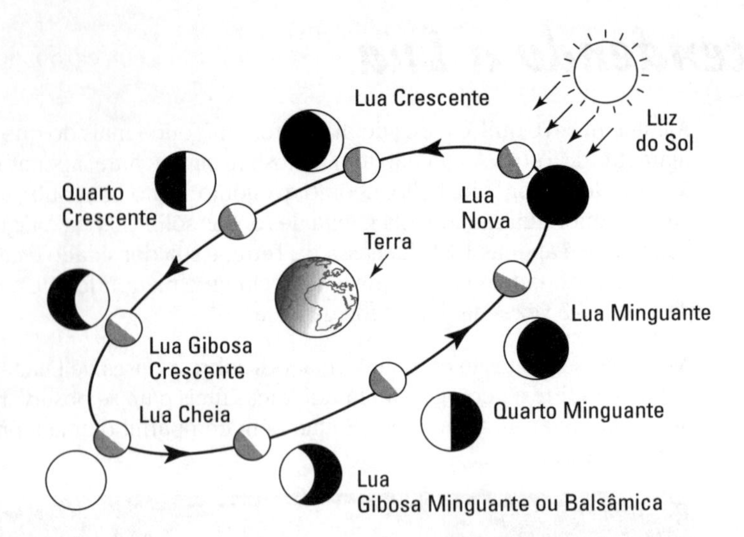

Figura 5-4: As fases da Lua. Vejo-te no momento da virada

A *Lua Nova* é o início do ciclo lunar mensal, ou *lunação*. Nesse momento, o lado mais próximo fica na direção oposta ao Sol, tornando-o o lado escuro. Algumas horas ou dias depois, a Lua se torna uma *crescente*, o que significa que a área clara está ficando maior. Essa fase acontece quando a Lua se afasta da linha Sol-Terra durante sua órbita pela Terra. A metade inteira da Lua está sempre acesa, voltada para o Sol, mas durante a Lua crescente, não podemos ver a maior parte da sua área iluminada que fica voltada contra a Terra.

Enquanto a Lua se move por sua órbita, ela chega a um ponto quando a linha Lua-Terra faz um ângulo reto com a linha Sol-Terra. Nesse estágio, nós vemos a metade da Lua, que os astrônomos gostam de chamar de Lua no *quarto crescente*.

Como metade pode ser igual a um quarto? Não pode se estiver falando de dinheiro, mas astrônomos podem fazer isso funcionar facilmente. Metade do lado lunar próximo – a parte voltada para a Terra – está acesa, então as pessoas a chamam de meia Lua. Mas a porção iluminada da Lua que nós vemos é apenas a metade do hemisfério brilhante que fica voltado para o Sol, e metade da metade é igual a um quarto. Aposte com seus amigos que um quarto pode ser igual à metade. Você vai ganhar, e poderá embolsar uns trocados.

Quando a parte iluminada da Lua que podemos ver cresce mais do que um quarto crescente e menos do que a Lua cheia, astrônomos a chamam de *Lua gibosa*.

Quando a lua está no lado mais afastado da sua órbita, oposta ao Sol no céu, o hemisfério lunar que é voltado para a Terra está completamente aceso, criando uma *Lua cheia*. Quando a Lua continua com sua órbita, a parte iluminada vai ficando menor e a lua se torna menor que a cheia, e maior do que um quarto da Lua (*Lua gibosa minguante* ou *balsâmica*). Assim que a Lua aparece novamente como um quarto da Lua, é chamada de *quarto minguante*. Quando a Lua se aproxima da linha entre a Terra-Sol, ela se torna uma *Lua Minguante*. E, logo, ela se torna Lua nova de novo, e o ciclo das fases recomeça.

As pessoas geralmente se perguntam por que o eclipse do Sol não ocorre todos os meses na Lua nova. A razão é que a Terra, a Lua e o Sol normalmente não estão completamente alinhados na Lua nova. Quando eles estão, o eclipse do Sol é o resultado. Quando os três corpos estão todos alinhados na Lua cheia, nós testemunhamos um eclipse lunar.

A Terra tem fases também, assim como a Lua! Entretanto, para vê-las, você precisa ir até o espaço e olhar para a Terra de longe. Quando as pessoas na Terra veem uma linda Lua cheia, um observador na Lua veria uma "Terra nova" e quando os terráqueos presenciassem uma Lua nova, espectadores na Lua veriam uma "Terra cheia".

Nas sombras: Assistindo a eclipses lunares

Um eclipse lunar acontece quando a Lua cheia está exatamente na linha que une o Sol e a Terra. A Lua fica então na sombra da Terra, ou na *umbra*. Não há riscos de se olhar para o eclipse lunar, contanto que não se tropece em nada no escuro ou fique no meio de uma estrada.

Durante um eclipse total da Lua, você ainda poderá ver a Lua, embora ela fique imersa na sombra da Terra (veja a Figura 5-5). Nenhuma luz direta do Sol cai sobre ela, mas alguma luz do Sol é espalhada pela atmosfera terrestre e cai sobre a Lua. A luz do Sol é extremamente filtrada quando ela passa por nossa atmosfera, assim, a maior parte da luz vermelha e laranja consegue passar. Esse efeito é diferente em cada eclipse, dependendo das condições meteorológicas e das nuvens na atmosfera da Terra. A Lua em eclipse total, então, pode ficar um tanto laranja ou até avermelhada, ou mesmo, um vermelho bem escuro. Às vezes, você quase nem consegue ver o eclipse lunar.

As datas para os próximos eclipses totais da Lua até o ano de 2022 são:

21 de dezembro de 2010

15 de junho de 2011

10 de dezembro de 2011

15 de abril de 2014

8 de outubro de 2014

4 de abril de 2015

28 de setembro de 2015

31 de janeiro de 2018

27 de julho de 2018

21 de janeiro de 2019

26 de maio de 2021

16 de maio de 2022

08 de novembro de 2022

Para se preparar com antecedência para os próximos eclipses, você pode encontrar muitas informações sobre as horas exatas e em que parte da Terra o eclipse será visível. Dê uma olhada nas revistas *Night Sky*, *Astronomy* e *Sky&Telescope* e em seus sites (`www.nightskymag.com`, `www.astronomy.com` e `skyandtelescope.com`) quando as datas dos eclipses se aproximarem.

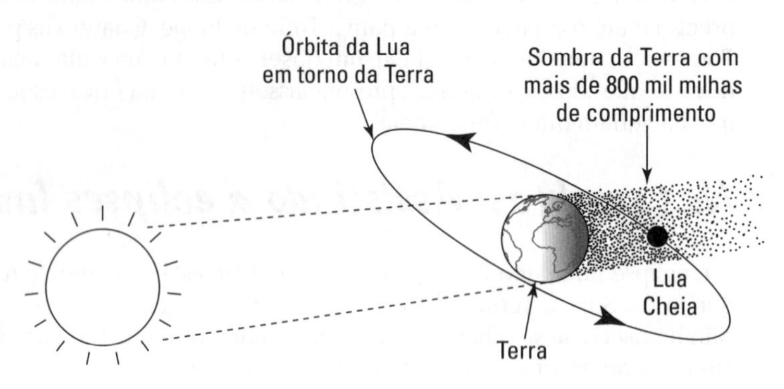

Figura 5-5: Um eclipse total da Lua.

Eclipses totais da Lua são tão comuns quanto os eclipses totais do Sol, mas você os vê com mais frequência de qualquer lugar porque o eclipse total do Sol é apenas visível por uma faixa da Terra chamada *caminho da totalidade*. Mas quando a sombra da Terra cai sobre a Lua, você pode ver o eclipse lunar por toda a metade da Terra onde já é noite.

Eclipses parciais não são tão interessantes. Durante um *eclipse parcial*, apenas uma parte da Lua cheia fica coberta pela sombra da Terra. A lua parece estar apenas em uma fase diferente. Se você não sabe que existe um eclipse acontecendo – ou que a Lua está na fase cheia – você não toma conhecimento do evento astronômico especial que está acontecendo. Ela pode se parecer apenas com a quarto crescente ou com a lua crescente. Mas se você continuar olhando por cerca de uma hora, você poderá ver a Lua cheia sair da sombra da Terra.

Rocha dura: Vendo a geologia da Lua

A Lua é inteiramente marcada com crateras de todos os tamanhos, de buracos microscópicos a bacias de centenas de quilômetros de diâmetro. A maior é a bacia Aitken no Polo Sul, que tem cerca de 2.600 quilômetros de uma ponta a outra. Objetos (asteroides, meteoroides e cometas) que atingiram a Lua – há muito tempo, na maioria das vezes – causaram essas crateras. As crateras microscópicas, que cientistas descobriram em rochas trazidas de volta por astronautas da superfície da Lua, foram causadas por micrometeoritos – pequenas partículas de rocha que voam pelo espaço. Todas as crateras e bacias são conhecidas coletivamente como *crateras de impacto* para distingui-las das crateras vulcânicas.

A Lua já passou por vulcanismo, mas de uma forma diferente do que a da Terra. A Lua não tem *vulcões* ou grandes montanhas vulcânicas com crateras no topo. Mas ela tem pequenos cones vulcânicos, ou montanhas de cume arredondado como os que existem em algumas regiões vulcânicas da Terra. Além disso, canais sinuosos na superfície lunar (chamados de *rilles*) parecem ser tubos de lava, que é também uma forma geográfica comum nas áreas vulcânicas da Terra (como os Lava Beds National Monument no norte da Califórnia). E o mais notável é que a Lua tem imensas planícies da lava chamadas *mares* (as áreas escuras que compõem sua imagem vista da Terra).

Alguns cientistas antigos achavam que os mares poderiam ser oceanos. No entanto, se fossem oceanos, você veria reflexos fortes do Sol neles, assim como quando você olha para o mar de um avião durante o dia. As grandes áreas mais claras do são os planaltos lunares, que são regiões com muitas crateras. Os mares têm crateras também, mas menos crateras por quilômetro quadrado do que nos planaltos, o que significa que os mares são mais recentes. Grandes impactos criaram as bacias onde os mares se localizam. Esses impactos obliteraram crateras preexistentes. Mais tarde, as bacias se encheram de lava vinda do interior da Lua, apagando quaisquer novas crateras que tenham se formado depois dos grandes impactos. Todas as crateras que você pode ver nos mares atualmente provêm dos impactos que ocorreram depois que a lava congelou.

No final dos anos 1990, uma nave espacial da NASA chamada Lunar Prospector obteve evidências indiretas que indicavam poder haver água congelada no fundo de algumas crateras próximas aos Polos Norte e Sul da Lua, onde o Sol nunca brilha. A área inclui a bacia Aikten no Polo Sul, um alvo provável para missões espaciais futuras. O Sol, quando muito, fica baixo no horizonte das regiões próximas aos polos da Lua; as bordas das crateras impedem que o Sol brilhe em partes do fundo das crateras. O gelo pode ter vindo de cometas que atingiram a Lua muito tempo atrás, pois cometas são basicamente feitos de gelo e, ocasionalmente, colidem com corpos celestiais. Todavia, evidências sugerem que não exista água em outras partes da Lua além dessas.

Pronto para observar o lado visível da Lua e descobrir tudo sobre o lado oculto? Confira as seções seguintes.

Observando o lado próximo

A Lua é um dos objetos mais recompensadores de se observar. Você pode vê-la se o céu estiver com névoa ou parcialmente nublado, e, algumas vezes, durante o dia. Você até pode ver crateras com os menores telescópios. E com um telescópio pequeno de alta qualidade, você pode usufruir de centenas, quem sabe até milhares, de características lunares, inclusive o impacto de crateras, mares, cordilheiras, vales, entre outras coisas, incluindo:

- **Picos centrais:** Montanhas de cascalho elevadas na superfície lunar como efeito de impactos potentes. Picos Centrais são encontrados em algumas, mas não em todas as crateras.

- **Montanhas lunares:** As bordas de grandes crateras ou bacias de impacto que podem ter sido parcialmente destruídas por impactos subsequentes, deixando parte de suas muralhas em pé como uma cadeia de montanhas, embora não o tipo de montanhas que você vê na Terra.
- **Raias:** Linhas brilhantes formadas por detritos parecidos com talco jogados por alguns impactos. Eles se estendem formando raias para fora de crateras de impacto novas e brilhantes, como a Tycho e a Copernicus (Veja Figura 5-6).

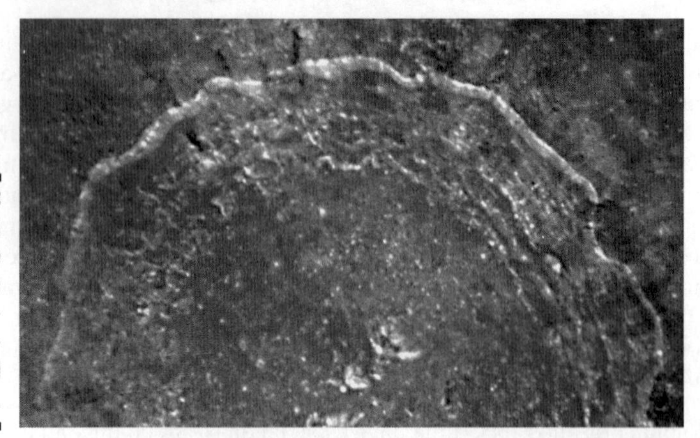

Figura 5-6: Uma vista bem de perto da cratera lunar Copernicus do Telescópio Espacial Hubble.

Cortesia de John Caldwell (York University, Ontario), Alex Storrs (STSCI) e NASA.

Se quiser saber como distinguir uma cratera, um *rille*, ou uma cadeia de montanhas lunares umas das outras, quando olhar pelo telescópio, você precisa ter um mapa lunar ou algumas tabelas lunares. Esses itens são baratos e estão disponíveis em lojas de suprimentos para Astronomia e outros *hobbies* científicos e, algumas vezes, em lojas de mapas. Aqui estão boas fontes para esses mapas:

- A Edmund Scientific (`www.edsci.com`) vende um pôster do mapa lunar bem detalhado (cerca de US$ 7) com identificação das características. A versão plastificada é melhor para usar com seu telescópio; no ar frio noturno, o papel desprotegido pode ficar molhado com o orvalho.
- A Orion Telescopes & Binoculars (`www.telescope.com`) vende manuais que ajudam bastante na observação lunar.
- A `skyandtelescope.com` oferece edições em inglês do bem conceituado guia lunar, o *Atlas of the Moon* (Atlas da Lua), por Antoin Rukl (cerca de US$45).

Lembre-se de que esses mapas e tabelas mostram apenas um lado da Lua: o lado visível.

Para quase qualquer coisa que queira ver na Lua, a melhor hora é quando o objeto estiver perto do *terminador*, que é a linha que divide o lado claro e o escuro. Detalhes sobre as características lunares ficam mais evidentes quando são estão no lado brilhante do terminador.

Durante um mês, que é aproximadamente o tempo de uma lua cheia até a próxima, o terminador se move, sistematicamente, ao longo do lado visível da Lua. Desta forma, uma hora ou outra, tudo o que quiser ver na Lua estará próximo do terminador. Dependendo da época do mês, o terminador ou será o local na Lua onde o Sol nasce ou o lugar onde ele se põe. Assim como você sabe por experiência na Terra, as sombras se estendem para longe durante o nascer ou o pôr do sol e se encolhem continuamente quando o Sol fica mais alto no céu. O comprimento da sombra, quando o Sol está a uma altura conhecida, está relacionado com a altura da característica lunar que a lança. Quanto maior for a sombra, mais alta será a característica.

A pior hora para olhar para qualquer coisa na Lua é durante a Lua cheia. Durante a Lua cheia, o Sol está alto no céu em quase todo o lado visível da Lua, então as sombras são poucas e baixas. A presença de sombras lançadas sobre as características na Lua ajudam a entender o *relevo lunar* - a maneira que as formas da terra se estendem sobre e abaixo dos arredores. Mas, uma Lua cheia não é hora para procurar o relevo.

Entrando para o lado das trevas

Você não precisa de gráficos do lado oculto para te ajudar a observar a Lua, pois você não consegue ver o lado oculto; apenas o lado visível lunar é observável da Terra. Nossa visão é limitada pelo fato de que a Lua está em *rotação sincronizada*, o que significa que ela dá exatamente uma volta em seu eixo enquanto ela dá a volta em torno da Terra (o período orbital da Lua, que é o mesmo que um "dia" lunar, é cerca de 27 dias, 7 horas e 43 minutos).

Entretanto, lojas de suprimentos para Astronomia e lojas de ciência vendem globos lunares que descrevem as características da Lua inteira, ou seja, o lado visível lunar e o lado oculto. O lado lunar oculto não é um *cartoon* de Gary Larson; os Russos o apresentaram a nós. O programa espacial soviético foi o primeiro a fotografar o lado oculto da Lua, o que foi feito ao se tirar fotos com uma espaçonave robótica bem no início da Era Espacial. Desde então, muitas espaçonaves dos EUA, inclusive a Lunar Orbiters e a Clementine, mapearam exaustivamente a Lua.

Indo aos extremos lunares: Traga o protetor solar, suprimento de oxigênio, e seu casaco

Quando o Sol estiver a pino, a temperatura na superfície lunar pode chegar a 117ºC, porém à noite ela cai para cerca de -169°C. Essas mudanças de temperatura extremas se devem à ausência de qualquer atmosfera significativa para isolar a superfície e reduzir a quantidade que ela perde durante a noite. A lua não tem água líquida. A superfície é muito quente, muito gelada e muito seca para sustentar a vida como conhecemos. E não há ar para se respirar.

Impacto profundo: Uma Teoria Sobre a Origem da Lua

Cientistas sabem muito sobre as idades das rochas em diferentes terrenos e partes da Lua. Eles adquiriram essas informações com datação radioativa de amostras de centenas de quilos de rochas lunares que as seis tripulações da Apollo da NASA – que pousaram na Lua em diferentes épocas de 1969 a 1972 – trouxeram de volta à Terra.

Antes das missões Apollo à Lua, diversos dos melhores especialistas, confidencialmente, previam que a Lua seria a pedra de Rosetta do Sistema Solar. Sem água líquida para erodir a superfície, sem atmosfera que valesse a pena mencionar e sem vulcões ativos, eles achavam que a superfície teria muito material primordial desde o nascimento da Lua e dos planetas. Mas as amostras lunares da Apollo jogaram pedras em suas teorias.

Quando uma rocha derrete, esfria e cristaliza-se, todos os seus relógios radioativos reiniciam. Isótopos radioativos começam a produzir novos isótopos filhos que ficam presos nos recém-formados minerais cristalizados. As rochas lunares da Apollo mostram que a Lua inteira, ou pelo menos a crosta até uma profundidade considerável, foi derretida depois de 4,6 bilhões de anos atrás. As rochas superficiais mais velhas na Lua têm apenas 4,5 bilhões de anos. A diferença entre 4,6 e 4,5 bilhões de anos é 100 milhões de anos. E, ao contrário dos minerais nas rochas da Terra, que contêm água até dentro das estruturas minerais, as rochas da Lua são extremamente secas.

A teoria de origem que emergiu para explicar todas essas evidências, e para evitar as objeções que cientistas tinham contra teorias anteriores, é a teoria do Impacto Gigante. De acordo com essa teoria, a Lua é composta por material do manto da Terra pulverizado por um grande objeto – com até três vezes o tamanho de Marte – que atingiu a jovem terra em uma rápida pancada. Algumas das rochas do manto desse objeto impactante, há muito perdido, também foram incorporadas pela Lua, conforme a teoria.

O Impacto Gigante na jovem Terra levou todo esse material para o espaço como vapor de pedra quente. Ele condensou e se solidificou como flocos de neve. Esses "flocos de neve" bateram uns nos outros e se uniram, e antes de perceber, a Lua se formou. Ela se juntou em fortes impactos dos últimos grandes pedaços de rocha acumulada, com o calor de cada impacto derretendo a rocha.

Todos os impactos que causaram as crateras que hoje vemos na Lua ocorreram depois, e a maioria delas há mais de 3 bilhões de anos.

A Lua é menos densa que a Terra como um todo, e quase tão densa quanto o manto da Terra (a camada entre a crosta e sobre o núcleo), de acordo com essa teoria, pois ela foi feita do material do manto. (Densidade é uma medida da quantidade de massa que é acumulada em dado volume. Se você tem duas bolas de canhão do mesmo tamanho e forma, elas têm o mesmo volume. Mas se uma é feita de chumbo e a outra é feita de madeira, a bola de chumbo é mais pesada e tem maior densidade). Essa teoria prevê que a Lua não deve ter um núcleo de ferro muito grande, se tiver algum. E um núcleo pequeno em um objeto pequeno (a Lua) teria esfriado e congelado há muito tempo se já tivesse contido algum ferro líquido. Portanto, a Lua não deve ser capaz de gerar um campo magnético global. E é exatamente isso que medições espaciais nos dizem. O Lunar Prospector, um satélite colocado em órbita em torno da Lua no final dos anos 1990, detectou campos magnéticos, porém em locais isolados. Os cientistas do Lunar Prospector concluíram que essas ocorrências são campos magnéticos fósseis, produzidos de uma maneira desconhecida, há muito tempo.

A teoria do Impacto Gigante é o nosso melhor palpite hoje em dia. Infelizmente, ainda não a testamos. Por exemplo, a teoria não prediz nenhum tipo especial de rocha que poderíamos procurar pelas centenas de quilos de rochas lunares que os astronautas da Apollo coletaram. Entretanto, a NASA, atualmente, está considerando uma missão futura à Bacia Polo Sul-Aitken. Nessa imensa cratera, os astronautas ou exploradores robóticos podem encontrar rochas reviradas provenientes do interior lunar que devem ter estado abaixo da camada superficial que se fundiu após a formação da Lua. O estudo dessas rochas pode dizer aos cientistas se a teoria do Impacto Gigante é precisa.

E se os cientistas confirmarem a teoria do Impacto Gigante, esse será um "passo gigantesco" para a ciência.

Capítulo 6

Os Vizinhos Próximos da Terra: Mercúrio, Vênus e Marte

Neste Capítulo:

- Conhecendo Mercúrio, o planeta mais próximo do Sol.
- Conferindo Vênus, quente e abafada com chuva ácida.
- Descobrindo Marte, o planeta onde buscamos água e vida.
- Entendendo o que diferencia a Terra.
- Encontrando e observando os planetas vizinhos.

Você pode visualizar os planetas terrestres (ou rochosos) vizinhos da Terra, Mercúrio, Vênus e Marte a olho nu e inspecioná-los com seu telescópio. Mas eles te torturam revelando apenas um pouco de sua natureza, que é o porquê de muito do que os cientistas sabem sobre as suas propriedades físicas, formas geológicas e prováveis histórias se basear em imagens e informações de medidas enviadas de volta para a Terra por naves espaciais.

Mercúrio já serviu de anfitrião para uma única espaçonave, que o sobrevoou três vezes e seguiu para o espaço. Diversas sondas já visitaram, orbitaram e até pousaram em Vênus. Marte tem sido o alvo de inúmeras sondas, pousos e exploradores robóticos, e a NASA e outras agências espaciais mandam mais a cada dois anos. O mapeamento de Vênus e Marte tem sido bastante amplo, mas pesquisadores ainda não viram grande parte de Mercúrio.

Quente, Encolhido e Batido: Colocando Mercúrio em uma Bandeja

Apesar das três passagens da espaçonave Mariner 10 em 1973 e em 1974, menos da metade de Mercúrio foi mapeada. O restante ou não estava no campo de visão da Mariner 10 ou estava na escuridão quando ela passou.

Para remediar tal deficiência, a NASA lançou uma sonda espacial a Mercúrio em 3 de agosto de 2004. Se tudo correr bem, ela o sobrevoará e fotografará o planeta três vezes durante 2008 e 2009 e, depois, entrará na órbita em torno de Mercúrio em 2011. Você pode acompanhar o progresso da sonda de Mercúrio, camada MESSENGER (MErcury Surface, Space ENvironment, GEochemistry, and Ranging - Superfície de Mercúrio, Ambiente Espacial, Geoquímica, e Alcance), no site: `messenger.jhuapl.edu`.

Para inspecionar as imagens da Mariner 10, você pode visitar o Projeto de Imagem de Mercúrio Mariner 10 no centro de Ciências Planetárias da Universidade Northwestern (`cps.earth.northwestern.edu/merc.html`). Você também pode conferir a seção colorida desse livro para ver imagens de Mercúrio.

Aqui está o que os cientistas descobriram até agora a partir das informações recolhidas principalmente pela Mariner 10 e pelas observações dos fatores que astrônomos em solo usam para transmitir pulsos de ondas de rádio em direção a Mercúrio e estudar os ecos:

- A superfície de Mercúrio é como a da Lua (veja o Capítulo 5), com uma cratera de impacto atrás da outra. (Uma cratera de impacto é um buraco no chão causado pela queda de um asteróide, meteoróide ou cometa).
- Mercúrio tem grandes cordilheiras que cortam pelas crateras de impacto e outras características geológicas. As cordilheiras foram provavelmente causadas pelo encolhimento da crosta, que foi resfriada do seu estado derretido.
- Mercúrio tem menos crateras pequenas do que a Lua, em proporção ao número de crateras grandes.

Regiões montanhosas com muitas crateras existem em Mercúrio, assim como na Lua (Mercúrio não tem lua própria conhecida até agora). Mas ao contrário das da Lua, as cordilheiras de Mercúrio são interrompidas por planícies levemente onduladas. Nos demais lugares, planícies chatas formam as terras baixas mercurianas.

O maior vestígio de qualquer impacto em Mercúrio é a bacia Caloris. Ainda não está completamente mapeada, pois boa parte dela estava na escuridão quando a Mariner 10 passou. As melhores estimativas dos astrônomos sugerem que a Caloris tenha cerca de 1.340 quilômetros de diâmetro, o que a torna uma das maiores bacias de impacto em nosso Sistema Solar. As bacias de impacto são imensas crateras, como as estruturas cheias de lava chamadas *mares* na Lua. No *antipode* da Caloris, que é o local oposto a Caloris em Mercúrio, existe uma estranha região de montes quebrados e vales. A colisão que causou a bacia de Caloris gerou fortes ondas sísmicas, que atravessaram o interior Mercúrio e por sua superfície, convergindo no ponto antípode com um efeito catastrófico.

Mercúrio tem densidade 5,4 vezes a da água. Essa alta densidade significa que Mercúrio tem um grande núcleo de ferro que constitui grande parte da massa do planeta. A camada externa de rocha, chamada de *manto*, não deve ter mais do que 610 quilômetros de espessura. A presença de um campo magnético global. Detectado em torno de Mercúrio pela Mariner 10, sugere a muitos especialistas que alguma parte desse núcleo de ferro imenso deve ainda estar derretido, embora cálculos simples indiquem que o núcleo deve ter-se resfriado o suficiente para estar se solidificando atualmente.

Traços fracos de gases atmosféricos existem em Mercúrio, mas para propósitos práticos, o planeta não tem ar como a Lua. Ele passa por mudanças de temperatura extraordinárias do dia para a noite; as temperaturas podem chegar a 465,5°C durante o dia e tão baixas quanto -184,4°C à noite. Áreas com grande reflexão de radar nos Polos Norte e Sul podem indicar grande quantidades de gelo nos polos, no fundo de crateras perpetuamente sob a sombra. A MESSENGER vai investigar se essa interpretação é correta ou não.

Seca, Ácida e Montanhosa: Passando Longe de Vênus

Vênus nunca vê um dia claro; o planeta é perpetuamente coberto do equador até o polo por uma camada de 15 quilômetros de espessura de nuvens feitas de ácido sulfúrico concentrado. E a superfície não tem alívio do calor: Vênus é o planeta mais quente do Sistema Solar, com uma temperatura superficial de 465,5°C que permanece a mesma do equador até o polo, dia e noite.

E se o calor parece ruim, confira a pressão barométrica: ela mede cerca de 93 vezes a pressão no nível do mar na Terra. Entretanto, esqueça dos oceanos, você não vai encontrar água em Vênus. Você pode reclamar do calor, mas não da umidade – é um calor seco, como no Arizona.

As más notícias em relação ao tempo em Vênus é que uma chuva perpétua de ácido sulfúrico cai sobre todo o planeta. A boa notícia é que a chuva é uma *virga*, um tipo de precipitação que evapora antes de chegar ao solo.

Quase todas as excelentes imagens da superfície de Vênus que você pode encontrar no site da NASA (e em outros) não são fotografias de nenhum tipo. O que você vai ver são detalhados mapas de radar, principalmente os da espaçonave Magellan da NASA. As nuvens no planeta bloqueiam a visualização por telescópios da Terra e de qualquer câmera em satélites que orbitam o planeta. Os topos das nuvens estão a uma altitude de 65 quilômetros, muito abaixo da que a região em que qualquer satélite possa operar.

As poucas imagens que temos de espaçonaves que pousaram em Vênus, capitaneadas pela União Soviética, mostram áreas de placas rochosas planas, separadas por pequenas quantidades de solo. As placas parecem com as áreas de basalto endurecido de fluxos de lava na Terra. Mas, em Vênus, a superfície parece alaranjada, pois as grossas nuvens cobrem e filtram a luz do Sol. Você pode ver mapas de radares de satélites, imagens da superfície de Vênus e mais no site Views of the Solar System (Paisagens do Sistema Solar) em: `www.solarviwes.com/eng.homepage.htm`. (Você pode ver uma imagem de Vênus na seção colorida deste livro também).

Planícies chatas que são baixadas vulcânicas com *rilles* (os cânions sinuosos deixados por fluxos de lava) cobrem a vasta maioria de Vênus (cerca de 85 por cento). Esse território inclui o mais longo *rille* conhecido do Sistema Solar, o Baltis Vallis, que se alonga por Vênus cerca de 6.800 quilômetros. Altiplanos cheios de crateras e platôs deformados também estão presentes.

Nem tantas crateras marcam Vênus como você pode esperar, baseado no número que você vê na Lua (Vênus não tem lua conhecida) e em Mercúrio. Nenhuma cratera pequena existe, e não existem muitas crateras grandes, pois a superfície de Vênus foi inundada com lava de vulcanismo recorrente (a erupção de rocha derretida de dentro de um planeta) depois que seu bombardeamento por objetos impactantes praticamente acabou. Essas enchentes e recorrências apagaram todas, ou praticamente todas, as primeiras crateras. Poucos objetos grandes atingiram Vênus desde que as primeiras crateras foram destruídas, e pequenos objetos não formaram nenhuma cratera em Vênus, porque objetos capazes de fazer crateras maiores que 3 quilômetros de diâmetro são impedidos e destruídos por forças aerodinâmicas na grossa camada atmosférica de Vênus.

Grandes vulcões e cadeias de montanhas cobrem a superfície de Vênus, mas nada parecido com as montanhas da Terra (como as Montanhas Rochosas na parte oeste dos Estados Unidos, ou o Himalaia, na Ásia), que são causadas por uma placa tectônica empurrando a outra. E Vênus não tem cadeias de vulcões (como o "Círculo de Fogo" do Pacífico), que surgiu das bordas das placas. Tectônica de placas e deriva continental, como ocorrem na Terra, não ocorrem em Vênus.

Vermelho, Frio e Árido: Descobrindo os Mistérios de Marte

Cientistas mapearam topograficamente Marte com grande precisão (topograficamente significa que as altitudes e formas de relevo foram medidas). Você pode encontrar o mapa geográfico do planeta inteiro no site da NASA (`ltp.gsfc.nasa.gov/tharsis/ngs.html`). O mapa vem de um instrumento chamado altímetro *laser* do Topógrafo Global de Marte (MGS - Mars Global Surveyor) um satélite em órbita em torno de Marte. Uma câmera do MGS tira fotos, e você pode encontrar as imagens mais recentes em: `www.msss.com`, o site do Malin Space Science Systems, a companhia que construiu e opera a câmera.

Enquanto o MGS ainda estava monitorando Marte, outra espaçonave da NASA, a Mars Odyssey, chegou e começou a orbitar o planeta em outubro de 2001. Você pode ver suas descobertas em: `mars.jpl.nasa.gov/odyssey`.

A Agência Espacial Europeia não tem tanta publicidade como a NASA, então você não deve saber que os europeus têm o satélite Mars Express que começou a orbitar o planeta vermelho em 25 de dezembro de 2003. Você pode ver imagens esplêndidas produzidas por essa espaçonave em: `www.esa.int/SPECIALS/Mars_Express`.

Embora cientistas tenham mapeado Marte com precisão, o planeta ainda reserva muitos mistérios que queremos desvendar. Nas seções seguintes, eu abordarei teorias sobre água e vida em Marte. (E para saber ainda mais sobre Marte, assegure-se de conferir as imagens na seção colorida deste livro.)

Para onde foi toda a água?

O mapa topográfico de Marte mostra que a maior parte do Hemisfério Norte é muito mais baixa do que o Hemisfério Sul. As grandes terras baixas do norte podem ter sido o local de um antigo oceano, mas mesmo se não for, fortes evidências sugerem que água líquida já foi comum em Marte.

Marte está frio e gelado agora, com grande quantidade de gelo em seus polos. Uma estimativa diz que o gelo presente é suficiente para inundar o planeta inteiro a uma profundidade de 30 metros caso ele derretesse. Alguns cânions em Marte parecem como se grandes enchentes os tivessem formado, mas não necessariamente uma enchente no planeta todo. Entretanto, o gelo polar não vai derreter; Marte é muito frio. A atmosfera é basicamente formada por dióxido de carbono, e no inverno, parte desse gás congela na superfície, deixando finos depósitos de gelo seco. No polo onde o inverno está em andamento, uma fina capa de gelo seco geralmente cobre a camada permanente de gelo de água. Leitos de rio secos com ilhas que apresentam margens e seixos que parecem ter sido arredondadas em torrentes estão entre as peças de evidências para a existência de água no passado em Marte. As imagens das pedras foram tiradas pelo Mars Pathfinder (que pousou em Marte) e seu pequeno robô, o Sojourner. A Mars Odyssey, fazendo leituras por instrumentos da órbita, encontrou evidências prováveis de grandes quantidades de água, possivelmente no estado congelado, um pouco abaixo da superfície em grandes áreas de Marte.

Fica confortavelmente morno no equador de Marte, onde as temperaturas ao meio-dia podem chegar a 16,6°C. Entretanto, não fique lá durante a noite – pode chegar a temperaturas de -113,3°C depois do pôr do sol. As estações em Marte também diferem das da Terra. Na Terra (eu expliquei no Capítulo 5), as estações são causadas pela inclinação do seu eixo em relação à órbita em torno do Sol, não por mudanças na distância da Terra e do Sol (que é insignificante). Em Marte, a inclinação do eixo do planeta e as significativas variações na sua distância em relação ao Sol de um lugar em sua órbita para outro se combinam para produzir estações "localizáveis". O verão no Hemisfério Sul em Marte é mais curto e mais quente do que o verão no Hemisfério Norte, e o inverno no Hemisfério Norte em Marte é mais curto e mais quente do que o inverno no Hemisfério Sul.

Um magnetômetro na MGS descobriu longas faixas paralelas de campos magnéticos diretamente opostos congelados na crosta rochosa da Marte. Marte não tem um campo magnético global hoje, mas essa descoberta pode significar que já chegou a ter um campo global que periodicamente se revertia, assim como o campo da Terra faz (veja o Capítulo 5), e isso pode significar que Marte passou por um processo crostal parecido com o do fundo do mar que se espalha pela Terra e produz um padrão semelhante. Mas o núcleo de ferro derretido em Marte deve ter congelado e ficado sólido há muito tempo, por isso um novo campo magnético não é gerado e o fluxo de calor de dentro da superfície é tão baixo que, provavelmente, não há mais vulcanismo em ação.

O vulcanismo que ocorreu em Marte produziu imensos vulcões, como o Olympus Mons, que tem cerca de 600 quilômetros de largura por 24 quilômetros de altura, ou cinco vezes mais largo e quase três vezes mais alto do que o maior vulcão na Terra, o Mauna Loa. Marte também tem muitos cânions, incluindo o imenso Valles Marineris, que tem 4.000 quilômetros de comprimento. Crateras de impacto marcam a superfície também. As crateras são mais gastas do que as da Lua da Terra, pois muito mais erosões ocorreram, possivelmente, causadas por água que produziu grandes enchentes em Marte (um assunto controverso em Astronomia até hoje).

Marte suportaria vida?

As pessoas têm muitas ideias errôneas sobre Marte, mas algumas teorias podem de fato estar certas: elas apenas não foram provadas. Todas essas ideias envolvem a possibilidade de vida em Marte. A maioria delas é tão improvável como a história sobre o futuro astronauta que retornará do planeta: "Bem, há vida em Marte?" perguntam os repórteres. "Não muito durante a semana", ele diz, "mas aos sábados à noite...".

Alegações sobre vida descartadas

A descoberta dos "canais" em Marte gerou a primeira especulação ampla sobre a possibilidade de vida. Alguns dos mais famosos astrônomos do final do século XIX e início do século XX estavam entre os que relatavam os canais. A fotografia planetária não era muito útil nessa época, pois as exposições eram longas e o *seeing* atmosférico (que eu defino no Capítulo 3) embaçava as imagens. Assim, os cientistas acreditavam que desenhos feitos por observadores profissionais especialistas através de telescópios eram as imagens mais precisas de Marte. Algumas dessas ilustrações mostravam padrões de linhas se alongando e cruzando umas com as outras pela superfície de Marte. Percival Lowell, um astrônomo americano, teorizou que as linhas retas eram canais, projetados por civilizações antigas para conservar e transportar água quando Marte estava secando. Ele concluiu que os locais onde as linhas se cruzavam seriam oásis.

Ao longo dos anos, a ideia de "canais" e outras indicações relatadas de vidas passada e presente em Marte foram descartadas:

- Quando a espaçonave americana Mariner 4 chegou a Marte em 1965, suas fotografias não mostraram canais, uma conclusão verificada por imagens muito mais detalhadas das sondas seguintes enviadas a Marte. Bola fora.
- Duas sondas posteriores, as Viking Landers, conduziram experimentos químicos robóticos em Marte para procurar por evidências de processos biológicos como fotossíntese ou respiração. Primeiramente elas pareceram ter encontrado provas de atividade biológica quando água foi adicionada a uma amostra de solo. Mas a maioria dos cientistas que

revisaram a matéria concluiu que a água estava reagindo quimicamente com o solo em um processo natural que não envolve a presença de vida. Outra bola fora.

- Os orbitadores Viking também mandaram de volta imagens da superfície de Marte enquanto eles orbitavam o planeta. As imagens mostram, em um local, uma formação crostal que – para algumas pessoas – parece com um rosto. Embora muitos picos de montanhas e formações rochosas naturais na Terra parecem ter o rosto de líderes famosos, chefes tribais nativos americanos, e outros pelos quais eles podem ter recebido seus nomes em homenagem, alguns acreditam piamente que o "rosto em Marte" é um monumento de algum tipo, erguido por uma civilização avançada. Mais tarde, imagens mais apuradas do MGS mostraram que essa formação não se parece nem um pouco com um rosto. Três bolas foras para os advogados da vida em Marte.

Mas a ideia de vida não foi descartada, apesar das três bolas foras.

A busca por evidências fósseis

Em 1996, cientistas analisaram amostras de um meteorito que acreditavam ter vindo de Marte depois de ter sido jogado para fora do planeta pelo impacto de um pequeno asteroide ou cometa. Os cientistas encontraram componentes químicos e pequenas estruturas minerais que eles interpretaram serem subprodutos e possíveis restos fósseis de vida microscópica antiga. Esse trabalho é muito controverso, e muitos estudos subsequentes contradizem suas conclusões. Baseado em pesquisas recentes, cientistas não podem defender um caso persuasivo que suporte a teoria de vida passada em Marte, mas também não podem provar que não houve.

A única coisa a fazer é procurar sistematicamente em Marte por evidências de vida, passada ou presente, nas regiões que fazem mais sentido – lugares onde grandes quantidades de água parecem ter estado presente e onde as camadas de sedimentos foram depositadas em lagos ou mares antigos. Esses tipos de lugar têm o maior número de fósseis na Terra.

Buscas por sedimentos depositados perto da água no passado começou em Marte em 2004 com os Veículos Exploradores de Marte (Mars Explorer Rovers) da NASA, chamados de Spirit e Opportunity. Eles encontraram muitas evidências contundentes, incluindo *blueberries*, ou pequenas pedras redondas que se assemelham a rochas sedimentares de formação já conhecida existentes no sudoeste dos Estados Unidos. Você pode ver imagens desses achados dos dois rovers em: `marsrovers.nasa.gov`.

Diferenciando a Terra por Planetologia Comparada

Mercúrio é um pequeno mundo de temperaturas extremas, mas tem um grande campo magnético global como o da Terra, o que significa a presença de um núcleo de ferro derretido, como o da Terra. Embora Vênus e

Marte não tenham campos magnéticos globais, os planetas são parecidos com a Terra em diversas outras maneiras. Mas água líquida e vida existem hoje apenas na Terra até onde sabemos. O que torna a Terra diferente?

Vênus, ao contrário da Terra, tem temperaturas infernais. Vênus é mais distante do Sol que Mercúrio, porém é mais quente. As altas temperaturas ocorrem em virtude de um *efeito estufa* extremo, o processo pelo qual os gases atmosféricos aumentam a temperatura absorvendo o calor que vem de fora. A atmosfera da Terra pode já ter contido grandes quantidades de dióxido de carbono, como a atmosfera de Vênus tem agora. Mas na Terra, os oceanos absorveram boa parte do dióxido de carbono, e esse gás não pôde segurar o calor da mesma forma que faz em Vênus.

Marte, por outro lado, é muito frio para suportar vida. Marte perdeu muito da sua atmosfera original, e sua atmosfera atual não é tão densa para produzir efeito estufa suficiente para aquecer boa parte da superfície superior ao ponto de congelamento da água frequentemente ou por muito tempo.

Os três grandes planetas terrestres são como tigelas de cereal na história dos Cachinhos Dourados. Vênus e Mercúrio são muito quentes, Marte é muito frio, mas a Terra está *na medida certa* para suportar água líquida e vida como conhecemos. Unindo a informação das propriedades básicas dos planetas terrestres e suas respectivas diferenças, cientistas podem concluir que:

- Mercúrio é como a Lua do lado de fora, mas como a Terra por dentro.
- Vênus é o "gêmeo malvado" da Terra.
- Marte é a pequena Terra que morreu.

A Terra é o planeta Cachinhos Dourados – perfeito!

Quando comparar as propriedades de planetas como esses, você pode chegar a conclusões sobre suas respectivas histórias e por que essas diferentes histórias levaram os planetas às suas atuais condições. Pense dessa forma e você estará praticando o que os astrônomos chamam de *planetologia comparada*.

Observando os Planetas Terrestres com Facilidade

Você pode observar Mercúrio, Vênus e Marte céu noturno com a ajuda de dicas mensais de observação em revistas de Astronomia e em seus sites ou com a ajuda de um programa planetário de computador (veja o Capítulo 2). Vênus é especialmente fácil de encontrar, pois é o objeto celeste mais brilhante no céu noturno após a Lua.

Mercúrio é o planeta que tem a órbita mais próxima do Sol, e Vênus é o seguinte. Ambos orbitam dentro da órbita da Terra, então Mercúrio e Vênus estão sempre na mesma região do céu em que o Sol é visto da Terra. Portanto, você pode encontrar esses planetas no céu ocidental após o pôr do sol ou no oriental antes da aurora. Nessas horas, o Sol não está muito abaixo do horizonte, então você pode ver objetos perto e a oeste do Sol durante a manhã, antes do nascer do Sol e objetos perto e a leste durante as noites depois do Sol se pôr. Seu lema como um observador de Mercúrio e Vênus deverá ser "olhe para leste, mocinha" ou "olhe para oeste, rapaz", dependendo se você observa o céu no amanhecer ou no entardecer ou se é ou não fã de filmes de faroeste.

Um planeta claro aparecendo ao leste antes da alvorada geralmente é chamado *Estrela da Manhã*, e um planeta brilhante a oeste depois do pôr do sol é geralmente chamado de *Estrela Vespertina*. Como Mercúrio e Vênus se movem depressa em torno do Sol, a Estrela da Manhã dessa semana pode ser o mesmo objeto que será a Estrela Vespertina do próximo mês (veja a Figura 6-1).

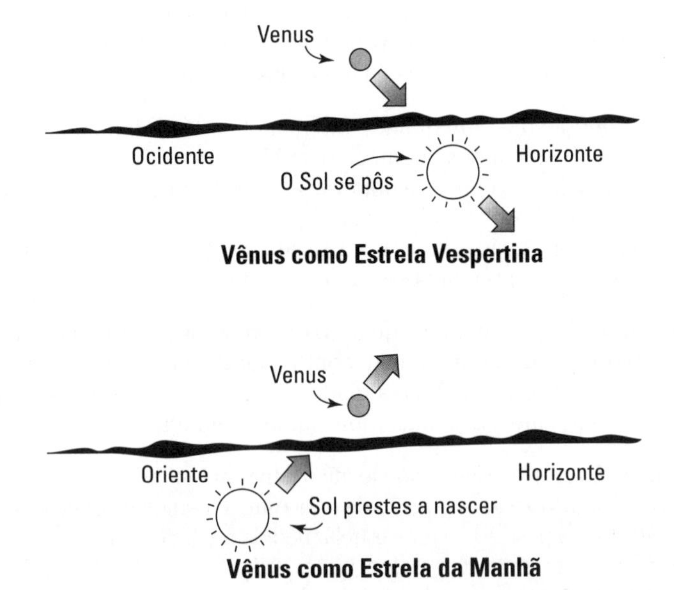

Figura 6-1: Vênus pode ser uma estrela da manhã ou vespertina, mesmo não sendo nenhum tipo de estrela.

Nas seções seguintes, eu explicarei a melhor hora para se observar um planeta terrestre baseado na elongação, oposição e conjunção – três termos que descrevem as posições dos planetas em relação ao Sol e à Terra – e como usar esse entendimento em suas observações sobre eles. (Eu listo os planetas na ordem de facilidade de observação, começando por Vênus, o mais fácil).

Entendendo a elongação, a oposição e a conjunção

Elongação, oposição e conjunção são os termos que descrevem a posição de um planeta em relação ao Sol e à Terra. Você encontra esses termos quando confere listas de posições de planetas para poder planejar suas observações. Aqui está o que esses termos significam:

- *Elongação* é a separação angular entre um planeta e o Sol, enquanto visível da Terra. A órbita de Mercúrio é tão pequena que o planeta nunca fica a mais de 28 graus do Sol. Durante alguns períodos, ele não fica mais longe do que 18 graus do Sol, o que o deixa difícil de se enxergar. Vênus pode chegar até 47 graus do Sol.

  A *elongação ocidental (ou oriental) máxima* ocorre quando um planeta está o mais longe que ele pode ficar do Sol durante uma dada *aparição* (quando o planeta fica visível da Terra). Algumas elongações máximas são maiores que outras, porque, às vezes, a Terra está mais próxima do planeta do que em outra ocasião. A elongação é especialmente importante quando você observar Mercúrio, pois o planeta geralmente está tão perto do Sol que o céu nessa posição não está tão escuro.

- A *oposição* ocorre quando um planeta está do lado oposto da Terra do Sol. Isso nunca acontece para Mercúrio ou Vênus, mas Marte está em oposição cerca de uma vez a cada 26 meses. Essa é a melhor hora para se observar o planeta, porque ele aparece maior no telescópio. E, em oposição, Marte fica mais alto no céu durante a meia-noite, então você poderá observá-lo por toda a noite.

- A *conjunção* acontece quando dois objetos do Sistema Solar estão perto um do outro no céu, como quando a Lua passa perto de Vênus e podemos vê-las. Na realidade, o planeta Vênus está bem mais afastado do que a Lua, mas vemos uma conjunção da Lua e Vênus.

A conjunção tem um significado técnico também. Ao invés de descrever posições em *ascensão reta* (a posição de uma estrela medida na direção leste-oeste) e *declinação* (a posição de uma estrela medida na direção norte-sul), astrônomos, às vezes, usam latitudes e longitudes eclípticas. A eclíptica é um círculo no céu que representa o caminho do Sol pelas constelações. *Latitude e longitude eclíptica* são medidas em graus norte e sul (latitude) ou leste e oeste (longitude) em relação à eclíptica. (Não se preocupe; você não vai precisar usar o sistema eclíptico quando for observar os planetas terrestres. Mas saber sobre isso te ajudará a entender as definições de conjunções inferiores e superiores que seguem).

Você precisa ser mestre em algumas terminologias complicadas para entender as conjunções e as oposições; isso quer dizer, o rotular dos planetas como superior e inferior e a classificação das conjunções como superior e inferior. Um *planeta superior* orbita por fora da órbita da Terra (então Marte é um planeta superior, por exemplo). Um *planeta inferior* orbita por dentro da órbita da Terra (então Mercúrio e Vênus são planetas inferiores; na verdade, são os únicos planetas inferiores).

Quando um planeta superior está na mesma longitude que o Sol visto da Terra, ele está no lado mais afastado do Sol e diz-se que ele está em *conjunção* (veja a Figura 6-2). Quando o mesmo planeta está no lado oposto da Terra a partir do Sol (também demonstrado na figura 6-2), ele está em *oposição*.

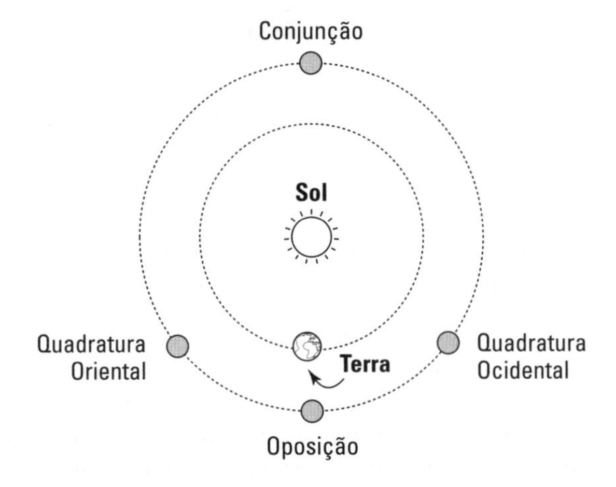

Figura 6-2: Um planeta superior em conjunção está na mesma direção leste-oeste que o Sol.

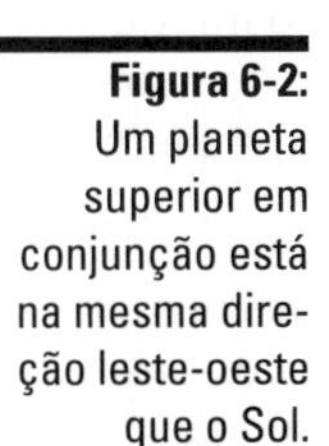

A conjunção é uma má hora para se observar um planeta superior, porque sua posição está do lado mais afastado do Sol. Então, não tente observar Marte em conjunção; você não vai vê-lo. O melhor momento para se observar Marte é quando ele estiver em oposição.

Um planeta superior tem conjunções e oposições, mas um planeta inferior tem dois tipos de conjunção e não tem oposição (veja o diagrama na Figura 6-3). Quando o planeta inferior tiver a mesma longitude que o Sol e estiver entre o Sol e a Terra, está em conjunção inferior. E quando um planeta inferior tiver a mesma longitude que o Sol, mas estiver além do Sol visto da Terra, o planeta está em conjunção superior.

Se conseguir explicar tudo isso para seus amigos, você vai se sentir superior de verdade! Sinta-se livre para começar a explicar "em conjunção" com as figuras 6-2 e 6-3.

A melhor visão que você terá de Vênus será quando o planeta estiver em conjunção inferior, quando ele parece maior e mais brilhante, mas Mercúrio fica muito próximo do Sol para vê-lo em conjunções inferiores e superiores; a melhor hora para vê-lo é na elongação máxima.

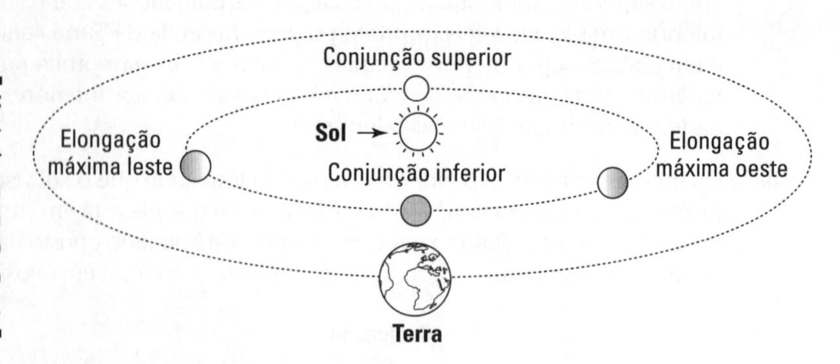

Figura 6-3: A conjunção inferior se alinha a um planeta inferior com o Sol na direção leste-oeste.

Vendo Vênus e suas fases

O planeta mais fácil de achar no céu é Vênus. A segunda rocha a partir de do Sol é tão brilhante que pessoas sem nenhum conhecimento de Astronomia, frequentemente, o percebem e ligam para estações de rádio, jornais e planetários para perguntar "o que é aquela estrela brilhante".

Quando nuvens esparsas vão de oeste para leste na frente de Vênus, observadores inexperientes geralmente entendem a cena errado. As pessoas acham que Vênus (que eles não reconhecem) está se movendo rapidamente na direção oposta das nuvens. Devido ao seu brilho e da impressão errônea de que ele está se movendo rapidamente por trás das nuvens, as pessoas muitas vezes relatam Vênus como um objeto voador não identificado. Não é. Astrônomos o conhecem bem.

Depois que se familiarizar com Vênus, você poderá ser capaz de vê-lo em plena luz do dia. Muitas vezes, Vênus está claro o suficiente que se o céu estiver limpo, você poderá observá-lo à luz do dia usando a *visão periférica*. Isso significa que você pode olhar para ele "de rabo de olho". Por alguma razão, você vai ser capaz de visualizar um objeto celeste mais facilmente com visão periférica do que se olhar direto para ele. Isso pode ser um traço de sobrevivência: isso torna mais difícil para um inimigo ou um predador te surpreender vindo de lado.

Um pequeno telescópio pode mostrar as características mais reconhecíveis de Vênus: suas fases e mudanças no tamanho aparente. Vênus tem fases parecidas com as da Lua (veja o Capítulo 5), e pela mesma razão: às vezes, parte do hemisfério de Vênus que fica em direção ao Sol (portanto o mais brilhante) fica direcionado para longe da Terra, então uma visualização telescópica mostra o planeta Vênus parcialmente iluminado e parcialmente um disco escuro.

A linha que divide as partes escuras e claras de Vênus é chamada de *terminador*, assim como na Lua. Não se preocupe: esse terminador é perfeitamente seguro e apenas uma linha imaginária em Vênus (veja o Capítulo 5).

Espere apenas um minuto (ou segundo) de arco

Cientistas medem os tamanhos aparentes no céu em unidades angulares. Algo que dá a volta inteira no céu, como o Equador Celeste, tem 360 graus de comprimento. Em comparação, o Sol e a Lua têm cada um cerca de meio grau. Os planetas são muito menores, assim, unidades menores são necessárias para descrevê-los. Um grau é dividido em 60 minutos de arco, e um minuto de arco – chamado arcominuto ou arc min – é dividido em 60 segundos de arco geralmente abreviado como arcossegundo ou arc seg. Um grau é feito de 3.600 (60 vezes 60) segundos de arco. Em muitos livros e artigos de Astronomia, uma única aspa (') representa um minuto de arco, e aspas duplas (") representam um segundo de arco. Leitores geralmente confundem esses símbolos como pés e polegadas. Você pode dizer quando um editor sem noção nenhuma fez a última revisão em um artigo de Astronomia, porque você vê afirmações como "A Lua tem cerca de 30 pés de diâmetro".

Na verdade, Vênus é apenas 5 por cento menor em diâmetro do que a Terra. Seu tamanho aparente de diâmetro angular varia de cerca de 10 arc sec, quando Vênus está mais afastado (com formato de Lua cheia), para cerca de 58 arc sec em diâmetro quando ele está mais próximo (e está no quarto crescente).

Enquanto Vênus e a Terra orbitam o Sol, a distância entre os dois planetas muda substancialmente. Quando mais perto da Terra, Vênus está a meros 41 milhões de quilômetros de distância, e quando está mais afastada, ele chega a 257 milhões de quilômetros de distância. O que importa aqui é a mudança proporcional: na abordagem mais próxima, o planeta Vênus está cerca de seis vezes mais próximo da Terra do que em sua posição mais distante. E ele parece seis vezes maior pelo telescópio.

O que você não vê quando olha para Vênus são características evidentes, como as crateras. Vênus é totalmente coberta por nuvens grossas, e tudo o que pode ver é o topo das nuvens. O planeta Vênus é tão claro por orbitar relativamente perto do Sol e da Terra e por ter uma camada de nuvens claras refletoras. Mas, às vezes, você vai ser capaz de discernir os traços do Vênus Crescente se estendendo mais para o lado escuro do que o previsto para essa fase em determinado dia. O que você vê é a luz do Sol que passou pela atmosfera de Vênus e passou além do terminador para o lado do planeta onde a noite já caiu.

Imagens de Vênus com padrões de nuvens marcantes, como aquelas vistas em livros, foram feitas com luz ultravioleta onde os padrões aparecem. A luz ultravioleta não passa pela nossa atmosfera (um viva para a camada de ozônio, que bloqueia a radiação perigosa), então você pode ver Vênus mediante essa luz. Na verdade, você não pode ver a luz ultravioleta de nenhuma forma; ela é invisível para o olho humano. Mas telescópios em satélites e em sondas espaciais sobre ou além da nossa atmosfera podem tirar fotos ultravioleta.

Esperando para pegar o trânsito de Vênus

Um dos eventos planetários mais raros que você pode ver é o trânsito de Vênus, quando o planeta passa bem na frente do Sol e aparece como um pequeno disco contra a brilhante superfície solar.

Você pode ver esse evento a olho nu (assegure-se de usar um filtro solar seguro, como eu descrevi em observação solar no Capítulo 10), mas você tem apenas uma chance (a não ser que você já tenha visto o trânsito de Vênus em 8 de junho de 2004) em 6 de Junho de 2012. Depois disso, você não poderá ver o trânsito de Vênus até o ano de 2117.

O trânsito de 6 de junho de 2012 vai ser visível, por sua duração completa ou em partes, por grande parte da Terra, mas de nenhuma forma em Portugal, no sul da Espanha, leste da África e em dois terços do sudeste da América do Sul, de acordo com Fred Espenak, especialista de trânsito da NASA (`sunearth.gsfc.nasa.gov/eclipse/transit/venus0412.html`).

Em raras ocasiões, observadores relataram um brilho pálido na parte escura de Vênus. Esse brilho, chamado de *luz cinzenta*, é, às vezes, um fenômeno real e, às vezes, um truque da imaginação. Depois de séculos de estudo, especialistas ainda não conseguem explicar a luz cinzenta, então, alguns deles negam que ela exista. Mas com sorte, você poderá vê-la. As pessoas alegam poder ver outras características de Vênus por seus telescópios, porém, quase todos os relatos são enganosos. Experimentos mostram que os relatos são geralmente afetados por um efeito psicológico: se as pessoas veem um globo branco sem nenhum traço a uma certa distância, elas podem ver padrões que não existem.

Observando Marte enquanto ele dá voltas

Marte é um objeto vermelho brilhante, mas não é tão estarrecedor como Vênus. Então confira nos seus mapas do céu para ter certeza de que você não vai confundir uma estrela vermelha bem clara, como a Antares em Escorpião (cujo nome significa “rival de Marte”) com o planeta vermelho.

A grande vantagem de se observar Marte é que quando ele aparece no céu noturno, geralmente permanece visível por grande parte da noite, ao contrário de Mercúrio e Vênus, que se põem logo depois do pôr do sol ou nascem um pouco antes da alvorada. Você geralmente terá tempo para jantar e ver o noticiário da noite antes de ir até o quintal dos fundos para conferir Marte.

Com um pequeno telescópio, você pode ver pelo menos algumas marcas escuras em Marte. Os melhores períodos para se ver essas características duram alguns meses, mas ocorrem apenas a cada 26 meses, quando Marte está em oposição. Em oposição, Marte parece maior e mais brilhante, e você poderá ver detalhes de sua superfície mais facilmente.

As próximas oposições de Marte são em:

Março de 2012

Abril de 2014

Maio de 2016

Julho de 2018

Não perca!

Em suas melhores oposições – quando ele parece maior e mais claro – Marte fica a sul do Equador Celeste; contudo, você ainda pode vê-lo de latitudes temperadas no Hemisfério Norte.

A característica da superfície marciana mais fácil de se ver com um telescópio pequeno é geralmente a Syrtis Major, uma grande área escura que se estende para o norte do equador. O dia de Marte é quase o mesmo que o da Terra: 24 horas e 37 minutos. Então, se olhar para Marte várias vezes durante a noite, você poderá notar a Syrtis Major se mover lentamente pelo disco do planeta enquanto Marte gira. Observadores planetários amadores experientes podem ver as calotas polares e outras características também.

Rastreando Marte

Um projeto básico para se começar a observar planetas é acompanhar o movimento de Marte pelas constelações; tudo o que você precisa são seus olhos e um mapa do céu.

Localize Marte entre as estrelas e marque essa posição com um lápis macio em seu mapa. Se você repetir essa observação em todas as noites limpas, você poderá ver um padrão emergir que confundia os antigos gregos e levava a teorias complicadas – muitas delas erradas.

Na maioria das vezes, Marte se move para o leste por entre as constelações, assim como a Lua. A Lua continua seguindo, porém, Marte, às vezes, reverte seu curso. Por dois até quase três meses (62 a 81 dias) por vez, Marte segue para oeste pelas constelações, andando para trás por 10 ou 20 graus. Depois desse período, ele volta ao seu curso e segue para o leste de novo. Esse retrocesso é chamado de movimento retrógrado de Marte.

A retrogradação não é o caso de Marte não saber se vai para frente ou para trás. O movimento retrógrado é apenas o efeito produzido pela Terra correndo em torno do Sol. Enquanto mapeia o movimento de Marte, você está na Terra, que corre em torno do Sol uma vez a cada 365 dias. Marte se move mais lentamente, completando uma órbita inteira em 687 dias. Como resultado, quando passamos por Marte por nosso percurso interno (ultrapassando-o), Marte parece estar indo para trás contra os pontos de referências que são as estrelas distantes. Mas na realidade, Marte sempre avança na mesma direção.

As imagens de Marte da NASA, tiradas por sondas interplanetárias e pelo Telescópio Espacial Hubble são muito detalhadas para te guiar em observações com telescópio pequeno. Você precisa de um simples *mapa de albedo*, que mapeia e dá nomes para as áreas claras e escuras de Marte visíveis por telescópios pequenos. Um mapa de albedo oferece mais detalhes do que um observador médio jamais vai ver, e oferece um bom guia e um desafio para as suas habilidades de observação. Você pode encontrar tal mapa no Norton's Star Atlas and References Handbook (veja o Capítulo 3) ou na seção sobre Marte no *site* da Associação de Observadores Lunares e Planetários (Association of Lunar and Planetary Observers) em: `www.lpl.arizona.edu/~rhill/alpo/mars.html`. Eu também recomendo um *Guia de Viagem para Marte* (Traveler's Guide to Mars), uma brochura de qualidade com mapas dobráveis, por William K. Hartmann, um grande cientista planetário e artista do espaço (Workman Publishing).

Os astrônomos classificam as condições do céu em termos de *seeing* (a constância da atmosfera sobre o telescópio), *transparência* (a ausência de nuvens e nevoeiros) e *escuridão do céu* (a ausência de interferência de luzes artificiais, luz da Lua ou luz do Sol). Quando observar um planeta claro como Marte, um bom *seeing* é o fator mais importante, e o céu escuro é o menos importante. Entretanto, quanto mais escuro estiver o céu, quanto mais estável estiver o ar, e quanto maior for a transparência, mais você poderá aproveitar a noite.

Com boa visibilidade, as estrelas não piscam tanto, e você pode usar uma ocular de maior magnificação com o telescópio para realçar os menores detalhes de Marte e outros planetas. Quando o *seeing* não for tão bom, a imagem telescópica fica borrada e parece ficar pulando. Sob condições adversas, alta magnificação é inútil; você vai apenas ampliar a imagem borrada que pula. Use uma ocular de baixa potência para melhores resultados.

Infelizmente, mesmo quando as condições atmosféricas estiverem ideais no seu local de observação e quando a oposição de Marte estiver em progresso, o desastre pode acontecer. Marte é um planeta que passa por tempestades de poeira, o que esconde as características da sua superfície da visualização.

Na verdade, os astrônomos profissionais, às vezes, dependem de astrônomos amadores para ajudar a monitorar Marte, para saberem quando uma tempestade de poeira começa, bem como para relatar outras alterações pronunciadas na aparência do planeta. Você pode pegar essas informações nesse programa do *site* International MarsWatch 2003 (`elvis.rowan.edu/marswatch`). Você se divertirá mais com uma visualização apurada de Marte, mas se isso falhar, pelo menos você receberá crédito por descobrir uma tempestade de poeira. Os especialistas vão receber seus relatórios sobre poeira ao invés de varrê-lo.

Você precisa de experiência para se tornar um observador de Marte confiável. Como um observador iniciante, não presuma que uma grande tempestade de poeira em progresso está acontecendo apenas porque você não consegue ver nenhum detalhe. Acostume-se a ver Marte detalhadamente. Só então considere que, quando você não conseguir ver detalhes, é falha do planeta e não em virtude da sua inexperiência. Lembre-se desse lema científico: "A ausência de evidência não é necessariamente a evidência de ausência." Você pode não ver detalhes da primeira vez que olhar, mas isso não significa que uma tempestade de poeira esteja obscurecendo sua visão. Como um observador de telescópio, você deve treinar suas habilidades de visualização, assim como *gourmets* e amantes de vinhos treinam os paladares aguçados.

E só para você saber: Marte tem apenas duas luas conhecidas, Fobos e Deimos. Esses pequenos corpos celestiais não são visíveis por um pequeno telescópio.

Superando Copérnico observando Mercúrio

Historiadores dizem que o grande astrônomo polonês do século XVII, Nicolau Copérnico, que propôs a *teoria heliocêntrica* (Sol como centro) do Sistema Solar, nunca viu o planeta Mercúrio.

Todavia, Copérnico não tinha recursos modernos, como planetários de computador, *sites* de Astronomia e revistas de Astronomia mensais (veja o Capítulo 2). Você pode usar esses recursos para descobrir quando Mercúrio estará na melhor posição para observação durante o ano: os horários das elongações máximas ocidentais e orientais (termos que eu expliquei na seção "Entendendo a elongação, a oposição e a conjunção" um pouco antes neste capítulo), o que ocorre por cerca de seis vezes por ano.

Em latitudes temperadas, como aquelas nos Estados Unidos continental, Mercúrio geralmente está visível apenas durante o crepúsculo. Mas quando o céu estiver escuro, logo depois do pôr do Sol, Mercúrio também se põe. E durante a manhã, você não consegue ver Mercúrio até que a luz pendente da alvorada comece a iluminar o céu. Mercúrio parece com uma estrela brilhante, mas aparece bem mais opaco que Vênus a oeste no pôr do Sol e a leste antes do amanhecer.

Você pode conseguir mais informações para observação de Mercúrio e outros planetas na Associação de Observadores Lunares e Planetários (ALPO - Association of Lunar and Planetary Observers), que também coleta rascunhos e outras observações planetárias feitas por observadores amadores e oferece formulários de observação, mapas e outras publicações. Alguns dos conselhos da associação são mais otimistas do que preocupados sobre o que pode ser visto por um pequeno telescópio, mas por que não tentar (para parafrasear um *slogan* do Exército dos EUA) "ver tudo o que pode ver". A *home page* da ALPO fica em: `www.lpl.arizona.edu/alpo`.

Embarcando no trânsito de Mercúrio

Como Vênus, às vezes, você vê Mercúrio em trânsito, quando ele passa pela face do Sol e aparece como um pequeno disco preto contra a superfície solar visível da Terra. Observe o trânsito de Mercúrio pelo telescópio, usando procedimentos seguros para observação solar que eu explico no Capítulo 10. (Lembre-se, você está vendo Mercúrio contra o Sol, então precauções para observação solar são absolutamente necessárias). O próximo trânsito de Mercúrio ocorrerá no dia 9 de maio de 2016. Dependendo de onde vive, você precisará viajar para ver um deles, embora seja possível ver um trânsito de grande parte da Terra.

Acorde cedo para ver Mercúrio

Mercúrio é muito menor que Vênus, mas você pode ver suas fases pelo seu telescópio. A melhor hora para fazer isso é quando Mercúrio estiver em elongação máxima ocidental e aparecer no crepúsculo matutino. A estabilidade atmosférica ou *seeing* é quase sempre melhor a leste, perto no nascer do Sol do que a oeste depois do pôr do Sol. Assim, vai ter uma visão bem mais apurada durante a manhã. Guias padrão, como o conceituado *Observer's Handbook* (O Manual do Observador, uma publicação anual da Sociedade Astronômica Real do Canadá; `www.rasc.ca`), o *Calendário Astronômico* (publicado anualmente pela Universal Workshop; `www.universalworkshop.com`) e as revistas de Astronomia e seus sites (veja o Capítulo 2), todos dizem quando ocorrerão as elongações.

Você precisa de um local de visualização com a vista limpa para o horizonte leste, pois Mercúrio não chega muito alto no céu quando o Sol está abaixo do horizonte. Se estiver com dificuldades para enxergá-lo a olho nu, varra o céu com um par de binóculos de baixa potência. E se tiver um telescópio computadorizado com base de dados programada, você pode digitar "Mercúrio" e deixar o telescópio encontrá-lo.

Não espere ver marcações na superfície

Ver as marcas na superfície de Mercúrio com um telescópio pequeno, ou com quase todos os telescópios na Terra, é extremamente difícil. O tamanho aparente de Mercúrio na elongação máxima é de apenas 6 a 8 segundos de arco (veja o quadro "Espere apenas um minuto (ou segundo)de arco" no início deste capítulo, para mais detalhes).

Alguns observadores amadores experientes relatam ter visto marcas na superfície, mas nenhuma informação veio dessas visões. Alguns dos grandes observadores planetários de todos os tempos achavam que eles poderiam ver e desenhar as marcas da superfície. De seus desenhos, os observadores tentaram deduzir o período de rotação, ou o "dia" de Mercúrio. Os especialistas acreditavam que o dia de Mercúrio era igual ao tamanho do ano em Mercúrio, ou 88 dias da Terra. Contudo, eles estavam enganados. Mais tarde, medidas de radares provaram que Mercúrio rotaciona uma vez a cada 59 dias da Terra.

No entanto, depois que conseguir descobrir como ver Mercúrio a olho nu e conferir suas fases com o telescópio, você vai estar à frente de Copérnico!

Amantes de Mercúrio escolhem a manhã

Esse é o motivo por que é melhor perto do horizonte da alvorada do que perto do horizonte do crepúsculo: quando o Sol se põe, o Sol esteve sobre a superfície da Terra o dia inteiro, então quando você olha para o céu baixo a oeste, você olha por correntes turbulentas de ar quente subindo da superfície. Mas durante a manhã, a Terra teve a noite toda para se resfriar e se estabilizar. Leva algumas horas depois que o Sol nasce para a Terra esquentar de novo e prejudicar a visibilidade mais uma vez.

Capítulo 7

O Cinturão de Asteroides e os Objetos Próximos da Terra

Neste Capítulo

- Descobrindo os fatos básicos sobre asteroides.
- Avaliando o risco de impactos perigosos de asteroides na Terra.
- Observando asteroides no céu noturno.

Asteroides são grandes rochas que circulam o Sol. A maioria de asteroides está a uma distância segura além da órbita de Marte na área chamada *Cinturão de Asteroides*, porém, milhares de asteroides seguem órbitas que passam perto ou cruzam a órbita da Terra. Muitos cientistas acreditam que um asteroide atingiu a Terra há 65 milhões de anos, acabando com os dinossauros e muitas outras espécies.

Neste capítulo, eu apresento a você essas grandes rochas e explico a melhor maneira de observá-las. E, no caso de estar preocupado, eu contarei a verdade sobre o risco de um asteroide atingir a Terra no futuro e te colocarei a par de pesquisas que cientistas estão conduzindo para lidar com tal possibilidade.

Fazendo um Breve Passeio pelo Cinturão de Asteroides

Os asteroides também são chamados de pequenos planetas, pois quando foram descobertos pela primeira vez, especialistas achavam que eles fossem objetos como os planetas. Mas atualmente os astrônomos acreditam que eles sejam remanescentes da formação do Sistema Solar – objetos que nunca se fundiram com outros destroços espaciais para formarem planetas. Alguns asteroides, como o Ida, até tem suas próprias luas (veja a Figura 7-1). Asteroides são feitos de rocha de silicato, como as rochas na Terra, e de metal (maior parte de ferro e níquel). Alguns asteroides podem conter também rochas carbonáceas.

A única definição para um asteroide é que é um pequeno corpo no Sistema Solar, feito de rocha e ferro – uma definição que também inclui meteoroides. Então os maiores meteoroides e os menores asteroides são indistinguíveis um do outro.

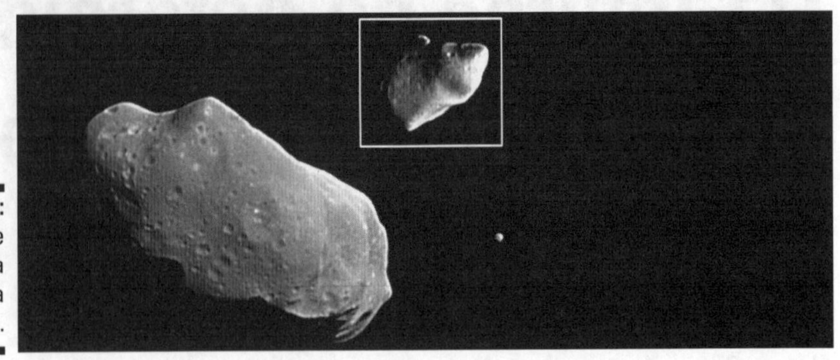

Figura 7-1: O asteroide Ida tem sua própria lua, a Dactyl.

Cortesia da NASA

A maioria dos asteroides conhecidos está em uma região imensa, achatada, centralizada no Sol e localizada entre as órbitas de Marte e Júpiter. Nós chamamos essa região de *Cinturão de Asteroides*. O tamanho dos asteroides varia de imensos como o Ceres, com 933 quilômetros de diâmetro, até grandes meteoroides, que são apenas fragmentos de asteroides (veja o Capítulo 4). Uma rocha espacial do tamanho de uma pedra é um asteroide muito pequeno ou um meteoroide muito grande; sinta-se livre para escolher o termo que quiser.

A Tabela 7-1 lista os 4 maiores objetos no Cinturão de Asteroides. Os dois maiores, Ceres e Pallas, têm quase a mesma média de distância do Sol, embora Pallas tenha uma órbita mais elíptica.

Tabela 7-1 Os "Quatro Grandes" do Cinturão de Asteroides

Nome	*Diâmetro em Quilômetros*	*Distância média ao Sol (U.A.)*
Ceres	934	2,77
Pallas	526	2,77
Vesta	510	2,36
Hygiea	408	3,14

Até 1º de fevereiro de 2005, havia cerca de 264.000 asteroides conhecidos, dos quais 12.136 receberam nomes (inclusive um que a União Astronômica Internacional fez a gentileza de nomear em minha homenagem). A maioria foi descoberta em anos recentes por telescópios robóticos projetados para esse propósito, mas astrônomos amadores experientes que acoplaram câmeras digitais avançadas em telescópios também estão fazendo descobertas.

Você pode ver prontamente os maiores asteroides, como o Ceres e o Vesta, através de telescópios menores (veja a última seção "Procurando por Pequenos Pontos de Luz" para saber mais sobre observação de asteroides).

Ceres e Vesta são tão grandes que suas próprias gravidades os fazem redondos. Entretanto, asteroides menores, geralmente, têm formato de batata e frequentemente parecem que foram explodidos (veja a Figura 7-2) porque, de fato, eles foram. Os asteroides no cinturão se batem uns nos outros constantemente, formando crateras de impacto e quebrando grandes e pequenas lascas. As grandes lascas são simplesmente asteroides menores, e as pequenas lascas são meteoroides asteroidais.

Em raros intervalos, pequenos asteroides (ou grandes meteoroides) colidem com a Terra (veja a seção seguinte para saber mais sobre esse fenômeno). Impactos de asteroides (e impactos de cometas) também cobriram a Lua com crateras (que eu explico no Capítulo 5).

Asteroides têm crateras também, mas muito mais difíceis de se ver com telescópios, pois eles são muito pequenos. Na maioria dos telescópios, um asteroide é apenas um ponto de luz, como uma estrela. Você pode dar uma olhada em uma grande cratera em Vesta em uma animação com as fotos do telescópio Hubble em: `hubblesite.org/newscenter/newsdesk/archive/releases/1997/27/video/a`.

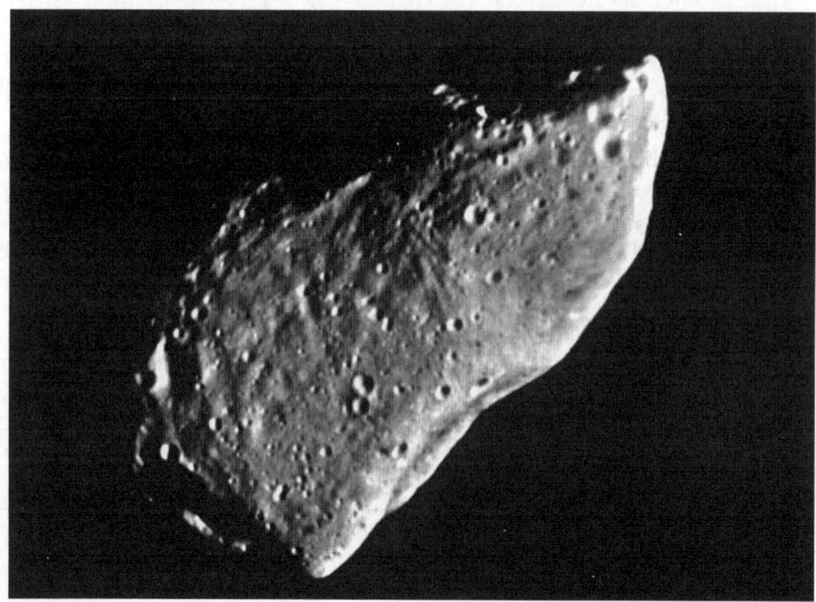

Figura 7-2: Alguns asteroides parecem grandes batatas.

Cortesia da NASA

Entendendo a Ameaça Que Objetos Perto da Terra Representam

Nem todos os asteroides orbitam de maneira segura além de Marte. Milhares de pequenos asteroides seguem órbitas que cruzam ou passam perto da órbita da Terra. Os astrônomos chamam esses vizinhos de Objetos Próximos da Terra (NEOs – *Near Earth Objects*), e eles classificaram 624 deles como Asteroides Potencialmente Perigosos (PHAs – *Potentially Hazardous Asterois*), até fevereiro de 2005. Algum dia, um desses objetos assustadores pode chegar a uma distância desconfortável da Terra ou até atingir nosso planeta. O Centro de Pequenos Planetas (MPC – Minor Planet Center) da União Astronômica Internacional acompanha os PHAs, e diversos observatórios varrem os céus para saber mais sobre eles.

O *site* do MPC (`cfa-www.harvard.edu/iau/mpc.html`) oferece uma mistura de informações tanto para os astrônomos amadores quanto para os profissionais, inclusive mapas interno e externo do sistema solar, atualizados diariamente, que mostram onde planetas e outros diversos asteroides estão localizados no espaço.

Astrônomos não sabem de nenhum objeto específico que esteja atualmente ameaçando a Terra. Teorias da conspiração acham que se os astrônomos soubessem sobre um asteroide que poderia condenar a todos, eles não falariam. Mas admita, se eu soubesse que o mundo estivesse em perigo, eu encerraria meus negócios e iria em direção aos Mares do Sul em vez de ficar aqui sentado para terminar este capítulo!

Em 1998, as produções de Hollywood *Armageddon* e *Impacto Profundo* deram versões sensacionalistas do que poderia acontecer se um grande asteroide ou cometa estivessem em curso de colisão com a Terra. Tais histórias de catástrofe foram inspiradas, em parte, pela amplamente aceita conclusão de que um asteroide com cerca de 10 quilômetros de largura acertou a Terra há cerca de 65 milhões de anos. A cratera Chicxulub, uma formação geológica com cerca de 180 quilômetros de extensão localizada parcialmente na península Yucatán no México e parcialmente em alto-mar no Golfo do México, pode ser a prova do que restou do impacto, que a teoria diz ter acabado com os dinossauros. (Esse impacto certamente não fez bem para eles; se quiser ver um dinossauro "vivo" hoje em dia, alugar o filme *Parque dos Dinossauros* é o mais perto que você vai chegar).

A ação do tempo e de processos geológicos, como formações montanhosas, erosão e vulcanismo, erodiu as crateras de impacto da Terra e eliminou a maior parte delas. Você pode ver fotos aéreas de mais de 170 das crateras que restaram no nosso planeta no *site* de Banco de Dados de impactos na Terra da Universidade de New Brunswick, em: `www.unb.ca/passc/ImpactDatabase/images.html`.

Um impacto de um pequeno asteroide causou a famosa Meteor Crater (que deveriam ser chamadas de Cratera do Meteoroide ou Cratera do Asteroide) no norte do Arizona, perto de Flagstaff. Vale a pena visitar esse local, pois é a maior e a mais bem preservada cratera de impacto na Terra.

Por um breve período em março de 1998, muitas pessoas temiam que um pequeno e recém-descoberto NEO pudesse atingir a Terra no ano de 2028. Astrônomos eliminaram essa possibilidade em um dia quando observações complementares mostraram que a órbita do asteroide não cruzaria com a da Terra. E alguns especialistas até discordaram da previsão inicial – como especialistas geralmente fazem.

Embora a Terra pareça estar a salvo por enquanto, cientistas podem descobrir um NEO em curso de colisão com a Terra no futuro, então eles passam muito tempo agora estudando as opções do que poderia ser feito no caso de tal eventualidade.

Quando empurrar vira um impulso: Desviando um asteroide

Alguns especialistas propõem o desenvolvimento de um míssil nuclear potente para interceptar o asteroide assassino antes que ele possa atingir a Terra. Mas, ao se explodir um asteroide que está vindo em nossa direção, os resultados poderiam ser piores do que o dano causado pelo impacto do asteroide de fato. Isso seria como uma cena do filme de Walt Disney, *Fantasia*, em que o aprendiz de feiticeiro quebra em pedaços uma vassoura mágica fora de controle que não para de jogar água. Ele acaba criando um monte de pequenas vassouras e cada uma delas começa a espirrar água.

Se explodirmos um asteroide com uma bomba nuclear, um enxame de pequenas rochas – ao invés de uma grande rocha em direção à Terra – iria seguir a mesma trajetória mortal. As rochas causariam mais impactos do que todas as armas do Pentágono combinadas. Uma ideia melhor seria usar um míssil nuclear (ou talvez outro tipo de míssil) para apenas desviar o asteroide para que ele passe pelo ponto de intersecção com a Terra um pouco antes ou um pouco depois, quando a Terra não estiver mais naquele local ou já tiver passado. Ufa!

O problema com desviar um asteroide é que os cientistas não sabem quanta força aplicar. Nós não queremos que ele se parta, mas pelo fato de a rigidez mecânica dos asteroides ser desconhecida para nós, não sabemos com quanta força podemos acertá-lo. Asteroides podem ser feitos de rochas fortes ou frágeis. Alguns podem ser até de metal sólido. Se não conhecemos nosso inimigo, poderemos piorar as coisas atingindo-o da forma errada.

Em *Fantasia*, o próprio feiticeiro quebra o encanto da vassoura enfeitiçada, mas sem um mágico para fazer os asteroides desaparecerem, precisamos de informações sólidas para projetar um sistema que poderá proteger a Terra com segurança dos asteroides.

Precavidos e armados: Pesquisando NEOs para proteger a Terra

Os astrônomos têm um plano para ajudar a desenvolver um sistema que pode proteger a Terra de asteroides renegados:

1. **Fazer uma contagem dos NEOs para ter certeza de que localizamos cada uma das rochas que têm um quilômetro ou mais de tamanho na nossa região do Sistema Solar.**

   NEOs desse tamanho podem se tornar PHAs se suas órbitas os levarem perto da Terra.

2. **Rastrear esses NEOs e computar suas órbitas para determinar se algum está propenso a atingir a Terra em um futuro previsível.**

3. **Estudar as propriedades físicas dos asteroides para descobrir o máximo que pudermos sobre eles.**

   Por exemplo, fazer observações por telescópios para determinar de que tipo de rocha ou metal eles são feitos.

4. **Quando astrônomos entenderem a ameaça, um time de engenharia pode projetar uma missão espacial para contra-atacá-la.**

Para pesquisar os NEOs, telescópios com propósito especial para descobrir asteroides estão em operação em diversos locais. Você pode visitar seus sites e ver as descobertas recentes. Dois dos projetos mais importantes são:

- O Projeto Pesquisa de Asteroides Próximos da Terra Lincon (LINEAR - Lincon Near Earth Asteroid Research) em White Sands, Novo México, fundado pela Força Aérea dos EUA; `www.ll.mit.edu/LINEAR`.
- O projeto Rastreamento de Asteroides Próximos da Terra da NASA (NEAT - Near-Earth Asteroid Tracking), que observa do Sítio de Observação Espacial do Maui, no Havaí e do Observatório Palomar, na Califórnia; neat.jpl.nasa.gov.

Uma organização privada, a Fundação Spaceguard, é dedicada a salvar a Terra de asteroides assassinos. Ela pode estar querendo demais; apenas salvar as baleias ou as corujas pintadas já é difícil o bastante. Mas, você pode dar uma olhada na organização e se filiar no *site*: `cfa-www.harvard.edu/~marsden/SGF`.

Uma lista de PHAs é mantida pelo Centro de Pequenos Planetas no *site*: `cfa-www.harvard.edu/iau/lists/Dangerous.html`. Provavelmente poucos, se algum, desses asteroides têm mais do que 16 quilômetros de diâmetro. Mas uma rocha com alguns quilômetros de tamanho que atinge a Terra a 11 quilômetros por segundo poderia ser uma catástrofe bem maior do que explosões simultâneas de todas as armas nucleares já criadas. Isso seria um caso raro de quando a Astronomia não é divertida.

Procurando por Pequenos Pontos de Luz

Procurar por asteroides é como varrer o céu para encontrar cometas (veja o Capítulo 4), exceto porque você vai procurar por pequenos pontos de luz que parecem estrelas ao invés de uma imagem borrada. Mas ao contrário de uma estrela, um asteroide se move perceptivelmente contra o plano de fundo de outras estrelas de hora em hora e de noite para noite.

Você pode ver os asteroides maiores facilmente, como Ceres e Vesta, por telescópios pequenos; revistas de Astronomia publicam pequenos artigos e mapas estelares para te guiar com antecedência de bons períodos de visualização (geralmente, não existem melhores épocas do dia ou do ano para se ver asteroides). A maioria dos bons programas de planetário também projeta mapas estelares que apontam a localização dos asteroides. (Veja o Capítulo 2 para mais informações sobre revistas e programas planetários e o Capítulo 3 para saber mais sobre telescópios.)

Você ainda não está pronto para procurar sistematicamente por "novos" asteroides desconhecidos até você se tornar um astrônomo amador habilidoso com alguns anos de experiência. Amadores avançados procuram novos asteroides com câmeras eletrônicas em seus telescópios. Eles coletam uma série de imagens de áreas selecionadas do céu, geralmente na direção oposta a do Sol (que, é claro, está abaixo do horizonte). Quando eles veem um pequeno ponto de luz (que se assemelha a uma estrela) mudando de localização, eles provavelmente estão vendo um asteroide.

A atividade relacionada com asteroides mais fácil para iniciantes é observar *ocultações*. Uma ocultação é um tipo de eclipse que ocorre quando um corpo em movimento no Sistema Solar passa em frente a uma estrela. Os corpos responsáveis podem ser a Lua (ocultação lunar), as luas de outros planetas (ocultação por satélites planetários), asteroides (ocultação asteroidal), ou planetas (ocultação planetária). Os anéis dos planetas e cometas também podem causar ocultações. Uma ocultação não parece muito; você apenas vê uma estrela desaparecer por um curto período de tempo durante o eclipse.

As seções seguintes te dizem como cronometrar e rastrear ocultações asteroidais.

Cronometrando uma ocultação asteroidal

Você pode ver uma ocultação asteroidal sem obter informações científicas, mas é o desperdício de uma oportunidade única! Os detalhes de uma ocultação diferem de local a local da Terra. Por exemplo, a mesma ocultação pode durar mais sendo vista de um lugar da Terra do que em outro, ou ela pode não ocorrer em certos locais. Desse modo, em certos locais, você vai ver o eclipse de uma estrela, e, em outros locais, você verá a estrela sem o eclipse. Dos dados da ocultação, astrônomos podem ter uma ideia mais precisa de uma grande quantidade de objetos celestes. Por exemplo, às vezes, as ocultações revelam que o que parece ser uma estrela ordinária é na verdade um *sistema binário* próximo (duas estrelas em órbita de um centro em comum de massa; veja o Capítulo 11 para mais detalhes sobre estrelas binárias).

Para fazer suas observações asteroidais cientificamente úteis, você vai precisar cronometrar precisamente e saber a localização exata (latitude, longitude e altitude) do local onde você estava quando observou a ocultação. No passado, observadores descobriam sua localização consultando mapas topográficos. Mas, hoje em dia, se observar em grupos, alguém provavelmente terá um receptor GPS (Sistema de Posicionamento Global), como aqueles usados por operadores de barco e pilotos particulares. Você pode adquiri-los por preços a partir de US$100.

Você deve relatar suas observações para a Associação Internacional de Cronometragem de Ocultações (IOTA – International Occultation Timing Association). Confira o *site* em: `www.lunar-occultations.com/iota/iotandx.htm`. O *site* inclui um "Formulário de relato de Ocultação Asteroidal" (Asteroidal Occultation Report Form) que você pode preencher e submeter *on-line*. O *site* da IOTA é regularmente atualizado para fornecer as mais recentes previsões de ocultações por asteroides e outros objetos.

Ajudando a rastrear uma ocultação

Ocultações asteroidais são muito mais enganosas de se observar do que ocultações lunares, pois os astrônomos, geralmente, não podem prever com suficiente precisão. Os astrônomos vão a vários lugares na *trilha de ocultação prevista* (uma faixa estreita pela superfície da Terra onde os astrônomos esperam que a ocultação seja visível – assim como o caminho da totalidade em um eclipse solar, que eu descrevo nos Capítulos 2 e 5) e tentam observar ocultações asteroidais. Em virtude de os diâmetros, órbitas e formatos da maioria dos asteroides não serem conhecidos com precisão suficiente, as previsões não podem ser perfeitas. Pelo fato de as ocultações serem visíveis de uns lugares e de outros não, os astrônomos precisam de voluntários para monitorar uma ocultação asteroidal de diversos locais. Observações de amadores ajudam a determinar os tamanhos e formas dos asteroides envolvidos nas ocultações. Você pode ajudar também. Entre em contato com a IOTA pelo *site*: `www.lunar-occultations.com/iota/iotandx.htm`.

A IOTA recomenda que você comece a estudar as ocultações observando com um astrônomo experiente, apenas para pegar o jeito. Aposto que você vai gostar disso!

Capítulo 8

Grandes Bolas de Gás: Júpiter e Saturno

Neste Capítulo

- Entendendo a fórmula para planetas de gás gigantes.
- Olhando para a Grande Mancha Vermelha e as luas de Júpiter.
- Observando os anéis de Saturno e suas luas.

Júpiter e Saturno, localizados além de Marte e do Cinturão de Asteroides, estão entre as melhores vistas para se ver por um telescópio pequeno, e pelo menos um está geralmente bem localizado para observações. As quatro maiores luas de Júpiter e os famosos anéis de Saturno são os alvos preferidos quando astrônomos amadores mostram alguma coisa pelo telescópio para seus familiares e amigos. E embora você não consiga dizer por um telescópio, a ciência por trás desses planetas imensos e seus satélites é fascinante também. Neste capítulo, eu descrevo as visões magníficas que você pode observar pelo telescópio e dicas sobre os fatos básicos sobre os dois maiores planetas no nosso Sistema Solar.

A Pressão Está Armada: Uma Jornada por Dentro de Júpiter e Saturno

Júpiter e Saturno são como *hot dogs* com corantes de alimento não aprovados. A carne não é um mistério, os aditivos sim. O que você vê em fotografias de telescópios de Júpiter e Saturno são nuvens, feitas de gelo de amônia, água congelada (como as nuvens do tipo cirrus na Terra) e de um composto chamado hidrossulfato de amônia. Nuvens de gotas d'água também podem ser parte dessa mistura. Mas, as aparências enganam. Esses materiais nas nuvens são feitos de traços de substâncias. Júpiter e Saturno são basicamente de hidrogênio e hélio, como o Sol. E, apesar de muitas teorias, cientistas não têm provas do que torna a Grande Mancha Vermelha em Júpiter vermelha ou o que produz as outras colorações não brancas nas nuvens dos dois grandes planetas.

Júpiter e Saturno são os maiores dos quatro planetas gigantes de gás (os outros são Urano e Netuno), Júpiter tem 318 vezes a massa da Terra; Saturno ultrapassa a Terra em massa cerca de 95 vezes. Como resultado, suas gravidades são enormes, e dentro do planeta, o peso de camadas sobrepostas produz enorme pressão. Descer por Júpiter ou por Saturno é como afundar nas profundezas do mar. Quanto mais fundo você for, maior é a pressão. E, ao contrário do mar, a temperatura aumenta radicalmente com a profundidade. Nem pense em mergulhar por lá.

Até os níveis atmosféricos onde astrônomos podem ver, nas camadas de nuvens, as temperaturas caem para -149°C em Júpiter e para -178°C em Saturno. No entanto, em grandes profundidades a pressão é alta. Quando chegar aos 10.000 quilômetros (6.200 milhas) abaixo das nuvens em Júpiter, a pressão voa para 1 milhão de vezes a pressão barométrica a nível do mar na Terra. E a temperatura se iguala à da superfície visível do Sol. A densidade do espesso gás e sua profundidade são muito maiores do que a da superfície solar, e o hidrogênio quente é comprimido de tal forma que ele se comporta como metal líquido. Correntes em redemoinho desse metal líquido de hidrogênio geram campos magnéticos poderosos em Júpiter e em Saturno que alcançam uma grande distância no espaço.

Júpiter e Saturno brilham intensamente em luz infravermelha, cada um gerando quase tanta energia quanto recebem do Sol. (A Terra, por outro lado, deriva quase toda a sua energia do Sol.) O calor que vem de dentro, junto com o calor que chega dos raios brilhantes do sol, perturbam suas atmosferas e produzem correntes a jato, furações e outros tipos de tempestades atmosféricas que mudam continuamente a aparência desses planetas.

Quase uma Estrela: Olhando para Júpiter

Júpiter tem cerca de um milésimo da massa do Sol. Às vezes, os cientistas o chamam de "a estrela que falhou". Se apenas tivesse 80 ou 90 vezes mais massa, a temperatura e a pressão em seu centro seriam tão altas que a fusão nuclear iria começar e não iria mais parar. Júpiter começaria a brilhar com sua própria luz, fazendo dele uma estrela!

Júpiter tem um diâmetro de cerca de 143.000 quilômetros. O gigante roda a uma velocidade enorme, dando uma volta completa em apenas 9 horas, 55 minutos e 30 segundos. Na verdade, Júpiter rota tão rápido que a rotação deixa o equador protuberante e achata os polos. Com uma vista limpa e com o ar estável, você pode detectar sua forma *oblata* pelo telescópio.

O giro rápido ajuda a produzir faixas em constante mutação de nuvens, paralelas ao equador de Júpiter. O que você vê pelo telescópio quando observa Júpiter é, na verdade, o topo das nuvens do planeta. Dependendo das condições de visibilidade, do tamanho e da qualidade do seu telescópio, e das circunstâncias do próprio Júpiter, você poderá ver de uma até vinte faixas de nuvens (veja a Figura 8-1).

Figura 8-1: Júpiter e as faixas de nuvens induzidas por sua rotação.

Cortesia da NASA

As faixas mais escuras de Júpiter são chamadas de cinturões; as faixas mais claras são as zonas. Quando você olha por um telescópio, Júpiter parece um disco redondo. Bem no centro desse disco fica a Zona Equatorial, cercada pelos Cinturões Equatoriais Norte e Sul (NEB e SEB – North Equatorial Belt e South Equatorial Belt). No SEB, você pode ver a Grande Mancha Vermelha, frequentemente a característica mais notável em Júpiter. A perturbação atmosférica, às vezes, comparada com um grande furacão, paira pela atmosfera de Júpiter por pelo menos 120 anos. Na verdade, a Grande Mancha Vermelha pode ter sido visualizada em 1664, embora, se for verdade, ela provavelmente tenha se esvanecido e depois reaparecido no século XIX.

Júpiter é fácil de encontrar, como Vênus (veja o Capítulo 6), ele brilha mais do que uma estrela no céu. (Uma pequena exceção: quando sua órbita o leva para o local mais afastado do Sol, Júpiter pode ficar um pouco mais apagado do que a estrela mais brilhante, Sírius). Se tiver um telescópio controlado por computador que pode apontar a posição do planeta, ou se você sabe onde procurar com um binóculo ou a olho nu, você pode, às vezes, ver Júpiter durante o dia.

Quando conseguir encontrar Júpiter com facilidade, você estará pronto para observações mais detalhadas. Eu forneço instruções para distinguir as características do planeta e das luas nas seções seguintes.

Fazendo uma busca pela Grande Mancha Vermelha

A Grande Mancha Vermelha, mostrada na Figura 8-2, é uma tempestade tão grande quanto a Terra e, às vezes, maior do que o Cinturão Equatorial norte. Como muitas das características de Júpiter, ele pode variar de um dia para o outro. Sua cor pode ficar mais pálida ou mais profunda. Nuvens brancas, que são grandes o suficiente para se ver com alguns telescópios amadores, formam-se perto da Mancha e se movem junto com o SEB. Às vezes, uma nuvem no SEB ou em outro cinturão parece que é esticada pelo do planeta, alongada por quase toda a longitude. Uma nuvem com essa forma linear é conhecida como *festoon*, e conseguir ver essa interessante demonstração é de fato uma ocasião festiva!

Se não conseguir ver a Grande Mancha Vermelha de primeira, ela pode estar em sua condição pálida, porém, o mais provável é que ela tenha rotado para o lado escuro do Júpiter. Você terá que esperar para Júpiter dar a volta. Se observar com o telescópio as características de Júpiter em intervalos de uma hora ou duas durante a noite, você conseguirá ver a mancha e outras características menores se moverem pelo disco do planeta enquanto Júpiter rotaciona.

No início dos anos 1990, um dos cinturões de Júpiter parecia desaparecer durante a noite. Mais tarde, ele reaparecia. Se isso acontecer de novo, um astrônomo amador pode muito bem ser a pessoa que verá o fenômeno primeiro, porque os amadores estão sempre aproveitando o espetáculo em constante mudança das manchas e cinturões de Júpiter.

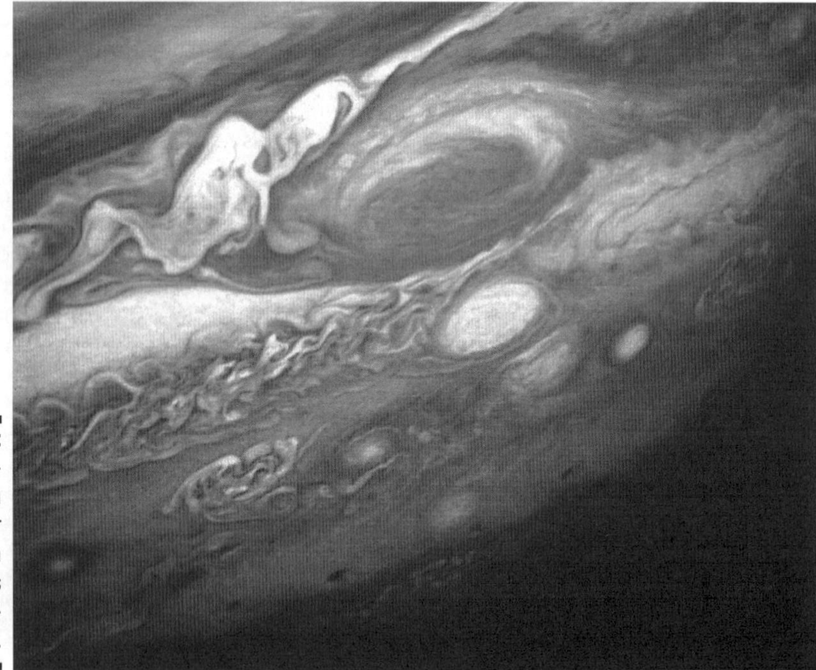

Figura 8-2: A Grande Mancha Vermelha de Júpiter contribui para visualizações de tempestades.

Cortesia da NASA

Os acessórios invisíveis de Júpiter

Você sabia? Júpiter tem anéis finos feitos de partículas de rocha, talvez pequenos fragmentos das pedras nos anéis. Ao contrário dos famosos anéis de Saturno, os acessórios de Júpiter são escuros, o que os deixa invisíveis para os telescópios amadores. Na verdade, os anéis são difíceis de se ver por qualquer telescópio, exceto com o Hubble e com os instrumentos que as sondas carregam até Júpiter. Partículas microscópicas dos anéis são levantadas até um halo espesso, interno aos anéis, que cerca e talvez até se funda com a atmosfera superior do planeta.

Você pode encontrar imagens dos anéis de Júpiter no *site* do Fotojornal Planetário da NASA, `photojournal.jpl.nasa.gov/index.html`. Apenas clique na imagem de Júpiter e siga os *links*.

Mirando nas luas de Galileu

Sempre que a visibilidade estiver boa, seu telescópio vai revelar estruturas nos topos das nuvens em Júpiter – cinturões, zonas, pontos, e talvez mais – e você poderá ver uma ou mais das quatro maiores luas do planeta: Io, Europa, Ganimedes e a Calisto. (Confira uma foto de Júpiter e dessas luas na seção colorida deste livro.)

As quatro luas proeminentes de Júpiter (ele tem pelo menos 59 luas menores conhecidas até janeiro de 2010) são conhecidas como luas galileanas, os satélites de Galileu, em homenagem a Galileu, seu descobridor. Cada uma das quatro grandes luas orbita quase exatamente no mesmo plano equatorial de Júpiter, por isso cada lua está sempre acima de algum local do equador de Júpiter. Qualquer telescópio que valha a pena ter pode visualizar as luas de Galileu, e muitas pessoas podem ver duas ou três delas com um bom par de binóculos. Entretanto, Io, a lua mais para dentro das luas de Galileu, é difícil de se localizar com binóculos, pois sua órbita fica muito perto do planeta brilhante.

Você não consegue ver muitos detalhes em nenhuma das luas de Júpiter com seu próprio telescópio para descobrir como suas superfícies se parecem, mas você pode notar diferenças no brilho, e com estudos cautelosos, talvez nas suas cores.

Se der uma olhada em imagens de sondas das luas de Galileu, você poderá ver que cada lua tem um pequeno mundo dentro delas, com composições e paisagens que lhes dão personalidades próprias. (Veja a seção "Cronometrando a observação das luas", mais adiante neste capítulo, para sites onde é possível conferir essas fotos).

Para detalhes básicos das quatro maiores luas, confira a lista a seguir:

- *Calisto* tem uma superfície escura, marcada por muitas crateras brancas. A superfície é provavelmente gelo sujo – uma mistura de gelo e rocha. Os impactos de asteroides, cometas e grandes meteoroides expuseram a camada limpa de gelo, formando, assim, as crateras brancas.

- Europa tem um terreno sulcado que parece com corredeiras de gelo. A superfície pode ser uma camada congelada que cobre um oceano de água e lodo, talvez com 150 quilômetros de profundidade. Europa é o único local no Sistema Solar fora da Terra onde os cientistas têm fortes evidências de que existe água líquida. A existência de água líquida em Marte, abaixo da camada permanentemente congelada, é apenas uma teoria.
- Com 5.268 quilômetros de diâmetro, Ganimedes é a maior lua no Sistema Solar (até maior do que Mercúrio, com 4.881Km). A superfície cheia de nódoas de Ganimedes consiste de terrenos claros e escuros, talvez gelo e rocha, respectivamente. A marca mais notável é Valhalla, uma enorme bacia de impacto no formato de anel do tamanho dos Estados Unidos (julgando pelo tamanho do sulco do anel mais externo).
- A superfície de Io é pontilhada com mais de 80 vulcões ativos. Essa lua é o único local além da Terra onde temos evidências definitivas de vulcanismo ativo.

Embora você não possa usufruir do tipo de visualização tão de perto e pessoal que os equipamentos espaciais sofisticados conseguem, você pode observar alguns aspectos interessantes dessas luas enquanto elas orbitam em torno de Júpiter pelo seu telescópio. Eu explico fenômenos que podem bloquear sua visão das luas – como ocultações, trânsitos e eclipses – nas seções seguintes.

Reconhecendo os movimentos da Lua

Io, Ganimedes, Europa e Callisto estão sempre em movimento, mudando suas posições relativas e aparecendo e desaparecendo enquanto elas orbitam em torno de Júpiter. Às vezes, você consegue vê-las, às vezes, não. Se você não conseguir ver uma das luas, aqui estão algumas explicações possíveis:

- Uma *ocultação* pode estar em ação, o que ocorre quando uma das luas passa por trás do limbo de Júpiter (a borda do disco que você vê pelo telescópio).
- A lua pode estar em *eclipse*, o que ocorre quando a lua se move para dentro das sombras de Júpiter. Pelo fato de a Terra estar quase sempre fora da linha reta que une o Sol a Júpiter, a sombra de Júpiter pode se estender bem para o lado quando você o vê da Terra. Quando você vê a Lua claramente ao lado do limbo de Júpiter, e ela de repente se enfraquece e desaparece, ela se moveu para a sombra do planeta.
- A Lua pode estar em *trânsito* atravessando o disco de Júpiter; nessa hora, ela fica particularmente difícil de enxergar contra a atmosfera nebulosa de Júpiter. Na verdade, a Lua em trânsito pode ser muito mais difícil de se discernir do que sua sombra.

Você também pode observar a *sombra da lua*, que ocorre quando uma das luas entre o Sol e Júpiter, lançando uma sombra no planeta. A sombra é um ponto preto, muito mais escuro do que qualquer característica de nuvem, que se move pelo planeta.

A lua que forma o ponto pode estar em trânsito no momento, mas não é sempre o caso. Quando a Terra está bem fora da linha Sol-Júpiter, podemos ver uma lua fora do limbo de Júpiter fazendo uma sombra no planeta.

Cronometrando a observação das luas

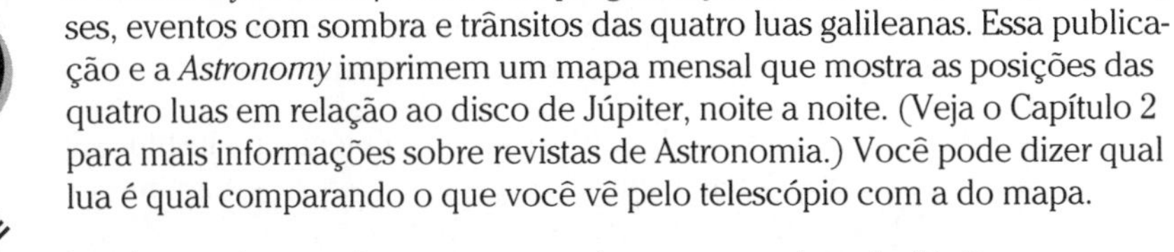

A revista *Sky&Telescope* traz uma programação mensal das ocultações, eclipses, eventos com sombra e trânsitos das quatro luas galileanas. Essa publicação e a *Astronomy* imprimem um mapa mensal que mostra as posições das quatro luas em relação ao disco de Júpiter, noite a noite. (Veja o Capítulo 2 para mais informações sobre revistas de Astronomia.) Você pode dizer qual lua é qual comparando o que você vê pelo telescópio com a do mapa.

Lembre-se das seguintes regras gerais para ver as luas de Júpiter:

- Todas as quatro luas de Galileu orbitam em torno de Júpiter na mesma direção. Quando você as vê do lado próximo, em relação à Terra, elas se movem de leste a oeste, e quando elas orbitam do lado afastado, elas seguem de oeste a leste.

- Uma lua em trânsito se move em direção a oeste e uma lua que está prestes a ser ocultada ou sofrer um eclipse segue em direção a leste (seguindo as direções geográficas leste-oeste do céu da Terra).

Sob condições excelentes de visibilidade, você conseguirá discernir as marcas de Ganimedes, a maior das luas galileanas, com um telescópio de seis polegadas ou maior. (Veja o Capítulo 3 para mais informações sobre telescópios). Mas para ver os detalhes nas superfícies, você precisará de uma imagem de uma espaçonave interplanetária que visitou o sistema de Júpiter.

Cometas dentro de distâncias impactantes

Em raras ocasiões, um cometa atinge Júpiter, o que causa um borrão escuro temporário que pode durar meses. Cientistas não sabiam disso até julho de 1994, quando grandes pedaços do cometa quebrado, Shoemaker-Levy 9, atingiu Júpiter. Mas, os astrônomos reviram registros antigos das marcações de Júpiter e descobriram características suspeitas que poderiam ter sido criadas da mesma forma.

São poucas as chances de você testemunhar um cometa atingindo Júpiter, mas não precisa descartar essa possibilidade. Se vir qualquer mancha escura, faça boas anotações. Um astrônomo amador canadense situado no Arizona de nome David Levy conquistou fama internacional depois que ele ajudou a descobrir o cometa que atingiu Júpiter, o Shoemaker-Levy 9. Graças às suas descrições lúcidas, desse e de outros eventos astronômicos, ele agora recebe gratificações significativas por aparições, artigos e livros. Seus textos sobre estrelas celestes aparecem regularmente na *Parade*, junto com outros perfis de personalidades de escritores da variedade de Hollywood. Você também pode ter esse tipo de notoriedade – apenas fique bem de olho no tráfego do Sistema Solar!

As melhores imagens de Júpiter e de suas luas são das sondas espaciais Galileo e Voyager 1 e 2 e do Telescópio Espacial Hubble:

- Você pode encontrar as imagens da Galileo em: galileo.jpl.nasa.gov/gallery/index.cfm.
- As imagens das Voyagers, e mais algumas outras, estão no *site* do Fotojornal Planetário da Nasa, `photojournal.jpl.nasa.gov`. Quando vir os planetas, clique na imagem de Júpiter.
- Para imagens do Hubble, examine a coleção no Instituto Space Telescope Science em: `hubble.org/newscenter/newsdesk/archive/releases/image_category`.

Nossa Principal Atração Planetária: Colocando os olhos em Saturno

Saturno é o segundo maior planeta em nosso Sistema Solar, com diâmetro de cerca de 121.000 quilômetros. A maioria das pessoas conhece Saturno por causa de seus impressionantes anéis. Por séculos, astrônomos acreditaram que Saturno era o único planeta com anéis. Hoje, sabemos que os anéis circulam todos os quatro grandes planetas de gás: Júpiter, Saturno, Urano e Netuno. No entanto, a maioria dos anéis é muito fina para se ver por telescópios do solo. A grande exceção é Saturno.

De acordo com muitos observadores, Saturno é o planeta mais bonito. Não somente seus anéis famosos são facilmente visíveis por quase qualquer telescópio, mas você consegue visualizar a lua gigante de Saturno, Titã. Embora muitos astrônomos considerem os anéis de Saturno como uma visão celeste que mais impressiona os amigos não astrônomos, Titã também é uma atração válida.

Nas seções seguintes, eu forneço informações sobre como observar os anéis de Saturno, tempestades e luas. Assegure-se de conferir as imagens de Saturno na seção colorida também.

Dando a volta pelo planeta

Os anéis de Saturno geralmente são fáceis de se ver porque são grandes e compostos de partículas de gelo reluzentes – milhões de pequenos fragmentos de gelo, algumas bolas de gelo maiores, e, até mesmo, algumas peças do tamanho de pedras. Você pode ver os anéis por um telescópio pequeno e perceber sua sombra no disco de Saturno (veja a Figura 8-3). Sob excelentes condições de visibilidade, a *Divisão de Cassini* – uma falha nos anéis que recebeu esse nome em homenagem à primeira pessoa que a relatou – também pode ser discernida.

Figura 8-3: Fragmentos de gelo e rocha formam os anéis de Saturno.

Cortesia da NASA

Com dimensão maior do que 200.000 quilômetros, os anéis de Saturno têm apenas metros de espessura. Proporcionalmente, os anéis são como "uma folha de lenço de papel espalhada por um campo de futebol", como o Professor Joseph Burs da Universidade de Cornell uma vez escreveu. Contudo, mesmo os anéis sendo proporcionalmente tão finos como um lenço facial, você não iria gostar de assuar seu nariz nele. Enfiar gelo por suas narinas pode te refrescar, mas eu definitivamente não recomendo.

Saturno gira uma vez a cada 10 horas, 39 minutos e 22 segundos e é ainda mais oblato – achatado nos polos – do que Júpiter. Entretanto, os anéis tendem a enganar um pouco os olhos, por isso perceber os polos achatados de Saturno pode ser complicado.

Às vezes, você pode ter dificuldades para discernir os anéis de Saturno pelo mesmo telescópio que os revelaram em pleno esplendor há apenas alguns meses. Eles podem até parecer ter sumido em telescópios pequenos quando você os vê alinhados, de perfil.

Os anéis são muito grandes, mas também muito finos. Eles mantêm uma orientação fixa, apontando de frente para uma direção no espaço. Há uma época em cada ano quando os anéis estão mais de frente do que o normal, vistos da Terra, e uma época três meses depois quando eles ficam mais próximos do alinhamento em perfil do que o normal.

No entanto, enquanto Saturno gira por sua própria órbita de 30 anos, existem momentos em que os anéis ficam precisamente alinhados de perfil e parecem desaparecer por um telescópio pequeno (e, às vezes, até por um grande). Você não pode ver os anéis quando suas bordas estão em direção à Terra, pois eles são extremamente finos. Nessas ocasiões, com um telescópio potente, você poderá ver os anéis projetados como uma linha fina contra o disco de Saturno. Os anéis desapareceram da última vez em 1996, a próxima vez que eles desaparecerão será em março de 2025.

Como um relâmpago por Saturno

Saturno tem cinturões e zonas assim como Júpiter (veja a seção "Quase uma Estrela: Olhando para Júpiter" antes neste mesmo capítulo), mas os de Saturno têm menos contraste e eles são muito mais difíceis de ver. Procure por eles durante os momentos com boas condições atmosféricas, quando você pode usar uma ocular com maior potência no telescópio para ver os detalhes do planeta.

Cerca de uma vez a cada 30 anos, uma grande nuvem branca, ou a "grande tempestade branca", aparece no Hemisfério Norte de Saturno. Ventos em alta velocidade espalham a nuvem até que ela forme uma faixa grossa e brilhante por toda a volta do planeta. Depois de alguns meses, ela pode desaparecer. Às vezes, astrônomos amadores são os primeiros a ver uma nova tempestade em Saturno. A última grande tempestade branca ocorreu em 1990, então talvez você tenha que esperar um pouco para ver outra. Nesse tempo, fique de olho em pontos de nuvens brancas menores que se espalham parcialmente em torno do planeta.

Monitorando uma lua de maiores proporções

Titã, a maior lua de Saturno, é maior que o planeta Mercúrio. Seu diâmetro é de 5.150 quilômetros. Algumas luas grandes têm atmosferas finas, porém, Titã tem uma atmosfera grossa e nevoenta, composta de nitrogênio e traços de outros gases como metano. É difícil ver através da atmosfera de Titã, mas em 2004, a sonda espacial Cassini da NASA começou a mapear a sua superfície com luz infravermelha (boa para penetrar a cerração) e com radar (ainda melhor). Titã parece plana e manchada, com algumas crateras.

Em 14 de janeiro de 2005, a sonda Huygens da Agência Espacial Europeia pousou em Titã. Fotos da Huygens mostraram o que parecem desfiladeiros na superfície da lua com uma possível costa à distância. Astrônomos suspeitaram que pudesse haver lagos ou oceanos de hidrocarbonetos líquidos, como etano, em Titã. Essas primeiras descobertas da Huygens não provaram essa teoria, mas a informação é consistente com ela.

Luas nativas e convertidas orbitando em harmonia

As luas são divididas em duas categorias: regulares e outras. Todas as luas regulares orbitam no plano equatorial de seu planeta, e elas todas orbitam na mesma direção da rotação do planeta em seu eixo. Essa direção é chamada de prógrada. As luas regulares certamente foram quase formadas onde se encontram, em torno por Júpiter e Saturno de um disco equatorial de material protoplanetário e protolunar. Então, Júpiter e Saturno juntos, com suas muitas luas, são como um Sistema Solar em miniatura com centro em grandes planetas e não em uma estrela.

Mas, algumas das menores luas, como a Elsa, são leoas que nasceram "livres". Ela orbita na direção oposta. Órbitas opostas são retrógradas, e essas órbitas também podem ser inclinadas em relação aos planos equatoriais de seus planetas. As luas com órbitas retrógradas foram formadas em outro lugar do Sistema Solar, talvez como asteroides, e foram capturadas por Júpiter e Saturno.

Júpiter tem 63 luas confirmadas e Saturno tem 61. Cada planeta, provavelmente, tem algumas outras pequenas, e os astrônomos continuam a encontrar mais. Qualquer número que encontrar em um livro pode ser obsoleto até a hora em que o ler. Às vezes, astrônomos anunciam luas, mas não as contam. Os oficiais da União Astronômica Internacional querem ter certeza de que as descobertas sejam confirmadas. Você pode conferir as últimas informações sobre os satélites naturais, nesses e em outros planetas no *site* Dinâmica do Sistema Solar da NASA (NASA Solar System Dynamics) em: `ssd.jpl.nasa.gov/sat_discovery.html`. As luas sem nome são descobertas provisórias esperando por confirmação.

Com um bom telescópio pequeno, você será capaz de ver duas outras luas, Rhea e Dione, quando estiverem próximas da elongação máxima do planeta. Você pode encontrar um mapa mensal das localizações de todas as luas em relação a Saturno na publicação *Sky & Telescope*. Use os mapas para planejar suas observações para conseguir ver Titã e talvez Rhea e Dione. As melhores horas para se ver as luas, geralmente, são quando elas se aproximam da elongação máxima de Saturno (veja o Capítulo 6 para saber mais sobre elongações). Até janeiro de 2010, Saturno tinha 61 luas confirmadas.

A sonda Cassini está no meio de uma longa jornada por Saturno e suas luas que deve se estender até pelo menos 2016. Você pode ver imagens e outras informações que a Cassini envia de volta no site, `saturn.jpl.nasa.gov/multimedia/index.cfm`, e no *site* do Laboratório Central de Imagens do Cassini para Operações (CICLOPS – Cassini Imaging Central Laboratory for Operations), `ciclops.org`.

Capítulo 9

Bem longe! Urano, Netuno, Plutão e Além

Neste Capítulo

- Entendendo os planetas rochosos, aquosos, gasosos que são Urano e Netuno.
- Questionando a natureza de Plutão.
- Visualizando o Cinturão de Kuiper.
- Observando além do Sistema Solar.

Ainda que Marte e Vênus sejam os planetas mais próximos da Terra, e Júpiter e Saturno sejam os brilhantes e exibicionistas, observar os planetas mais distantes tem seus mistérios e oferece recompensas. Este capítulo te apresenta aos três planetas mais externos do nosso Sistema Solar – Urano, Netuno e Plutão – e as suas luas. Eu ofereço dicas úteis para se observar esses mundos tão distantes, e também dou detalhes sobre o Cinturão de Kuiper.

Quebrando o Gelo com Urano e Netuno

A seguir estão os fatos mais importantes sobre Urano e Netuno:

- Eles têm tamanhos parecidos com composições químicas parecidas.
- Eles são menores e mais densos do que Júpiter e Saturno.
- Cada planeta é o centro de um sistema em miniatura de luas e anéis.
- Cada planeta mostra sinais de um encontro há muito tempo com um grande corpo.

A atmosfera de Urano e Netuno, como as de Júpiter e Saturno (veja o Capítulo 8), são basicamente de hidrogênio e hélio. Mas os astrônomos chamam Urano e Netuno de *planetas de gelo* porque suas atmosferas cercam núcleos de gelo e água. A água está tão profunda dentro de Urano e Netuno e sob tanta pressão que é líquida e quente. Todavia, quando os planetas se fundiram e se aglutinaram de corpos menores bilhões de anos atrás, a água estava toda congelada.

Você pode distinguir um cientista autêntico de um leigo, porque o cientista chama a água quente dentro de Urano e Netuno de "gelo", enquanto o cidadão inocente chama a água quente de "água quente". Cientistas usam o jargão técnico da mesma maneira que animais usam seus odores naturais para demarcar território exclusivo.

Urano tem cerca de 14,5 vezes a massa da Terra e Netuno equivale a 17,2 Terras, mas eles parecem quase do mesmo tamanho. Urano é leve e um pouco maior, medindo 51,118 quilômetros pelo equador. O diâmetro do equador de Netuno tem 49.532 quilômetros.

Um dia em Urano dura cerca de 17 horas e 14 minutos. Então, como Júpiter e Saturno, esses planetas rotacionam muito mais rápido do que a Terra. Urano leva cerca de 84 anos para realizar sua jornada em torno do Sol, e Netuno, cerca de 165 anos.

Eu abordarei fatos mais interessantes sobre cada um desses planetas na seção seguinte. Confira as fotos de Urano e Netuno na seção colorida.

Na mosca! Urano inclinado e suas características

As evidências de que Urano sofreu grandes colisões ou encontros gravitacionais é que o planeta está inclinado de lado. Ao invés do equador estar levemente paralelo ao plano da órbita de Urano em torno do Sol, ele forma quase um ângulo reto com esse plano já que, em relação às direções da Terra, seu equador segue aproximadamente de norte a sul.

Às vezes, o Polo Norte de Urano aponta em direção ao Sol e a Terra, e às vezes, o Polo Sul fica voltado para a nossa direção. Por cerca de um quarto da órbita de 84 anos de Urano em torno do Sol, seu Polo Norte fica mais ou menos em direção ao Sol; e o resto do tempo, o Sol ilumina todas as latitudes de polo a polo. Na Terra, o Sol nunca fica alto no céu do Polo Norte ou Sul, mas em Urano ele, às vezes, passa por cima dos polos.

Até o início de 2010, Urano tinha 21 luas conhecidas e 6 outras relatadas, mas não confirmadas. Ele também tem um conjunto de anéis. Os anéis são de material muito escuro, provavelmente de rochas ricas em carbono, como certos meteoritos conhecidos como condritos carbonáceos. As luas e anéis de Urano orbitam no plano do equador, assim como as luas galileanas orbitam no plano de Júpiter (veja o Capítulo 8). Assim, os anéis e as órbitas das luas de Urano estão quase em ângulos retos em relação ao plano da órbita do planeta pelo Sol.

Basicamente, você pode pensar que Urano e seus satélites são como um grande alvo que, às vezes, fica voltado para a Terra, e, às vezes, não. Alguns grandes objetos provavelmente atingiram esse grande alvo há muito tempo e o inclinaram de sua posição natural.

Contra a maré: Netuno e sua lua

Netuno não foi inclinado de sua ordem natural: seu equador é paralelo ao plano de sua órbita em torno do Sol, ou quase isso. Seus anéis são muito escuros, como os de Urano e, provavelmente, consistem de rochas carbonáceas.

Netuno tem oito luas conhecidas e cinco outras esperando confirmação, até o início de 2010. Sua maior lua, Tritão (que é maior que Plutão), tem o diâmetro de 2.710 quilômetros. Visto do Norte e acima, Netuno é como todos os planetas no nosso Sistema Solar: ele orbita no sentido anti-horário em torno do Sol. A maioria das luas orbita no sentido anti-horário por seus planetas. Mas Tritão, que se parece com um melão rosado nas fotos da Voyager 2, vai contra o fluxo, viajando no sentido horário em volta de Netuno. Depois de refletir sobre isso (talvez comendo um melão), os cientistas concluíram que Netuno capturou Tritão no início da história do Sistema Solar, provavelmente depois de uma colisão nas redondezas. Tritão se tornou uma lua quando poderia simplesmente ter sido um planeta similar a Plutão.

Tritão é formada de gelo e rocha, então, ela se parece mais com Plutão (veja a próxima seção) do que com Urano ou Netuno. Sua superfície foi formada por *criovulcanismo*, o que significa erupções e fluxos de substâncias muito geladas ao invés de quentes, de rocha derretida. Gelo de água, gelo seco, metano congelado, monóxido de carbono congelado, e até nitrogênio congelado estão presentes em Tritão. A lua não tem muitas crateras de impacto, provavelmente porque elas foram preenchidas com gelo ao longo do tempo.

Grupos ambientalistas dizem que turismo excessivo prejudica os parques nacionais, então considere uma viagem a Tritão. Sua paisagem é tão bizarra, e talvez tão bonita como a de Yellowstone. Mas, se for para Tritão, espere um "País das Maravilhas no Inverno". A superfície tem explosões geladas ao invés de primaveras quentes, e gêiseres soltam grandes plumas de vapor frígido ao invés de jatos de vapor. Traga apenas seu traje espacial e algumas botas quentes.

Conhecendo Plutão, um Planeta Incomum

Plutão é o planeta mais distante do Sol no nosso Sistema Solar (veja a Figura 9-1). Ele se move por dentro da órbita de Netuno a cada 248 anos por algumas décadas por vez, mas a última vez tal movimento interno terminou no início de 1999. Isso não vai acontecer novamente durante a vida de ninguém que está vivo na Terra nesse momento, a não ser que pesquisas médicas façam incríveis avanços entre agora e o século XXIII.

FIGURA 9-1: Plutão é misterioso, rochoso e gelado.

Cortesia da NASA

Plutão está tão longe que cientistas sabem pouco sobre sua geografia. Sua órbita elíptica e elongada o traz a 29,7 V.A. ou a 4,4 bilhões de quilômetros mais próximo do Sol e o leva tão longe quanto 49,5 V.A. ou 7,4 bilhões de quilômetros.

Imagens do Telescópio Espacial Hubble mostram regiões mais claras e mais escuras em Plutão, que podem corresponder a áreas com gelo fresco e com gelo velho no planeta, respectivamente. Entretanto, isso é tudo o que os cientistas podem dizer até o momento. Veja-as em: `hubblesite.or/newcenter/newsdesk/archive/releases/image_category`, junto com uma animação da rotação do globo de Plutão. (Você também pode ver imagens de Plutão na seção colorida deste livro).

Nenhuma sonda espacial jamais visitou Plutão, porém, os astrônomos esperam ansiosamente uma viagem desse tipo. Ela deverá chegar a Plutão em 2015 e, então, seguir para o Cinturão de Kuiper, uma região além de Netuno onde corpos pequenos e gelados são abundantes (veja a seção "Apertando os Cintos em Direção ao Cinturão de Kuiper" mais adiante neste capítulo para mais informações).

A lasca da lua não flutua para longe do planeta

Plutão, como Urano, está inclinado para o lado. Seu equador está inclinado cerca de 120 graus do plano de sua órbita. Astrônomos presumem que Plutão, como Urano, sofreu uma colisão. Na verdade, alguns astrônomos acreditam que sua lua, Caronte, é uma lasca do bloco de Plutão, criado pelo impacto nele – muito como se acredita que a Lua tenha se formado de um grande impacto na Terra (veja o Capítulo 5).

Plutão leva 6 dias, 99 horas e 17 minutos para dar a volta uma vez em seu eixo, e Caronte orbita uma vez em torno do planeta na mesma exata quantidade de tempo.

Então, os mesmos hemisférios de Plutão e de Caronte sempre ficam de frente um para o outro. No sistema Terra-Lua, um hemisfério da Lua sempre fica de frente para a Terra, mas não vice-versa. Alguém que está do lado visível da Lua pode ver o planeta inteiro ao longo de um dia da Terra, mas uma pessoa que está em Caronte nunca pode ver mais do que a metade de Plutão.

Plutão e Caronte são ambos mundos gelados e rochosos, e, diferente de Urano e Netuno, o gelo é real, e não derretido. Com a temperatura na superfície de -233°C, quase tudo congela em Plutão. Gelo de água, gelo de metano, gelo de nitrogênio, gelo de amônia e até monóxido de carbono congelado estão presentes na superfície. Cansa só de pensar! Cientistas detectaram algumas, mas não todas as substâncias em Caronte.

Entretanto, Plutão não é uniformemente ártico. Astrônomos suspeitam que ele tenha alguns "oásis tropicais" onde a temperatura sobe até -213°C.

O pequeno planeta que poucos respeitam

Plutão tem 2.300 quilômetros de diâmetro, o que o torna o menor planeta. Ele não compete nem com as quatro luas galileanas de Júpiter e as luas Titã em Saturno e Tritão em Netuno. Na verdade, Plutão é menos que duas vezes o tamanho de Caronte com 1.250 quilômetros de extensão. Então, os astrônomos, muitas vezes, chamam Caronte e Plutão de planeta duplo.

Todavia, de vez em quando, um pessimista joga pedras em Plutão sugerindo que ele nem deveria ser considerado um planeta. Em 1999, alguns astrônomos fizeram uma tentativa de denominá-lo como um asteroide Nº10.000. Alguns astrônomos que acreditavam que Plutão deveria ser rebaixado da classificação de planeta o chamavam meramente de o maior objeto no cinturão de Kuiper (veja a seção seguinte). Mas outros astrônomos e pessoas comuns venceram esse plano. Eles argumentaram que Plutão é redondo como um planeta (muitos asteroides, que não os maiores, têm formas irregulares), tem uma lua grande, e tem sido considerado um planeta desde a época que o observador americano Clyde Tombaugh o descobriu, em 1930. Mesmo se os astrônomos mudarem sua definição de planeta, Plutão sobreviverá por gerações.*

Apertando os Cintos em Direção ao Cinturão de Kuiper

Cientistas estimam que cerca de 100.000 corpos gelados – chamados de Objetos do Cinturão de Kuiper (KBOs - Kuiper Belt Objects) – maiores que 100 quilômetros de diâmetro orbitam entre a órbita de Netuno e uma distância de 50 V.A. do Sol. Eles permanecem além do alcance de telescópios de jar-

* Em 2006, a União Astronômica Internacional aprovou uma resolução que define um "planeta" como um corpo planetário que orbita o Sol, possui forma esférica e seja o corpo que domina gravitacionalmente sua vizinhança. Essa definição retirou de Plutão o *status* de planeta. Atualmente, Plutão é denominado "planeta anão".

dim, a não ser que seu quintal seja em Netuno ou em uma de suas luas. Os astrônomos David Jewitt e Jane Luu descobriram o primeiro KBO em 1992. Desde então, centenas de outros foram encontrados.

Astrônomos ainda não pesquisaram inteiramente a região do Cinturão de Kuiper, e especialistas calculam que entre os milhares de KBOs que os astrônomos têm ainda para descobrir e estudar, um ou dois podem ser tão grandes quanto Plutão. Eles podem também ser mais fracos que Plutão, se tiverem superfícies mais escuras e/ou se estiverem mais afastados do Sol. Uma descoberta de tal KBO iria reacender a controvérsia se deve ou não chamar Plutão de planeta (veja a seção anterior), pois hoje em dia um KBO não é considerado um planeta.** (Entretanto, Plutão foi considerado um planeta mesmo antes de sua descoberta quando Percival Lowell achou que um planeta além de Netuno estava influenciando o movimento de Urano, como descrito no Capítulo 17). KBOs podem até ser cometas grandes. (O Cinturão de Kuiper é tido como uma grande coleção de cometas; veja o Capítulo 4).

Algumas das centenas de KBOs conhecidos dividem três propriedades com Plutão:

- Eles têm órbitas altamente elípticas.
- Seus planos orbitais são inclinados em um ângulo significativo em relação ao plano da órbita da Terra.
- Eles fazem duas órbitas completas em torno do Sol em aproximadamente o mesmo tempo em que Netuno leva para fazer três órbitas (496 anos para as duas órbitas de Plutão e 491 para as três de Netuno). Esse efeito é chamado de *ressonância*, e ela age impedindo que Plutão e Netuno jamais colidam ou até mesmo cheguem perto um do outro, embora as órbitas se cruzem.

Plutão está salvo das perturbações da poderosa gravidade muito maior em Netuno assim como os KBOs que dividem essas três propriedades – chamados de *Plutinos*, que significa pequenos Plutões.

Outros tipos de objetos orbitam além de Netuno e Plutão, mas como os KBOs, os objetos não podem ser muito massivos, pois seu efeito gravitacional em objetos conhecidos os entregaria. Um desses corpos, chamado Sedna, foi descoberto em março de 2004 em uma distância de 90 V.A. do Sol, bem além da distância de 50 V.A. onde o Cinturão de Kuiper parece acabar. O tamanho do Sedna não é conhecido com precisão, mas é provavelmente muito menos que Plutão. Alguns astrônomos acreditam que Sedna é um membro da Nuvem de Oort, que eu descrevi no Capítulo 4. O único grande planeta além de Netuno e Plutão são os planetas de outras estrelas (veja o Capítulo 14).

Você pode saber mais sobre os KBOs no *site* do Cinturão de Kuiper do professor David Jewitt em: `www.ifa.hawaii.edu/faculty/jewitt/kb.html`.

** Atualmente, conhece-se um KBO maior do que Plutão: Éris. Sua descoberta em si precipitou o debate na União Astronômica International que culminou com o rebaixamento de Plutão de seu *status* de planeta.

Observando Planetas mais Externos

Com experiência, você poderá localizar os grandes planetas mais externos como Urano e Netuno, mas o pequeno Plutão pode estar além do seu alcance visual. A primeira vez que olhar por qualquer um dos planetas distantes, você deve procurar a ajuda de um astrônomo amador mais experiente (veja o Capítulo 2).

O *Observer's Handbook* (Manual do Observador) da Sociedade Astronômica Real do Canadá (`www.rasc.ca`) traz mapas das posições dos planetas ao longo do ano. Revistas de Astronomia (veja o Capítulo2) trazem mapas parecidos.

Observando Urano

Urano foi descoberto com um telescópio, e ele, às vezes, brilha o suficiente para ser um pouco visível ao olho sob excelentes condições de visibilidade. Pelo seu telescópio, você pode distinguir Urano de uma estrela graças ao:

- seu pequeno disco, com alguns segundos de arco em diâmetro (definidos no Capítulo 6);
- seu movimento lento pelo plano de fundo de estrelas débeis.

O Disco de Urano tem uma coloração verde pálida; você pode enxergar o disco com uma ocular de alta potência quando as condições de visibilidade forem boas. (O Capítulo 3 tem mais sobre telescópios). Você pode detectar o movimento de Urano fazendo um rascunho da sua posição relativa entre as estrelas no campo de visão. Para isso, use uma ocular de baixa potência para que o campo de visão seja maior e mais estrelas fiquem visíveis. Olhe de novo em algumas horas ou na noite seguinte e faça outro desenho.

No início de 2010, Urano tinha 21 luas conhecidas e mais 6 esperando confirmação. Embora você possa dar uma olhada em algumas das maiores luas com grandes telescópios amadores, elas podem ser melhor estudadas com telescópios de observatório potentes. Os anéis escuros de Urano podem ser detectados com o Telescópio Espacial Hubble e em imagens feitas com grandes telescópios da Terra, mas você não os consegue ver com instrumentos amadores.

Você pode ver as imagens do Telescópio Espacial Hubble desses corpos em: `hubblesite.org/gallery/album/solar_system/uranus`. Você pode ver todas as imagens de Urano e suas luas da sonda espacial Voyager 2 em: `photojournal.jpl.nasa.gov`, clicando no *link* Uranus.

Distinguindo Netuno de uma estrela

Netuno aparece mais apagado no céu do que Urano, mas ele fica tão brilhante quanto a 8ª magnitude (o Capítulo 1 fala mais sobre magnitudes). Se Urano desafia suas habilidades de observação, você realmente tem que levá-las para o próximo nível para Netuno!

Netuno tem quase o mesmo tamanho real que Urano, mas sua órbita é bem mais afastada, então, por um telescópio, seu disco aparente é menor. Você pode precisar de um telescópio amador menor para diferenciá-lo de uma estrela. Se você ficar bom em detectar tons pálidos em objetos escuros vistos por um telescópio, você poderá dizer que Netuno tem coloração azul.

Pelo fato de a órbita de Netuno ser mais distante do Sol do que a de Urano, ele se move em uma velocidade menor. A velocidade menor combinada com uma distância maior da Terra significa que a taxa angular de velocidade pelo céu – em arcossegundos por dia (veja o Capítulo 6) – é *geralmente* menor para Netuno do que para Urano. Então você pode ter que esperar mais uma ou duas noites para ter certeza de que vê Netuno se movendo pelas estrelas.

Eu digo "geralmente", pois Urano e Netuno, como todos os planetas além da órbita da Terra, apresentam movimentos retrógrados às vezes (veja o Capítulo 6), assim, eles parecem desacelerar e reverter a direção de vez em quando. Se acontecer de você pegar Urano quando ele mudar de direção no céu, seu movimento aparente estará muito menor do que o normal, e por comparação, Netuno pode estar em movimento normal nessa hora.

Netuno tem oito luas conhecidas e mais cinco com confirmação pendente, até o início de 2010. A maior é Tritão (veja a seção "Contra a maré: Netuno e sua lua", anteriormente neste capitulo, para saber mais sobre Tritão). Depois de se especializar em localizar Netuno, procure por Tritão com um telescópio de 6 polegadas ou mais em diâmetro em uma noite limpa e escura. Ela tem uma grande órbita, que varia de 8 a 17 segundos de arco de Netuno (cerca de quatro a oito diâmetros de Netuno), então você pode confundir Tritão com uma estrela. Todavia, desenhando Netuno e as "estrelas" fracas ao seu redor em noites sucessivas, você poderá deduzir qual "estrela" se move com Netuno pelo fundo estrelado e que também se move em torno de Netuno. Tritão leva cerca de seis dias para completar uma órbita inteira pelo planeta.

Você pode ver as imagens de Netuno e suas luas da sonda espacial Voyager 2 em: `photojournal.jpl.nasa.gov`, clicando no *link* Netuno. Você pode ver as imagens do Telescópio Espacial Hubble em: `hubblesite.org/gallery/album/solar_system/neptune`.

Esforçando-se para ver Plutão

Plutão é bem mais difícil de se ver do que qualquer outro planeta do Sistema Solar. Sua órbita é distante e ele é pequeno. Tipicamente, Plutão é de 14ª magnitude (veja o Capítulo 1). E está atualmente se movendo para longe do Sol e da Terra e vai continuar a se afastar por muitos anos enquanto atravessa sua órbita de 248 anos.

Amadores habilidosos alegam ter visto Plutão por telescópios de 6 polegadas eu recomendo que você use pelo menos um de 8.

A lua de Plutão, Caronte, tem a órbita muito próxima de Plutão e dá a volta por ele em 6 dias, 9 horas e 17 minutos. Você pode distingui-la apenas com os telescópios de observatório mais potentes.

Parte III

Conhecendo o Velho Sol e Outras Estrelas

A 5ª Onda Por Rich Tennont

PRIMEIRAS TENTATIVAS DE SE CALCULAR A TEMPERATURA EXATA DO SOL

© RICHTENNANT

"Assim está bom? Quente o suficiente para vocês?

Nesta parte...

A parte III irá te apresentar às estrelas. Não, não as pessoas famosas de Hollywood – estou falando do Sol e das outras estrelas da Via Láctea e além. Você irá aprender sobre os tipos de estrelas e seus ciclos de vida, do nascimento até a morte. Quando Jennifer Lopez e Ben Affleck já forem esquecidos, a Alpha Centauri ainda estará brilhando. Quando você se cansar dos acontecimentos corriqueiros dos famosos, lembre-se de que as estrelas de verdade ainda estarão lá para você.

Eu também fiz um capítulo sobre buracos negros e quasares, simplificando o assunto para que você não tenha dor de cabeça tentando entender tudo. Entretanto, a informação sobre distorções de espaço e tempo pode te confundir um pouco.

Capítulo 10

O Sol: Estrela da Terra

Neste Capítulo

- Entendendo a formação e as atividades do Sol.
- Experimentando técnicas para observar o Sol com segurança.
- Observando o Sol e seus eclipses.
- Entrando na internet para ver imagens do Sol.

Embora muitas pessoas estejam ligadas à Astronomia pela beleza das luzes noturnas e do céu estrelado, você não precisa de mais do que um dia ensolarado para vivenciar o impacto de um objeto astronômico em primeira mão. O Sol é a estrela mais próxima da Terra e, de fato, proporciona a energia que faz a vida possível.

O Sol, por estar presente no dia a dia das pessoas, faz com que elas não o levem em consideração. Você até se preocupa em se queimar com os raios e os efeitos dos raios ultravioleta na sua pele, mas dificilmente você deve pensar que o Sol é a primeira fonte de informação sobre a natureza do Universo. De fato, o Sol é um dos objetos astronômicos mais interessantes e satisfatórios a ser estudado, tanto com telescópios de quintal quanto em observatórios avançados e instrumentos no espaço. O Sol muda de hora em hora e dia após dia. E você pode exibir isso para as crianças sem fazê-las ficar acordadas depois da hora de dormir!

Mas nem pense em olhar para o Sol, muito menos mostrá-lo dessa forma para uma criança ou qualquer outra pessoa sem tomar as devidas precauções que eu irei explicar neste capítulo. Você não vai querer que essa vista do Sol lhe custe sua visão. Segurança deve ser uma prioridade; depois de aprender como proteger sua visão com o equipamento próprio e os procedimentos corretos, você poderá seguir o Sol não só de dia, mas também em seu ciclo de 11 anos que descreverei mais adiante.

Este capítulo te apresenta à ciência do Sol, que afeta a Terra e a indústria, e à sua observação segura. Prepare-se para observar o Sol de uma nova maneira – com segurança e respeito.

Sondando a Paisagem Solar

O Sol é uma estrela, uma bola quente de gás brilhando com sua própria fonte de energia de *fusão nuclear*, o processo que faz o núcleo de elementos simples se combinarem em outros mais complexos. A energia produzida pela fusão dentro do Sol faz brilhar não só o Sol, mas também muito das atividades no sistema de planetas e destroços planetários que cercam o Sol – o Sistema Solar do qual a Terra faz parte (veja figura 10-1, que não está em escala).

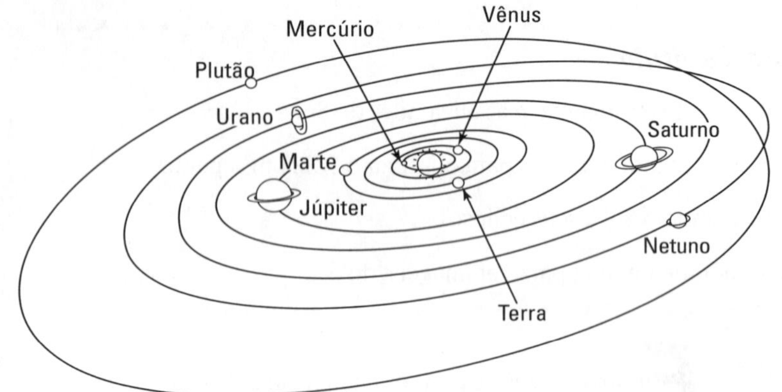

Figura 10-1: Os planetas orbitam o Sol como parte do Sistema Solar.

O Sol produz energia em grande escala, equivalente à explosão de 92 bilhões de bombas nucleares a cada segundo. A energia vem do consumo de combustível. Se o Sol fosse carvão em chamas, ele iria queimar cada pedaço de si mesmo em apenas 4.600 anos. Entretanto, evidências fósseis na Terra mostram que o Sol brilha por mais de 3 bilhões de anos, e astrônomos têm certeza de que ele deve ser mais velho do que isso. A idade estimada do Sol é de 4,6 bilhões de anos, e ele ainda brilha forte nos dias de hoje.

Apenas fusões nucleares conseguem produzir energia suficiente para fazer o Sol brilhar – sua *luminosidade* – e fazê-lo viver por bilhões de anos. Perto do centro do Sol, a enorme pressão e a temperatura de mais de 16 milhões de graus Celsius fazem os átomos de hidrogênio se fundir em hélio, um processo que libera a grande quantidade de energia que faz o Sol brilhar.

Cerca de 700 milhões de toneladas de hidrogênio se transformam em hélio a cada segundo perto do centro do Sol, e 5 milhões de toneladas desaparecem e se transformam em energia.

Se os humanos pudessem gerar energia através de fusões na Terra, todos os problemas com combustíveis fósseis, como a poluição do ar e o consumo de fontes não confiáveis, seriam resolvidos. Mas, apesar de décadas de pesquisas, os cientistas ainda não conseguem fazer o que o Sol faz naturalmente. Certamente, o Sol merece estudos mais aprofundados.

O tamanho e o formato do Sol: Um grande bolo de gás

Quando eu ensinava Astronomia básica, eu sempre fazia a pergunta: "Por que o Sol é tão grande?". Muitas bocas se abriam, dúzias de pares de olhos vagavam pela sala, porém, dificilmente alguém tinha alguma ideia. E essa nem parece uma pergunta lógica. Tudo tem um tamanho, certo? Então, e daí?

Mas o Sol é feito de nada mais do que gases quentes, então, o que o mantém junto? Por que ele não explode, como uma bola de fumaça? A resposta, meu amigo, é que a gravidade faz com que ele não exploda. A gravidade é a força, e eu a descrevo no Capítulo 1, que afeta tudo no Universo. O Sol é tão massivo – 330.000 vezes a massa do planeta Terra – que sua poderosa gravidade pode fazer todo aquele gás ficar junto.

Bom, você pode estar imaginando, se a gravidade do Sol faz com que todo aquele gás fique junto, por que ele não se espreme e fica menor? A resposta é a mesma coisa que faz vender muitos carros usados: pressão alta. Quanto mais quente o gás, e maior a gravidade (ou qualquer outra força) que o faz ficar espremido, maior a pressão. E a pressão do gás faz o Sol inflar, como a pressão do ar infla o pneu.

A gravidade espreme, a pressão expande. Em um determinado diâmetro, os dois efeitos opostos se igualam e se equilibram, mantendo um tamanho uniforme. O diâmetro correto do Sol é de 1.391.000 km, ou cerca de 109 vezes o diâmetro da Terra. Você poderia colocar 1.300 Terras dentro do Sol, mas eu não sei onde você iria encontrar tantas.

O Sol é redondo por praticamente as mesmas razões. A gravidade exerce sua função em todas as direções rumo ao centro, e a pressão faz o contrário. Se o Sol rodasse rapidamente, ele seria bojudo no equador e mais achatado nos polos por causa do efeito que as pessoas geralmente chamam de *força centrífuga*. Entretanto, o Sol roda muito devagar – apenas uma vez a cada 25 dias no equador (e mais devagar perto dos polos) – assim, qualquer diferença no formato não dá para ser notada.

As regiões do Sol: Preso entre o núcleo e a coroa

O Sol tem duas regiões principais na parte de dentro e três na parte de fora (veja a Figura 10-2). A superfície visível do Sol é chamada de *fotosfera* (que significa "esfera de luz"). A parte de dentro do Sol – em outras palavras, a região abaixo da fotosfera – é chamada de *interior estelar*. No centro está o *caroço*. No centro do caroço, fusões nucleares geram toda a energia do Sol, e se soltam em forma de raios gama, um tipo de luz muito energético, e neutrinos, partículas subatômicas estranhas que eu descreverei mais a frente neste capítulo na seção "CSI: O Mistério dos Neutrinos Solares Desaparecidos". Os raios gama pulam de um átomo a outro, indo e vindo, mas geralmente andam para frente e para fora. Os neutrinos se espalham por todo o Sol e voam para o espaço. Quanto mais longe do interior do Sol for, mais fria a temperatura será.

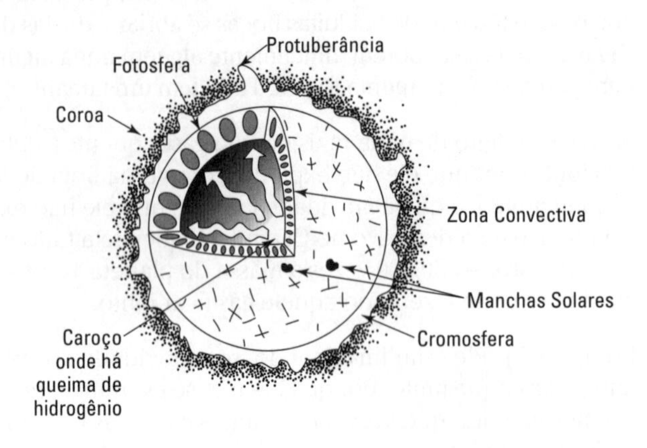

Figura 10-2: O sol é palco de intensa atividade enquanto exerce seu poder neste canto do Universo

O principal problema é que o caroço solar é dividido. *O caroço interior ou gerador de energia* fica a 174.000 km do centro. Depois disso, o resto do caroço é chamado *zona radiativa*.

Em uma distância de cerca de 494.000 km (cerca de 71% do caminho para o centro até a superfície visível, ou fotosfera), o caroço abre espaço para a próxima região importante, a *zona convectiva*. Nessa região, grandes correntes de gás carregam a maior parte da energia. As correntes de gás quente erguem-se à superfície, trazendo junto o calor: eles esfriam com a altitude e então caem novamente. O mesmo tipo de processo traz calor do fundo de um caldeirão de água fervente até a superfície. Físicos solares acreditam que os campos magnéticos do Sol, que causam raios solares e explosões de vários tipos na região da atmosfera superior, são gerados geralmente perto do fundo da zona convectiva.

A temperatura da zona convectiva cai de cerca de 2,2 milhões °C no seu centro até 5.500 °C quando alcança a próxima região, a fotosfera. A fotosfera é a camada de gás que produz toda a luz visível do Sol, menos aquela que você vê quando acontece um eclipse total (ou com instrumentos especiais). Os pontos escuros na fotosfera, ou *manchas solares*, são as características mais facilmente observáveis do Sol.

Se você olhar para o disco brilhante do Sol – faça isso apenas com instruções de segurança da seção "Não Cometa um Erro: Técnicas de Segurança para a Observação Solar" – você vê uma porção da fotosfera.

Acima da fotosfera, as regiões sucessivas do Sol ficam mais quentes, não mais frias. Esse fato é um dos grandes mistérios do Sol, e tem confundido os astrônomos por décadas. A *cromosfera* fica acima da fotosfera. Ela tem apenas 1.600 km de espessura, mas a temperatura da cromosfera chega a 10.000 °C.

Você pode ver a cromosfera na borda do Sol se você usar um filtro caro chamado H-alpha, mencionado na caixa "Estilos de observação solar dos grandes esbanjadores" a seguir neste capítulo, ou você pode vê-lo em imagens retratadas com telescópios profissionais e mostradas nos sites da NASA e da NOAA (veja na seção "Procurando por imagens solares na internet") e em vários sites de observatórios profissionais. E você pode ver a cromosfera durante um eclipse total do Sol, explicado mais adiante neste capítulo. Durante um eclipse, a cromosfera pode parecer uma faixa fina e vermelha ao redor da borda da Lua, que bloqueia a luz da fotosfera.

Acima da cromosfera está a coroa, uma região tão rarefeita e eletrificada que o campo magnético do Sol determina seu formato. Onde linhas de força magnética se esticam e se abrem no espaço, o gás da coroa é fino e quase invisível. Ele pode escapar na forma de vento solar (veja a seção "Vento solar: Brincando com magnetos). Onde linhas de força magnética atingem a coroa e voltam para a superfície, eles confinam o gás da coroa. A região da coroa é mais grossa e iluminada. A coroa chega a 1 milhão °C e, em alguns lugares, fica até mais quente. Algumas curvas vão da fotosfera até a coroa e contêm gases muito mais frescos do que nas redondezas. Essas curvas são chamadas de *protuberâncias*, e você pode vê-las em um pedaço do Sol durante um eclipse total ou em outros momentos com um filtro H-alpha.

A transição da cromosfera até a coroa centena de vezes mais quente ocorre em uma camada bem fina que faz fronteira chamada de *região de transição*. Ela não aparece ao ver o Sol.

Atividade solar: O que acontece por lá?

O termo *atividade solar* se refere a todo tipo de perturbações que acontecem no Sol, a todo o momento, e de um dia para o outro. Todas as formas de atividade solar, como o ciclo solar de 11 anos e alguns ciclos mais longos, parecem envolver magnetismo. Bem dentro do Sol, um dínamo natural gera novos campos magnéticos a toda hora. Os campos magnéticos nascem na superfície e sobem para camadas mais altas da atmosfera solar enquanto eles giram e causam todo tipo de problema. Observações recentes mostram que campos magnéticos adicionais são também gerados nas camadas mais altas da atmosfera.

Os astrônomos medem os campos magnéticos do Sol por seus efeitos na radiação solar, usando instrumentos chamados *magnetógrafos*. Você pode ver imagens capturadas com esses instrumentos em muitos sites de observatórios profissionais (veja a seção "Procurando por imagens solares na internet). Essas observações de campos magnéticos mostram que manchas solares são áreas de campos magnéticos concentrados, e que esse grupo tem polos sul e norte. Fora das manchas solares, o campo magnético do Sol é bem fraco.

Muitas das características do Sol que mudam rapidamente e, provavelmente, todas as explosões e erupções, parecem ter relação com magnetismo solar. Onde há campos magnéticos mudando, há correntes elétricas (como em um gerador), e quando dois campos magnéticos colidem, um pequeno circuito – chamado de *reconexão magnética* – pode liberar repentinamente grandes quantidades de energia.

Eu explicarei alguns tipos de atividade solar nas próximas seções.

Ejeções de massa coronais: A mãe das erupções solares

Por décadas, os astrônomos acreditavam que as principais explosões do Sol eram as erupções *solares*. Eles achavam que essas erupções ocorriam na cromosfera (já explicada neste capítulo) e pronto.

Agora, os astrônomos sabem que eles estavam como o homem cego que toca num rabo de elefante e acha que sabe tudo sobre este animal, sendo que, todavia, ele estava tocando em uma das partes menos significantes. Observações do espaço revelaram que motores primários das explosões do Sol não são as erupções solares, mas as ejeções de massa coronais – enormes erupções que ocorrem na parte alta da coroa. Geralmente, uma *ejeção de massa coronal* dispara uma erupção solar na parte de baixo da coroa e na cromosfera. Você pode ver erupções solares em muitas das imagens dos sites profissionais de Astronomia. Como o número de manchas solares cresce em um ciclo de 11 anos (veja a próxima seção), as erupções solares também.

Os cientistas, por muitos anos, não conheciam as ejeções de massa coronais porque não as podiam ver. Os astrônomos só enxergavam bem a coroa em raros intervalos de breve duração de um eclipse total do Sol (veja a seção "Assistindo a eclipses solares" a seguir). Mas, as erupções solares podem ser vistos a qualquer momento, assim, os cientistas os estudaram mais intensamente e deram muito valor a sua importância.

Algumas das protuberâncias (veja a seção anterior) que você pode ver na ponta do Sol com um filtro H-alpha, entram em erupção ocasionalmente. Essas protuberâncias eruptivas podem também ser fases de ejeções de massa coronais.

Quando imagens de satélite mostram uma ejeção de massa coronal que não está saindo, digamos, para o leste ou oeste, mas que forma um anel enorme ou um *evento de halo* ao redor do Sol, isso não é bom. O evento de halo significa que a ejeção de massa coronal – cerca de um bilhão de toneladas de gás quente, eletrificado e magnetizado – está indo direto para a Terra em cerca de 2 milhões de quilômetros por hora. Quando chega à magnetosfera da Terra (que eu descrevo no Capítulo 5), muitas vezes, acontecem efeitos dramáticos, como eu descreverei posteriormente na seção "Vento solar: brincando com magnetos".

Se você vir um evento de halo nas imagens de satélite, verifique no site do Centro de Ambiente Espacial da Administração Oceanogrática e Atmosférica Nacional (NOAA) (`www.sec.noaa.gov/today.htm`), porque o NOAA pode ter previsto condições climáticas severas no espaço.

Ciclos dentro de ciclos: O Sol e suas manchas

Manchas solares são regiões na fotosfera onde o campo magnético é forte e aparece como pontos escuros no disco solar (veja a Figura 10-3). As manchas são mais frias do que a atmosfera ao redor e geralmente aparecem em grupos.

O número de manchas no Sol varia dramaticamente de acordo com o ciclo que dura 11 anos – o famoso *ciclo das manchas solares*. No passado, as pessoas culpavam as manchas por tudo, desde o mau tempo até uma queda da bolsa de valores. Geralmente, 11 anos passam entre picos sucessivos (quando a maioria das manchas ocorre) do ciclo das manchas, mas esse período pode variar. Mais além, o número de manchas no pico pode variar drasticamente de um ciclo a outro. Ninguém sabe o porquê.

À medida que um grupo de manchas solares se move ao redor do disco solar por causa da rotação do Sol, a maior mancha do grupo dianteiro (a parte do grupo que lidera o caminho ao redor do disco) é chamada de *mancha condutora*. A maior mancha do outro lado do grupo é a *mancha seguidora*.

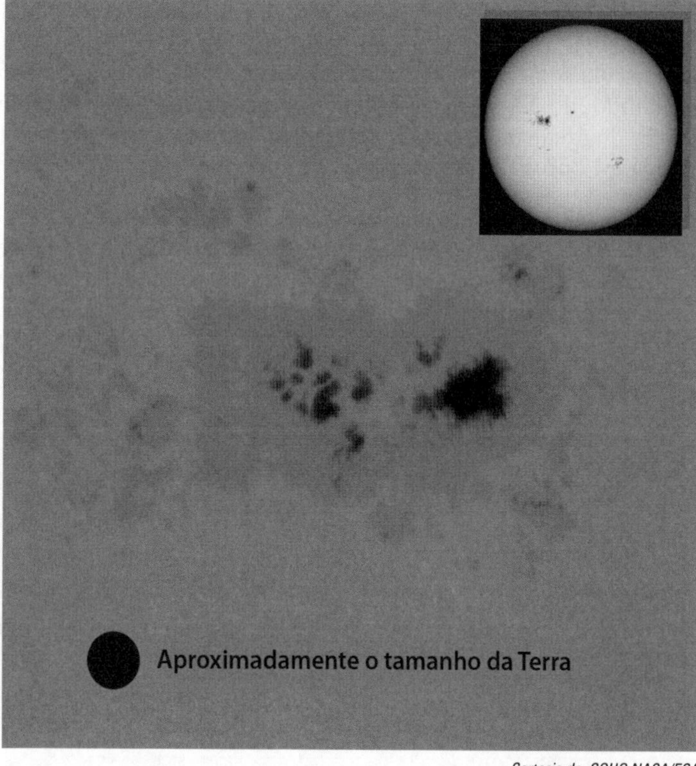

Figura 10-3: Um grupo de manchas solares 12 vezes maior do que a Terra foi fotografado em 23 de setembro de 2000.

Cortesia da SOHO NASA/ESA

Observações feitas em magnetógrafos mostram padrões definidos na maioria dos grupos de manchas. Durante o ciclo de 11 anos, todas as manchas condutoras do Hemisfério Norte do Sol têm polaridade magnética norte, e as manchas seguidoras têm polaridade magnética sul. Ao mesmo tempo no Hemisfério Sul, as manchas condutoras têm polaridade sul, e as seguidoras têm a norte.

As polaridades são definidas assim: a agulha da bússola que aponta para o norte da Terra é chamada de *bússola norteadora*. Uma polaridade magnética norte no Sol é a que essa bússola apontaria. Uma polaridade magnética sul no Sol é a que a bússola repeliria.

Quando você pensa que entendeu, adivinhe! Outro ciclo de 11 anos começa, e as polaridades se revertem. No Hemisfério Norte, as manchas condutoras têm polaridade sul, e as manchas seguidoras têm polaridade norte. No Hemisfério Sul, as polaridades magnéticas revertem também. Se você fosse uma bússola, você não saberia qual está indo ou vindo.

Para entender toda essa informação, os astrônomos definiram o *ciclo magnético* do Sol. O ciclo dura cerca de 22 anos e contém dois ciclos de manchas solares. A cada 22 anos, todo o padrão de mudança de campos magnéticos no Sol se repete.

A "constante" solar: Hora de encarar as mudanças

A quantidade total de energia produzida pelo Sol é chamada de *luminosidade solar*. O que é de grande interesse dos astrônomos é a quantidade de energia solar que a Terra recebe, ou a *constante solar*. Definida como a quantidade de energia incidente por segundo em um centímetro quadrado de área virada para o Sol na distância da Terra, a constante solar chega a 1.368 watts por metro quadrado.

Medidas feitas por satélites solares e climáticos enviados pela NASA nos anos 1980 revelaram pequenas mudanças na constante solar enquanto o Sol gira. Você pode achar que a Terra recebe menos energia quando manchas solares estão presentes no disco solar, mas não é o caso; na verdade, acontece o oposto: quanto mais manchas, mais energia a Terra recebe do Sol. Aí está mais um mistério para os astrônomos resolverem.

De acordo com teoria astrofísica, o Sol era mais brilhante quando era mais novo do que tem sido pelos últimos bilhões de anos, e irá jogar mais energia na Terra depois de muito tempo, quando ele se tornar uma estrela gigante vermelha (veja Capítulo 11).

Então, a "constante solar" parece um pensamento desejoso, embora dia a dia e com equipamento amador, a constante pareça bem precisa.

Vento solar: Brincando com magnetos

As ejeções de massa coronais (explicadas anteriormente) são geralmente invisíveis com equipamento amador, mas reveladas maravilhosamente por telescópios satélites. Elas espirram jatos de bilhões de toneladas de gás eletrificado, chamado *plasma solar*, permeadas com campos magnéticos, para o Sistema Solar, onde eles, às vezes, colidem com a magnetosfera da Terra. (A *magnetosfera* é uma grande região ao redor da Terra onde elétrons, prótons e outras partículas elétricas ricocheteiam para lá e para cá entre altas latitudes ao norte até as altas latitudes do sul, presas no campo magnético da Terra. Ela age como um guarda-chuva protetor contra as ejeções de massa coronais o vento solar).

Um tipo de plasma solar chamado *vento solar* é jogado constantemente para fora da coroa solar. Ele se move pelo Sistema Solar a cerca de 470 km por segundo enquanto passa pela órbita da Terra.

O vento solar vem em correntes, lufadas e sopros e constantemente atrapalha a magnetosfera da Terra, que fica comprimida no tamanho e volta ao normal novamente. Os distúrbios à magnetosfera, especialmente aqueles que vêm de tempestades solares como as ejeções de massa coronais, pode causar exibições das luzes do norte (aurora boreal) e luzes do sul (aurora austral), assim como tempestades geomagnéticas (veja o Capítulo 5 para mais sobre auroras). As tempestades geomagnéticas podem desligar a rede de empresas de energia (causando apagões), explodir circuitos eletrônicos de tubulações de óleo e gás, interferir com comunicações de rádio e danificar satélites. Algumas pessoas ainda dizem que podem *ouvir* as auroras.

Distúrbios solares e seus efeitos na magnetosfera são chamados de *clima espacial*. Você pode ver o último relatório do clima espacial do governo norte-americano no *site* da NOAA (`www.sec.noaa.gov/today.html`).

CSI solar: O mistério dos neutrinos solares desaparecidos

A fusão nuclear no coração do Sol faz mais do que transformar hidrogênio em hélio e liberar energia em rádios gama para esquentar a estrela toda. Também são liberadas enormes quantidades de *neutrinos*, ou partículas subatômicas eletricamente neutras que quase não têm massa, viajam à velocidade da luz, e podem atravessar quase tudo.

Um neutrino é como uma faca quente cortando manteiga. Passa pelo material facilmente. De fato, os neutrinos podem voar para fora do centro do Sol até o espaço. Aqueles que vão em direção à Terra atravessariam-na e sairiam do outro lado. Todavia, o neutrino é diferente da faca quente, pois a faca também derrete a manteiga quando entra em contato com ela. O neutrino apenas passa sem afetar a matéria em quase todos (mas não todos) os casos.

As raras exceções nas quais o neutrino interage com a matéria podem ser detectadas com experimentos físicos, e, assim, uma pequena fração dos neutrinos solares que passa por grandes laboratórios subterrâneos conhecidos como observatórios de neutrino podem ser contados. Esses observatórios geralmente ficam em minas profundas e túneis debaixo de montanhas. Nessas profundezas, muito poucos tipos de partículas chegam. Assim, os cientistas têm mais facilidade em diferenciar um neutrino solar de outra partícula. Um grande observatório desses, o Observatório Sudbury de neutrinos no Canadá, fica a 2.000 metros abaixo da superfície da terra. É um bom lugar para se "mergulhar fundo" na Astronomia.

Contar neutrinos não é fácil, mas, antigamente, relatórios de observatórios indicavam uma deficiência em neutrinos solares: o número de neutrinos vindo para a Terra era significantemente menor do que o número que os cientistas esperavam baseado no nível de energia que o Sol gera.

A deficiência de neutrino solar era o menor dos problemas na Terra. Ele perdia em importância ao ser comparado à Aids, à guerra, à fome, à depredação das florestas, à extinção de espécies valiosas e ao consumo de combustíveis fósseis. No entanto, a deficiência atrapalhava os cientistas, fazendo-os criar novas teorias sobre partículas físicas e checar modelos teóricos do interior solar.

Felizmente, os cientistas do Observatório Sudbury e de outros lugares recentemente resolveram o problema da falta de neutrinos. Acontece que alguns dos neutrinos produzidos na coroa solar mudam para outro tipo de neutrino a caminho da Terra, e observatórios antigos, que reportaram a deficiência de neutrinos, não conseguiam detectar o segundo tipo. O problema era a deficiência em equipamentos nos laboratórios, não uma deficiência em entender como o Sol gera energia ou quantos neutrinos ele emite. Aqui está uma boa analogia: suponha que tenha que contar os pássaros como parte de um relatório de vida selvagem, mas você vê pássaros de certos tipos de cores, então, você pode pensar que pássaros azuis não são pássaros quando você só conhece os cardinais.

Quatro bilhões e contando: A expectativa de vida do Sol

Um dia, o Sol deve ficar sem combustível, então morrerá. Todas as boas estrelas morrem. E sem a energia que mantém o Sol quente, a vida na Terra não irá mais existir. Os oceanos congelariam, e o ar também. Mas o que realmente irá acontecer é que o Sol irá se transformar em uma estrela gigante vermelha (veja Capítulo 11 para mais informações sobre gigantes vermelhas). Irá se tornar enorme, e irá fritar os oceanos. Assim, os oceanos, na verdade, evaporarão antes de ter a chance de congelar.

Leia o parágrafo anterior cuidadosamente: eu não disse que os oceanos *irão* congelar, eu disse que eles poderiam congelar sem a energia do Sol. De fato, a energia que a Terra recebe irá aumentar tanto antes de o Sol morrer que os humanos irão morrer de calor (se pessoas ainda existirem), não de frio. E quanto aos oceanos, atum cozido será servido, não bacalhau congelado. E ainda falam sobre o aquecimento global!

O Sol gigante vermelho irá perder suas camadas externas, formando uma linda nebulosa em expansão, o tipo de nuvem de gás brilhante que os astrônomos chamam de nebulosa planetária. Mas nenhum humano estará lá para admirar isso. Portanto, aprecie o que nós certamente perderemos, observe algumas nebulosas planetárias criadas por outras estrelas (veja o capítulo 12).

A nebulosa irá gradativamente se dissipar e o que sobrará no centro será uma pequena porção do Sol, um pequeno objeto quente chamado de *estrela anã branca*. Não será tão maior do que a Terra, e ainda que seja muito quente no começo, será muito pequena para lançar significativa energia para a Terra. O que quer que esteja na superfície da Terra irá congelar. E a anã branca irá brilhar como uma brasa no final de uma fogueira, sumindo gradativamente.

Felizmente, nós teremos cerca de 5 bilhões de anos antes de isso começar a acontecer. As gerações futuras podem se preocupar com isso, junto com a dívida do país e como adquirir as raras primeiras edições de *Astronomia Para Leigos*.

Não Cometa um Erro: Técnicas de Segurança para a Observação Solar

O astrônomo do século XVII Galileu Galilei fez a primeira descoberta telescópica sobre o Sol. Olhando os movimentos diários de manchas solares através da superfície solar, ele deduziu que o Sol gira. Depois de um tempo, ele prejudicou sua visão enquanto observava o Sol. Essas histórias podem estar erradas, mas meu aviso não está: olhar o Sol pelo telescópio ou qualquer outro equipamento óptico como o binóculo é perigoso. Um telescópio ou um par de lentes coleta mais luz do que o olho nu e também a focaliza num pequeno ponto da nossa retina, onde danos imediatos e severos podem ser causados. Já viu a experiência do vidro que queima, quando você coloca uma lente de aumento virada para o papel para fazê-lo queimar? Agora você entende.

Olhar o Sol a olho nu não é uma boa ideia, e em alguns casos, pode ser prejudicial. Até mesmo olhar rapidamente o Sol pelo telescópio, binóculo ou qualquer instrumento óptico (tanto o seu próprio ou o de outra pessoa) é muito perigoso, a não ser que seu instrumento seja equipado com um filtro solar feito de um material próprio para observação do Sol. Entretanto, você pode observar o Sol com uma técnica chamada *projeção* (veja a próxima seção). Se você seguir as instruções cuidadosamente nas duas próximas seções, você não terá uma experiência ruim. Mas, melhor ainda, comece a observar o Sol com a ajuda de um astrônomo amador ou profissional que já tenha experiência. (Vá ao Capítulo 2 para descobrir sobre clubes e outras maneiras que podem te ajudar a começar).

Observando o Sol por projeção

Galileu inventou a *técnica de projeção* usando um telescópio simples para lançar uma imagem do Sol em uma tela como um projetor de *slides*. Essa técnica apenas é segura quando usada apropriadamente com telescópios simples, como aqueles que são vendidos com a descrição *refrator ou refletor newtoniano*.

Como eu explico no Capítulo 3, um refletor newtoniano usa apenas espelhos, além de ocular, e a ocular fica perto da ponta do tubo do telescópio, fazendo com este um ângulo reto. Um refrator funciona com lentes e não contém espelho.

Não use a técnica de projeção com telescópios que incorporam lentes e espelhos junto com os outros tipos de oculares. Em outras palavras, não use a técnica de projeção com os telescópios Schmidt-Cassegrain ou Maksutov-Cassegrain – assim como o altamente respeitado Meade ETX-90/PE – que usa tanto espelhos quanto lentes (eu descrevo esses telescópios no Capítulo 3). A imagem quente e focada do Sol pode estragar o aparato interno do tubo hermeticamente fechado do telescópio e pode ser perigoso.

Aqui está como se observar seguramente o Sol com a técnica de projeção:

1. **Monte um telescópio refrator ou refletor newtoniano em um tripé.**
2. **Instale a ocular menos potente no telescópio.**
3. **Aponte o telescópio na direção do Sol sem olhar por ele, mantenha-se (e as outras pessoas) longe da ocular e não atrás dela, onde os raios solares emergem.**
4. **Encontre a sombra do tubo do telescópio no chão.**
5. **Mova o telescópio para cima e para baixo, para frente e para trás enquanto observa a sombra para fazê-la o menor possível.**

   A melhor maneira é que você ou seu assistente segure um pedaço de cartolina atrás do telescópio, perpendicular à dimensão maior do tubo, tal que a sombra do tubo atinja a cartolina. Mova o telescópio para que a sombra do tubo fique parecendo o mais possível com uma forma circular sólida e escura.

6. **Mantenha a cartolina junto à ocular; o Sol estará no campo de visão e sua imagem irá se projetar na cartolina.**

   Se a imagem do Sol não está em evidência, o clarão brilhante do Sol deve estar visível em um dos lados da cartolina; nesse caso, mova o telescópio para mover o clarão para o centro da cartolina, e, assim, o Sol ficará em evidência.

A figura 10-4 apresenta um diagrama da técnica de projeção. A maneira mais fácil e segura de se praticar a técnica é consultar um observador experiente do seu clube local de Astronomia; vá ao Capítulo 2 para descobrir como encontrar os clubes na sua área.

Mesmo que você evite olhar pelo telescópio, você tem que ficar ciente de outros perigos que o método de projeção apresenta. Uma vez eu vi um cara forte de uma escola no Brooklyn projetar uma imagem solar com um telescópio de 7 polegadas. Ele não colocou seu rosto perto da ocular, mas em certo momento, ele moveu o braço ao feixe projetado perto da lente, onde a imagem solar é muito pequena. A imagem quente e concentrada fez um enorme buraco na sua jaqueta preta de couro.

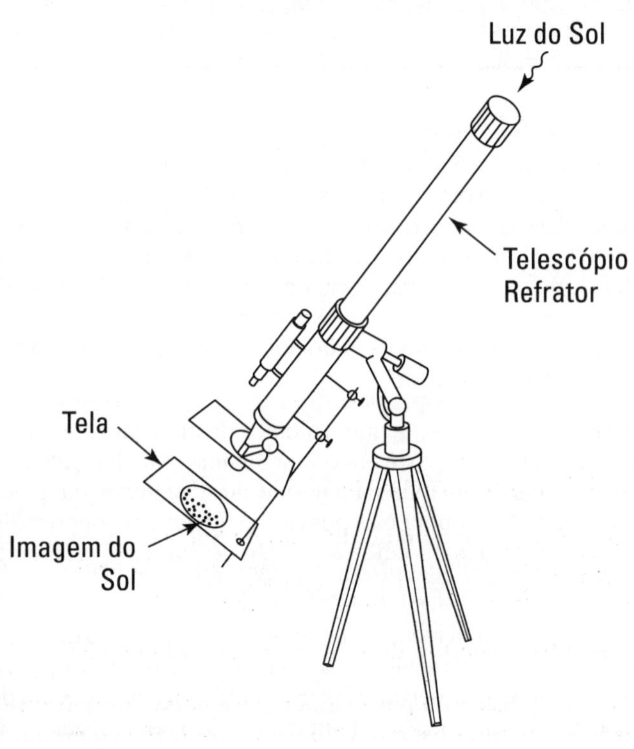

Figura 10-4: Projete o Sol em uma superfície branca para proteger seus olhos.

Estilos de observação solar dos grandes esbanjadores

Filtros solares especiais, chamados de *filtros H-alpha*, te fazem ser capaz de ver muito mais das características do Sol do que dá para se ver na luz branca. Em particular, os filtros são tão necessários quanto maravilhosos para se observar as protuberâncias solares, que se parecem com arcos no limbo do disco solar. Entretanto, esses filtros são muito caros (geralmente mais de U$1.000).

Se o preço não te detém, e você tem alguma experiência em observação solar como eu descrevo neste capítulo, você deve experimentar os filtros H-alpha. Duas fábricas que vendem filtros são a Thousand Oaks Optical (www.thousandoaksoptical.com) e a Coronado Technology Group em Tucson, Arizona (www.coronadofilters.com). Você pode precisar de um adaptador para telescópio para segurar seu filtro H-alpha, porque as fábricas não necessariamente fazem os filtros para modelos específicos de telescópios.

Talvez a maneira mais barata e segura para ter sua visão solar com filtros H-alpha é usar um pequeno telescópio construído para esse propósito. Especificamente, o famoso Personal Solar Telescole da Coronado te dá ótimas vistas e custa apenas cerca de $500. E a companhia agora oferece binóculos H-alpha que também funcionam. Mas você não pode usar o Personal Solar Telescope ou os binóculos H-alpha para olhar qualquer outra coisa que não seja o Sol.

Você tem que tomar muito cuidado ao usar o telescópio como projetor de imagens do Sol, e você nunca deverá permitir que crianças sem supervisão ou qualquer pessoa que não esteja treinada para esse método opere o telescópio. Não olhe para o Sol pelo telescópio, e não olhe para o Sol pelo pequeno telescópio ou pelo descobridor de imagens que seu telescópio possa ter vindo equipado. Para evitar machucados, certifique-se de que nenhuma parte do corpo de ninguém, ou roupas, ou qualquer outra propriedade, entre na área projetada do Sol, apenas sua tela de cartolina deve estar diante do feixe de luz.

Quando você conseguir executar a técnica de projeção, poderá procurar por manchas solares. Se você encontrar alguma mancha, olhe novamente amanhã e depois de amanhã para monitorar seu movimento pelo disco solar. Na realidade, embora elas possam se mover um pouco sozinhas, muitos desses movimentos devem-se à rotação do Sol. Você estará repetindo a descoberta de Galileu de uma maneira segura.

Se você não quer usar a técnica de projeção, ou tem o tipo de telescópio que usa tanto lentes quanto espelhos – o qual você não deve usar para essa técnica – você ainda pode observar o Sol com cuidado, mas precisará de um filtro solar especial. Observar o Sol por um filtro (veja a seção seguinte) requer um investimento significativo, mas o preço que você paga vale a pena pela vista e a segurança que ele proporciona. Prepare-se, Galileu!

Usando um diafragma em seu telescópio

Quando você bloqueia a maioria da entrada de luz de um telescópio (por exemplo, usando um filtro que permite a luz apenas ao redor de parte da abertura), você diafragmou seu telescópio. Conte aos seus amigos do clube de Astronomia que você observa o Sol com seu telescópio diafragmado para ver se eles perguntam do que você está falando.

Adivinhe quem inventou a "diafragmação" dos telescópios? Galileu! Que cara incrível! Você pode repetir seu trabalho para observar manchas solares com um telescópio diafragmado. Mas ele também conduziu experimentos físicos, assim como arremesso de pesos da torre de Pisa. Nem pense em repetir esse feito. Pare antes que você caia.

Observando o Sol através de filtros frontais

Os únicos filtros solares que eu recomendo vão na frente do seu telescópio, para que nenhuma luz entre nele sem ser filtrada.

Filtros que ficam perto ou no lugar de uma lente podem quebrar como resultado de grande concentração de calor solar, causando grande estrago também na sua vista. Use apenas filtros que vão à frente do seu telescópio.

Eu dou dicas de vários tipos de telescópios no Capítulo 3, e recomendo os seguintes filtros frontais para observação solar:

- **Filtros de abertura total** : Apropriados para telescópios de abertura de 4 polegadas ou menos (a *abertura* é o diâmetro do espelho coletor de luz ou lentes de seu telescópio), tais como o Meade ETX-90/PE (veja Capítulo 3). O filtro se estende por todo o diâmetro do telescópio para que toda luz que chega ao espelho ou à lente esteja filtrada.

- **Filtros off-axis**: Melhores para telescópios de aberturas de 4 polegadas ou mais – porém, não para refratores. Esse filtro é menor do que a abertura do telescópio, mas é montado numa placa que cobre a abertura por completo. O Sol é tão brilhante que você não precisa de toda a abertura do telescópio para coletar luz suficiente para uma boa observação. Uma abertura maior pode dar uma visão melhor, mas na maioria das locações, o embaçamento causado pela atmosfera terrestre anula-se essa vantagem. Quanto menor a quantidade de luz indesejada entrar no telescópio, mais seguro você e seu telescópio estarão.

Você quer um filtro *off-axis* com a maioria dos telescópios ao invés dos refratores, porque os não refratores, geralmente, têm pequenos espelhos ou dispositivos mecânicos dentro do tubo, bloqueando a parte da luz que vem do centro.

No caso especial de um refrator de abertura de 4 polegadas ou maior, seu filtro deve ir sobre o topo do telescópio e ser menor do que sua abertura, mas deve ficar no centro da placa que cobre o telescópio. O filtro deve ficar no centro porque, falando de modo geral, a parte central das lentes primárias ou objetivas do refrator (a lente grande) pode ter qualidade óptica melhor do que a parte periférica da lente.

Você pode obter filtros solares de uma variedade de fontes. Aqui estão duas distribuidoras com uma reputação de boa qualidade:

- **Rainbow Simphony**, em Reseda, Califórnia, vende "Filmes de observação solar" feitos com grades ópticas, poliéster de alumínio em folhas de 11X12 custando cerca de U$35 cada. Você pode embrulhar uma folha no topo (frente) do seu telescópio ou binóculo e fixá-lo com uma fita forte. Veja o *site* da distribuidora, `www.rainbowsymphony.com`.
- **Thousand Oaks Optical**, em Thousand Oaks, Califórnia, fabrica filtros de vidro de total abertura ou *off-axis* chamados de Tipo 2 Plus. Os filtros são bons para observar através do seu telescópio.

  Os astrônomos usam o Thousand Oaks Tipo 3 Plus para fotografar o Sol através de telescópios, mas os filtros não são escuros o suficiente para usar em observação visual.

  A Thousand Oaks também vende filtros do tipo filme, como a Rainbow Symphony, mas esses filtros são baseados em um filme de polímero plástico preto. A companhia chama o produto de Black Polymer (vai entender). Veja o *site* da empresa, `www.thousandoaks.com`.

Apenas use filtros solares de acordo com as instruções do fabricante.

Diversão com o Sol: Observação Solar

O Sol é fascinante, uma bola de gases quentes em constante mudança que oferece muitas oportunidades de observação. Com as devidas precauções (veja as seções anteriores), você pode ver tudo isso por si mesmo. Além de observar o Sol, você pode visitar os sites que oferecem fotos produzidas profissionalmente. Fazendo essas duas coisas, você pode ter uma experiência completa de observação solar. Essa seção sugere algumas maneiras para apreciar o bom e velho Sol.

Procurando manchas solares

Depois de se tornar confiante na sua habilidade de observar o Sol com segurança com o método de projeção ou equipando seu telescópio com um filtro solar seguro, você poderá começar sua observação procurando manchas solares, usando o seguinte plano:

- Observe o Sol tão frequentemente quanto possível. (Fale para seu chefe que você não dormiu demais, você estava contando manchas solares, não ovelhinhas).
- Note os tamanhos e posições das manchas e grupos de manchas do disco solar.

  Algumas manchas se parecem com pequenos pontos. Se a mancha é de fato um pequeno ponto, mesmo através de um telescópio potente de observatório, é um poro. Mas se uma mancha solar é grande o suficiente, você pode distingui-la em regiões diferentes. A porção escura central é chamada de *umbra*, e a área que cerca e parece mais escura do que o disco solar, porém, mais clara do que a umbra é a *penumbra*.
- Anote o movimento das manchas solares enquanto o Sol faz a volta inteira – que leva de 25 dias (no equador) a 35 (perto dos polos; sim, o Sol gira diferente em latitudes diferentes, outro de seus muitos mistérios e propriedades inesperadas.

  A Seção Solar da Associação de Observadores Lunares e Planetários oferece formas de gravar e reportar observações solares em seu *site*, `www.lpl.arizona.edu/~rhill/alpo/solar/html`. (Clique no link ALPOSS).

Enquanto você localiza manchas solares, você deve querer anotar quantas você vê por dia; esse número é chamado de (adivinhe!) *número de manchas*. Você ainda pode querer manter a conta dos números de manchas a cada ano para ver como você mesmo pode medir o ciclo das manchas. Nas próximas seções, darei informações sobre como computar o número de manchas e onde encontrar os números oficiais.

Descobrindo seu próprio número de manchas

Conte seu próprio número de manchas solares a cada dia de observação, usando a fórmula:

$$R = 10g + s$$

R é o seu número de manchas pessoal, g é o número de grupos de manchas que você vê no Sol, e s é o número total de manchas que você contar, incluindo as manchas dos grupos. As manchas geralmente aparecem isoladas umas das outras em partes diferentes do disco solar. As manchas mais próximas umas das outras em uma parte do disco são um grupo. E uma mancha completamente isolada conta como seu próprio grupo (o sentido disso tudo é um tanto quanto nebuloso, mas é assim que os cientistas têm trabalhado por anos e anos).

Suponha que você conte cinco manchas; três estão próximas em um lugar do Sol, e as outras duas aparecem em duas localizações bem separadas. Você tem três grupos (o grupo de três e os dois grupos têm uma mancha cada um), então o g é três. E o número de manchas individuais é cinco, portanto, s é cinco.

$$R = (10 \text{ x } 3) + 5$$

$$R = 30 + 5$$

$$R = 35$$

Procurando números oficiais de manchas solares

No mesmo dia, diferentes observadores aparecem com diferentes números. Se você tem melhores condições de observação e um telescópio melhor, ou apenas uma imaginação mais fértil, você calcula um número maior de manchas do que seu vizinho Jones. Você calcula $R = 59$, e aquele preguiçoso do Jones só conseguiu calcular $R = 35$. Quando se trata de números de manchas, você está muito na frente!

Autoridades centrais, que tabulam e fazem médias de relatórios de muitos observatórios diferentes, descobrem por experiência que alguns observatórios têm o mesmo resultado que Jones, alguns não podem ver tantos, e, alguns, como você, estão muito à frente. Dessa experiência, as autoridades calibram cada observatório para observar e fazer mudanças em contas futuras para que eles possam ter uma média nos relatórios e ter a melhor estimativa do número de manchas diário.

Você pode verificar o número de manchas todos os dias (ou quando quiser) no `www.spaceweather.com`.

Os cientistas esperam que o próximo pico de ciclos de manchas ocorra no ano de 2011. Se você começar a observar as manchas antes do pico, você pode conseguir descobrir o máximo sozinho, embora os cientistas baseiem a decisão oficial em um esquema complicado de médias. E você pode observar o número de manchas cair nos anos subsequentes até que o Sol se aproxime do mínimo no ciclo de manchas solares, quando você procurará em vão por manchas decentes por meses e meses.

Assistindo a eclipses solares

No dia a dia, a melhor maneira de se ver a região mais bonita, mais externa e mais variável do Sol, a coroa, é procurar por imagens de satélites encontradas nos *sites* que listarei na próxima seção. No entanto, observar a coroa "ao vivo e em cores" é um espetáculo do qual você não deveria se privar. A coroa durante um eclipse é uma das imagens mais bonitas da natureza. E é por isso que astrônomos amadores economizam para gastar com uma viagem de observação de eclipse (veja o Capítulo 2 para mais detalhes). E os astrônomos profissionais encontram maneiras de chegar ao melhor lugar para observar o eclipse também, mesmo tendo satélites e telescópios espaciais disponíveis para a observação.

O Sol vivencia eclipses *parciais*, *anulares* e *totais* (veja a Figura 10-5). O melhor espetáculo é o eclipse total; alguns eclipses anulares também valem uma viagem. (Durante um eclipse anular, um pequeno anel brilhante da fotosfera fica visível ao redor da beirada da Lua). Um eclipse parcial não é algo que valha a pena uma viagem de quilômetros, porque não dá para ver a cromosfera ou a coroa, mas você definitivamente deve conferir um se acontecer. Finalmente, o primeiro e o último estágios de um eclipse total ou anular são eclipses parciais, então, você precisa saber como observar esses estágios também.

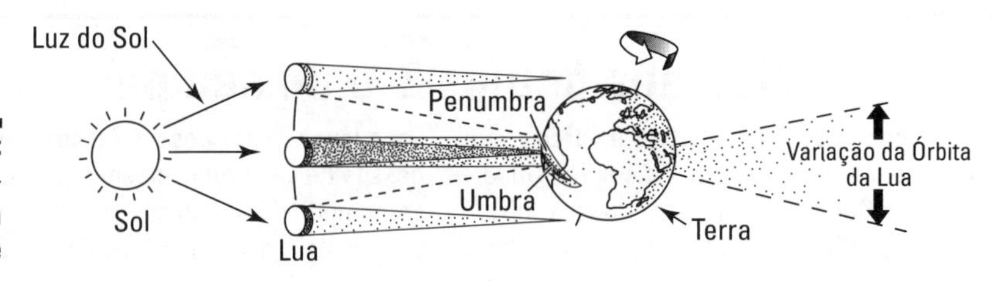

Figura 10-5: O que acontece quando a Lua esconde o Sol.

Observando um eclipse com segurança

Para se observar um eclipse particular, ou as fases parciais de um eclipse total, use os filtros solares que eu descrevi na seção "Observando o Sol através de filtros frontais" anteriormente. Você pode assistir por lentes dos binóculos ou por telescópios equipados com filtros, você pode segurar um filtro na frente de seus olhos, ou usar uma técnica que eu descrevo anteriormente na seção "Observando o Sol por projeção".

Um eclipse total geralmente começa com uma fase parcial, começando com o *primeiro contato*, quando o canto da Lua começa a passar pelo canto do Sol. Você agora vê um *eclipse parcial* do Sol, e isso significa que você está na *penumbra* ou na luz saindo da sombra da Lua.

No *segundo contato*, o canto da Lua que começou a tapar o Sol chega do outro lado dele, bloqueando completamente o Sol da sua visão. Agora você vivencia um *eclipse total*; você está em uma escura *umbra*, ou sombra central da Lua. Você pode tirar seu filtro de observação das suas lentes do binóculo e encarar com segurança para a fantástica vista do eclipse total do Sol. (Para mais segurança, você pode verificar uma imagem de eclipse total na seção em cores também). Mas você não pode olhar direto para o Sol enquanto ele não está totalmente coberto.

A coroa forma uma auréola brilhante e branca ao redor da Lua, talvez com raios longos se estendendo a leste e a oeste. Você pode ver raios polares finos e brilhantes saindo do limbo norte e sul da Lua e ao redor de todo limbo lunar. (*Limbo* é a linguagem astronômica para a "beirada do disco"). Preste atenção aos pontos pequenos e vermelhos, que são protuberâncias solares visíveis a olho nu durante breves momentos do eclipse. Perto do pico do ciclo de manchas solares de 11 anos, a coroa é alongada de leste a oeste. A coroa muda de formato durante cada eclipse.

Algumas pessoas tiram os filtros solares de suas lentes dos binóculos ou telescópios e olham para um eclipse total por esses instrumentos sem o benefício do filtro. Esse procedimento é muito perigoso se:

- Você olhar muito cedo, antes de o Sol estar totalmente tampado.
- Você olhar por muito tempo (uma maneira muito fácil de ocorrer um acidente) e continuar olhando através de um instrumento óptico depois que o Sol começar a emergir de trás da Lua.

Não aos óculos 3-D do seu pai

A Rainbow Symphony, uma empresa que mencionei anteriormente na seção "Observando o Sol através de filtros passa faixa", é um distribuidor proeminente de filtros solares montados em molduras baratas, como aqueles óculos 3-D que você usa para assistir a alguns filmes. (A companhia vende óculos 3-D também, mas eles não funcionam para um eclipse). Seus produtos se chamam "Máscaras de Eclipse". Esses itens são baratos, por isso eu aconselho que você leve um par desses óculos para cada pessoa de seu grupo, mesmo que você possa comprar filtros solares mais caros para seus instrumentos ópticos. Geralmente, os organizadores de passeios e cruzeiros para ver eclipses os distribuem para os participantes, mas, às vezes, eles resolvem distribuir folhas de alumínio. O substituto funciona, porém é menos conveniente do que os óculos montados. Veja o *site* da empresa em: `www.rainbowsymphony.com`.

Fique atento! Eu realmente não recomendo observar o Sol com telescópio ou binóculo sem os filtros mesmo durante um eclipse total, a menos que você esteja observando com a supervisão de um especialista. Às vezes, por exemplo, o líder experiente de uma viagem para observação de eclipse usa um sistema público de endereços, cálculos computadorizados e observação de quem entende para anunciar quando você pode olhar para o Sol em eclipse. O líder também te avisa sobre quando parar com muitos avisos.

Na minha experiência (que foi dolorosa), a melhor maneira de se machucar é olhar pelos binóculos ou telescópios "só mais um segundinho", quando uma pequena parte da superfície brilhante não te prejudica imediatamente, pois não parece tão brilhante assim. Mas, o que você não percebe é que os raios dessa pequena parte exposta da superfície solar prejudicam seus olhos, sem incomodar ou causar dor imediata. Em alguns minutos ou menos, você começará a sentir dor. E aí, o estrago já terá sido feito.

Se você observar com segurança, seguir todas as instruções e nunca se arriscar ao olhar o Sol, certifique-se de que terá várias experiências felizes de observação!

Procurando por faixas de sombra e as "Contas de Baily"

Outra boa razão para se evitar olhar para o Sol com instrumentos ópticos durante uma fase total de um eclipse é que você tem muito mais a ser visto em todo o céu a olho nu.

Aqui estão alguns fenômenos que você pode admirar durante um eclipse:

- Antes da totalidade, as chamadas de *faixas de sombra*, padrões de baixo contraste de linhas claras e escuras podem aparecer pelo chão ou, se você estiver no mar, por todo seu barco. As listras são um efeito óptico na atmosfera terrestre quando o disco brilhante do Sol está quase totalmente coberto pela Lua antes de ficar completamente escondido.

- *Contas de Baily* ocorrem instantes antes e depois da totalidade, quando pequenas regiões da superfície solar brilham através das montanhas ou crateras na beirada da Lua.

- Animais selvagens (e domésticos também, se você estiver perto de uma fazenda) reagem notavelmente ao eclipse. Pássaros vão para seus ninhos, vacas voltam ao celeiro, e assim por diante. Durante um eclipse do século XIX, alguns dos melhores cientistas montaram seus instrumentos em um celeiro, montando os telescópios na porta. E como eles ficaram surpresos quando o gado correu para dentro!

Quando o Sol é completamente escondido, olhe para o céu escuro ao redor do Sol. Você tem uma chance rara de olhar estrelas de dia. Artigos especiais publicados em revistas de Astronomia ou postados em sites te contam quais estrelas e planetas você deve procurar. Ou você pode descobrir sozinho, simulando a data e o horário dos eclipses no seu planetário de computador, programando o programa para apresentar o céu como ele será do lugar que você espera observar.

Seguindo o caminho da totalidade

A totalidade termina no *terceiro contato*, quando a *borda dianteira* da Lua se move para fora através do disco solar. No último momento da totalidade, uma pequena área brilhante da fotosfera pode emergir por de trás da Lua. Esse estágio é chamado de *anel de diamante*. Agora você vê a penumbra e um eclipse parcial novamente. No *quarto* ou *último contato*, a borda traseira da Lua se move para fora do limbo solar. O eclipse acabou.

O eclipse todo, do primeiro ao último contato, pode levar algumas horas, mas a parte boa, a totalidade, dura de menos de um a sete minutos, ou talvez um pouco mais.

Num lugar no *caminho da totalidade* – A faixa do centro da sombra da Lua através da superfície da Terra – o eclipse total tem a maior duração. A totalidade é mais breve em qualquer outro lugar fora do caminho. É claro, o lugar onde os eclipses têm a maior duração podem não ser onde as condições climáticas são as melhores, ou pode não ser um lugar que você possa acessar com segurança ou facilmente. Então, é preciso planejar com bastante antecedência sua viagem.

Para planejar sua viagem, escolha um eclipse da tabela 10-1 e comece a investigar o melhor lugar de vê-lo.

Tabela 10-1 Eclipses futuros do Sol

Data do eclipse total	*Duração máxima*	*Caminho da totalidade*
29 de março de 2006	4:07	Leste do Brasil através do Atlântico até Gana, através da África até a Líbia, através do mediterrâneo até a Turquia, através do mar negro até a Geórgia e o Casaquistão.
1 de agosto de 2008	2:27	Norte do Canadá, Groenlândia, Oceano Ártico, Rússia, Mongólia e China.
22 de julho de 2009	6:39	Índia, Nepal, Butão, China e ao redor do Mar da China e pacífico central.
11 de julho de 2010	5:20	Através do pacífico sul e na ilha leste do sul do Chile e Argentina.
13 de novembro de 2012	4:02	Austrália e através do Pacífico sul a caminho do (mas não alcançando) Chile.
3 de novembro de 2013	1:40	Através da África Atlântica, do Gabão a Uganda, Quênia e Etiópia.
20 de março de 2015	2:47	Através do atlântico norte e sul da Groenlândia até as ilhas Faeroe, mar norueguês, Ilha Spitsbergen e em quase todo polo norte.

Poucos anos antes de um eclipse, artigos com informações sobre o tempo e logística para a visão em várias localizações começam a aparecer em revistas de Astronomia. Veja os sites da *Sky & Telescope* e *Astronomy* (veja Capítulo 2). Procure por propagandas de viagens para ver eclipses nas revistas e *on-line*. Verifique as previsões mais confiáveis de eclipses no *site* da NASA, `sunearth.gsfc.nasa.gov/eclipse`. Veja o Capítulo 2 para detalhes completos sobre viagens. E aproveite!

Procurando imagens solares na internet

Você pode ver fotos profissionais atuais ou recentes do disco solar e manchas solares (o que os astrônomos chamam de fotografias de luz-branca – por ser a única luz visível no Sol) em muitos lugares da internet. Um bom lugar para procurar é o *site* italiano do Observatório Astronômico Catania, `web.ct.astro.it/sun`. A foto de luz-branca é aquela intitulada "Continuum", um termo técnico que significa que um filtro colorido não foi usado para tirar a foto. Você pode adquirir alguma experiência em identificar um grupo de manchas solares e contá-los praticando nas fotos.

Às vezes, o clima é nublado na Itália, então, você poderá querer olhar em outro lugar para uma foto de luz-branca profissional do disco solar completo. Um bom lugar é o *site* da Agência de Clima Espacial Australiana em: `www.ips.gov.au` (clique no *link* do Sol para acessar as fotos).

Quando você se tornar um astrônomo experiente e quiser fotografar cenas celestiais através de seu telescópio, você deve experimentar a fotografia solar. Você pode encontrar exemplos para se inspirar no Observatório Mount Wilson, onde pesquisas têm fotografado o Sol desde 1905. Verifique a foto fantástica de um avião situado contra o Sol e a foto do maior grupo de manchas solares já fotografado, de 7 de abril de 1947. Você pode ter sorte de ver um grupo de manchas solares de pelo menos metade do tamanho daquele, e dá para ver não só com telescópio, mas também olhar através de um filtro solar sem outro mecanismo óptico. O *site* do Mount Wilson para fotos solares de luz-branca é: `physics.usc.edu/direct.html`.

Os astrônomos estudam o Sol de todas as maneiras, não somente sua luz. Suas pesquisas incluem fotos tiradas com radiação ultravioleta e ultravioleta extrema e raios-x, com todas as formas de luz invisíveis a olho nu e, de fato, bloqueadas pela atmosfera da Terra. As fotos são feitas com telescópios montados em satélites orbitando a Terra em uma grande altitude ou tiradas com nave espacial localizada mais longe e orbitando o Sol, assim como a Terra faz. Imagens solares de satélites e de vários outros tipos de telescópios em terra firme estão disponíveis na parte de "Imagens Atuais do Sol" do *site* da NASA em: `umbra.nascom.nasa.gov/images/latest.html`.

Se seu computador for equipado para assistir a filmes pela internet, você pode ver vídeos selecionados do Sol em constante mutação feitos pelo satélite do Observatório Solar e Heliosférico (SOHO) (enquanto ele estiver operando) na parte dos filmes do SOHO da NASA (`sohowww.nascom.nasa.gov/data/synoptic/soho_movie.html`).

SOHO é uma nave espacial construída pela Agência Espacial Europeia e lotada de instrumentos científicos. Metade deles foram colocados pela NASA.

Capítulo 11

Viajando pelas Estrelas

Neste Capítulo

- Seguindo os ciclos de vida das estrelas.
- Medindo propriedades estelares.
- Conferindo estrelas binárias, múltiplas e variáveis.
- Conhecendo personalidades estelares.
- Observando as estrelas por diversão e pela ciência.

Centenas de bilhões de estrelas, como o Sol, integram a Via Láctea, onde a Terra reside. Da mesma forma, bilhões de outras galáxias encontradas no Universo contêm grande número de estrelas. E como as pessoas, as estrelas possuem dúzias de classificações, e a maioria esmagadora cai em muitos tipos comuns. Esses tipos correspondem a estágios dos ciclos de vida das estrelas, da mesma maneira que você classifica as pessoas pela idade.

Depois que entender o que é uma estrela e como ela passa por seu ciclo de vida, você acaba gostando desses pontos brilhantes no céu noturno, e daquelas que não são tão brilhantes também.

Neste capítulo, eu dou ênfase à massa inicial de uma estrela – a massa com a qual ela nasce – como o determinante principal do que a estrela irá se tornar. Eu continuo com as propriedades-chave das estrelas, junto com os formatos das estrelas binárias, múltiplas e variáveis que as fazem tão interessantes para a observação.

E nenhuma discussão sobre estrelas está completa sem alguma fofoca sobre as celebridades, por isso, eu irei apresentar algumas importantes luzes do céu que você deve conhecer – as "personalidades" principais da vizinhança do Sol.

Ciclos de Vida das Quentes e Massivas

As categorias de estrelas mais importantes correspondem aos sucessivos estágios de um ciclo de vida de uma estrela: bebê, adulta, idosa e moribunda. É claro que nenhum PhD em Astronomia usa esses termos comuns, então, os astrônomos se referem aos estágios das estrelas como objetos estelares jovens (YSO; Young Stellar Objects), estrelas de sequência principal, gigantes vermelhas e aquelas nos estágios finais da evolução estelar, respectivamente. (Nenhuma estrela morre completamente; na maioria dos casos, ela "muda" para um estado novo e final como uma anã branca ou um buraco negro).

Aqui está um ciclo de vida de uma estrela normal com a mesma massa do Sol:

1. **Poeira e gás em uma nebulosa fria se condensam, formando um objeto estelar jovem (YSO).**
2. **Encolhendo, o YSO dispersa a nuvem de nascimento remanescente, e sua queima de hidrogênio começa.**

   Em outras palavras, fusão nuclear está acontecendo, como eu explico no Capítulo 10.
3. **Enquanto o hidrogênio queima, a estrela se posiciona na sequência principal.**

   Eu descrevo este estágio da vida estelar na seção "Estrelas de sequência principal: uma vida adulta longa" mais adiante.
4. **Quando a estrela usa todo o hidrogênio do núcleo, o da concha (uma região maior que cerca o caroço) entra em ignição.**
5. **A energia liberada pela queima da concha de hidrogênio faz com que a estrela brilhe mais e se expanda, o que faz da superfície maior, mais fria e mais vermelha. A estrela é agora uma gigante vermelha.**
6. **Ventos estelares soprando para fora da estrela gradativamente expelem suas camadas mais externas, formando uma nebulosa planetária ao redor do caroço quente da estrela.**
7. **A nebulosa se expande e se dissipa no espaço, deixando apenas o caroço quente.**
8. **O caroço, agora uma pequena estrela anã, se esfria e se esvanece para sempre.**

Estrelas com massa maior do que o Sol têm ciclos de vida diferentes; ao invés de produzir nebulosa planetária e morrer como anãs brancas, elas explodem como supernovas e deixam para trás estrelas de nêutrons ou buracos negros. O ciclo de vida de uma estrela grande progride rapidamente; o Sol deve durar 10 bilhões de anos, mas uma estrela que começa com 20 ou 30 vezes a massa do Sol explode após poucos milhões de anos.

Estrelas menores que o Sol praticamente não têm um ciclo de vida. Elas começam como YSO e chegam à sequência principal para serem anãs vermelhas para sempre. A explicação para isso é um princípio fundamental da astrofísica estelar: quanto maior a massa, mais forte e rapidamente a fornalha termonuclear queima; menor a massa, menor a força na queima termonuclear e mais longa a duração da vida estelar.

Quando o Sol tiver consumido todo o hidrogênio do seu caroço, terá pelo menos 9 bilhões de anos de idade. No entanto, uma estrela anã vermelha queima hidrogênio tão vagarosamente que ela brilha na principal sequência para sempre (para todos os propósitos práticos).

As seções seguintes descrevem os estágios estelares com mais detalhes.

Objetos estelares jovens: Dando pequenos passos

Os objetos estelares jovens (YSO – Young Estellar Objects) são estrelas recém-nascidas que ainda estão cercadas por vestígios de suas nuvens de nascimento. A classificação inclui estrelas T Tauri, nomeadas por causa da primeira desse tipo – a estrela "T" na constelação de Touro – e objetos Herbig-Haro, nomeados em homenagem a dois astrônomos que os classificaram. (Na verdade, os objetos H-H são bolhas de gás expelidas em direções opostas de uma estrela jovem, que está geralmente escondida da vista por poeira de sua nuvem de nascimento). Os YSOs formam berçários estelares – chamadas regiões HII – como a Nebulosa de Orion (veja a figura 11-1), onde há centenas de estrelas que nasceram há um ou dois milhões de anos.

Muitas imagens do Telescópio Espacial Hubble de nebulosas espetaculares em forma de jatos são fotos de YSOs. Os jatos e outros tipos de nebulosas são proeminentes, mas as estrelas em si são geralmente quase invisíveis (se não totalmente invisíveis), escondidas pelos gases e poeira das redondezas. (Vá para o Capítulo 12 para saber mais sobre nebulosas).

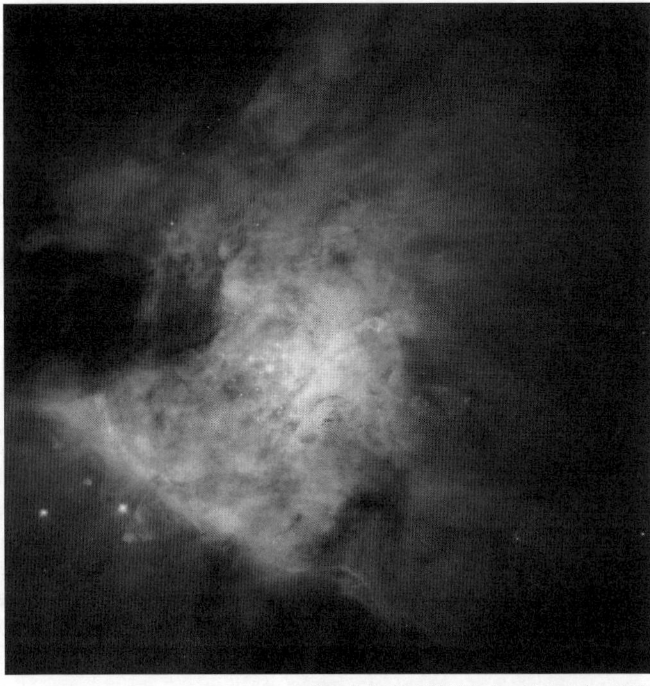

Figura 11-1: A nebulosa de Orion hospeda muitos objetos estelares jovens.

Cortesia da C.R. O"DELL (universidade rice) e a NASA

Estrelas da sequência principal: Uma vida adulta longa

Estrelas da sequência principal, as quais incluem o Sol, já dissiparam as nuvens do nascimento e agora brilham graças à fusão nuclear de hidrogênio em hélio que acontece no caroço (veja Capítulo 10 para mais sobre fusão nuclear do Sol). Por razões históricas, voltando à época em que os astrônomos classificavam estrelas antes de entenderem suas diferenças, as estrelas da sequência principal também são chamadas de anãs. Uma estrela de sequência principal é anã, mesmo se tiver 10 vezes mais massa do que o Sol.

Quando os astrônomos e escritores de ciências se referem a "estrelas normais", eles geralmente estão falando das estrelas da sequência principal. Quando escrevem sobre "estrelas como o Sol", eles estão falando das estrelas da sequência principal que possuem a mesma massa do Sol. E os escritores também podem distinguir estrelas na sequência principal, não importa sua massa, das estrelas como anãs brancas e estrelas de nêutrons.

As menores estrelas da sequência principal – menos massivas do que o Sol - são as *anãs vermelhas*, que brilham com um lume vermelho sem graça. As anãs vermelhas têm pequena massa, mas elas existem em grande quantidade. A maioria das estrelas da sequência principal são anãs vermelhas. Como pequenos insetos na costa marítima, elas voam ao seu redor, mas você não pode vê-las. Anãs vermelhas são tão pequenas que você não pode ver nem mesmo a que está mais próxima, a Proxima Centauri – que é, de fato, a estrela mais próxima além do Sol – sem ajuda de telescópios.

Gigantes vermelhas: Queimando além dos anos dourados

Estrelas gigantes vermelhas representam bem diferente outro tipo de estrela. As gigantes vermelhas são bem maiores do que o Sol. Geralmente, elas são tão grandes quanto a órbita de Vênus ou até mesmo a órbita da Terra. As gigantes representam um último estágio na vida de uma estrela de *massa intermediária* – aquela com muitas vezes mais ou, um pouco, menos do que a massa do Sol – depois de passar pela sequência principal (veja a seção anterior).

Uma gigante vermelha não queima hidrogênio no seu caroço; de fato, ela queima hidrogênio em uma região esférica que cobre o caroço, chamada *concha de queima de hidrogênio*. Uma gigante vermelha não pode queimar hidrogênio em seu núcleo porque já o transformou em hélio por fusão nuclear.

As estrelas muito mais massivas que o Sol não se tornam gigantes vermelhas; elas incham tanto que os astrônomos a chamam de *supergigantes vermelhas*. Uma supergigante típica pode ser uma ou duas mil vezes maior do que o Sol e grande o suficiente para passar a órbita de Júpiter, ou até mesmo Saturno, se forem colocadas no lugar do Sol.

As maiores estrelas são as mais solitárias

Os observadores da SETI (a Pesquisa por Inteligência Extraterrestre – veja Capítulo 14) não apontam seus radiotelescópios para estrelas grandes para procurar por sinais de rádio de civilizações avançadas. Por que não? Porque estrelas grandes explodem e morrem depois de vidas tão curtas que os cientistas não imaginam vida sendo criada em qualquer planeta ao redor delas antes de chegar o fim.

Estrelas grandes são mais raras do que as menores. Quanto maior for a estrela, menos delas existem. Então, eventualmente, como as estrelas existentes envelhecem e as nuvens do nascimento de novas estrelas são consumidas, a Via Láctea irá incrivelmente ter apenas dois tipos de estrelas: as anãs vermelhas que duram quase para sempre e as anãs brancas, que desaparecem enquanto morrem. Sim, estrelas de nêutrons e buracos negros de massa estelar irão aparecer na galáxia, mas, por representarem os restos de estrelas massivas mais raras, elas serão numericamente insignificantes comparadas com as anãs vermelhas e brancas, que vêm de tipos mais abundantes de estrelas de sequência principal.

Estrelas são como pessoas, cujas maiores são as mais raras, como os gigantes jogadores de basquete são poucos.

Hora de fechar: Estrelas no final de sua evolução

Os estágios finais da evolução estelar são termos usados para estrelas que já tiveram seus melhores anos há tempos. A categoria engloba:

- Estrelas centrais de nebulosas planetárias;
- Anãs brancas;
- Supernovas;
- Estrelas de nêutrons;
- Buracos negros.

Esses objetos são estrelas em sua fase final, fadadas ao esquecimento.

Estrelas centrais de nebulosas planetárias

Estrelas centrais de nebulosas planetárias são pequenas estrelas nos centros (sem brincadeira) de uma nebulosa pequena e bela. (Você pode ver uma foto na seção em cores deste livro).

Estrelas centrais de nebulosas planetárias são como anãs brancas e, de fato, se transformam nelas. Então, as estrelas centrais também são restos de estrelas ao estilo do Sol. A nebulosa, composta de gás que uma estrela expeliu no decorrer de dezenas de milhares de anos, expande, apaga-se e desaparece, e, eventualmente, deixam para trás estrelas que não mais servem como centros de nada – tornando-se anãs brancas.

Anãs brancas

As *anãs brancas* podem de fato ser brancas, amarelas, ou até mesmo vermelhas, dependendo do quão quente elas são. As anãs brancas são os restos de estrelas como o Sol que assumem o lugar de antigos generais que, de acordo com Douglas MacArthur, nunca morrem – elas apenas desvanecem.

Uma anã branca é como um carvão em brasa de uma fogueira recentemente apagada. Ela não queima mais, mas ainda libera calor; ela desvanece por toda eternidade enquanto se esfria. Esse tipo de estrelas são as mais comuns depois das anãs vermelhas, mas até mesmo a anã branca mais próxima da Terra é muito pequena para ser vista sem um telescópio.

As anãs brancas são estrelas compactas – pequenas e muito densas. Uma anã branca típica pode ter tanta massa quanto o Sol, e também ocupa tanto espaço quanto a Terra, ou até um pouco mais. Tanta matéria é confinada em um espaço tão pequeno que uma colher de chá de uma anã branca poderia pesar cerca de 1 tonelada na Terra. Não tente medi-la com sua prataria, a colher ficará toda torta.

Supernovas

As *supernovas* são explosões enormes que destroem estrelas inteiras (veja a Figura 11-2).

Cortesia da NASA

Figura 11-2: Uma supernova na galáxia espiral M51.

O primeiro tipo que você precisa conhecer é o Tipo II (ei, eu não inventei o sistema de numeração). Uma *Supernova Tipo II* é a explosão brilhante e catastrófica de uma estrela muito maior, brilhante e mais massiva do que o Sol. Antes de a estrela explodir, era uma supergigante vermelha ou talvez algo quente o suficiente para ser uma supergigante azul. Não importa a cor, quando uma supergigante explode, pode deixar uma pequena lembrança, que é uma estrela de nêutrons. Ou parte da estrela pode implodir (cair no seu próprio centro) tão efetivamente que gerar um objeto mais estranho ainda, um buraco negro.

O segundo tipo de supernova é chamado de Tipo Ia. *Supernovas Tipo Ia* são ainda mais brilhantes do que as do Tipo II, e elas explodem de maneira bem típica. O brilho ou luminosidade de uma Tipo Ia é praticamente sempre o mesmo; portanto, quando os astrônomos observam uma supernova do Tipo Ia, podemos perceber o quão longe ela está pela intensidade do brilho que vemos da Terra. Quanto mais longe estiver, mais fraca ela parece estar. Os astrônomos usam as supernovas do tipo Ia para medir o Universo e sua expansão. Em 1998, dois grupos de astrônomos que estudavam supernovas de tipo Ia descobriram que a expansão do Universo não está desacelerando – se está expandindo em uma taxa bastante rápida. Essa descoberta fez os especialistas revisarem suas teorias de cosmologia e do Big Bang (veja Capítulo 16).

As supernovas do Tipo Ia produzem explosões similares porque elas entram em erupção em sistemas binários (explicação mais adiante neste capítulo) nos quais o gás de uma estrela flutua até a outra (uma anã branca), construindo uma camada externa quente que alcança uma massa crítica e então explode, fragmentando a anã branca. Com massa menor do que crítica, nenhuma explosão ocorre. Com massa crítica, uma explosão padrão acontece. Com mais do que massa crítica... espere – você não pode ter mais do que massa crítica porque a estrela já explodiu! Astrofísica não é tão difícil.

Estrelas de nêutrons

As *estrelas de nêutrons* são tão pequenas que se parecem com anãs brancas, mas elas pesam mais. (Mais precisamente, elas têm mais massa. O peso é apenas uma força que um planeta ou outro corpo exerce em um objeto de uma dada massa. Você pode ter pesos diferentes da Lua, Marte e Júpiter do que tem na Terra, mesmo que sua massa seja sempre a mesma – a não ser que você coma demais ou entre em uma dieta severa).

Essas estrelas são como Napoleão: pequeno em estatura, mas não pode ser subestimado. (A Figura 11-3 mostra uma dessas estrelas). Uma estrela de nêutrons típica tem a extensão de 20 a 40 km de diâmetro, mas tem metade ou até o dobro da massa do Sol. Uma colher de chá de uma estrela de nêutrons pesaria cerca de um bilhão de toneladas na Terra.

Algumas estrelas de nêutrons são mais conhecidas como *pulsares*. Esse tipo é uma estrela de nêutrons altamente magnetizada que gira rapidamente e produz um ou mais feixes de radiação (que pode ser feito de ondas de rádio, raios-X, raios gama e/ou luz visível). Quando um feixe passa pela Terra como se fosse uma daquelas luzes brilhantes de inauguração de supermercados, nossos telescópios recebem breves surtos de radiação, que nós chamamos de "pulsos". Então adivinhe o porquê das estrelas se chamarem pulsares. Tua taxa de pulsos te diz o quão rápido teu coração está batendo. Com a estrela, a taxa diz o quão rápido ela gira. A taxa pode ser algumas centenas de vezes ou apenas uma vez a cada poucos segundos.

Figura 11-3: Uma estrela de nêutrons (na seta) fotografada por um telescópio Hubble.

Cortesia da Fred Walter (State University of New York at Stony Brook) e a NASA

Buracos negros

Buracos negros são objetos tão densos e compactos que eles fazem as estrelas de nêutrons e anãs parecerem um algodão-doce. Tanta matéria é empacotada em tão pouco espaço em um buraco negro que sua gravidade é forte o suficiente para impedir qualquer coisa, até um raio de luz, de escapar. Os físicos teorizam que os conteúdos do buraco negro deixaram nosso Universo. Se você cair em um buraco negro, pode dar adeus ao Universo.

Você não pode ver a luz de um buraco negro porque ela não escapa, mas os cientistas podem detectar buracos negros pelo efeito que eles têm em objetos ao seu redor. A matéria na vizinhança do buraco negro fica quente e gira ao redor dele, mas nunca se organiza: ao invés disso, a matéria cai no buraco negro e... acabou! Graças ao poder da gravidade do buraco negro.

Na verdade, eu simplifiquei demais; um pouco da matéria circulando ao redor do buraco negro escapa – bem a tempo, às vezes. O buraco a arremessa em jatos poderosos em uma fração significante da velocidade da luz (que é de 300.000 km por segundo, em um vácuo como o espaço).

É assim que os cientistas detectam buracos negros:

- Redemoinhos de gás que estão muito quentes para condições normais.
- Jatos de partículas de alta energia escapam e se livram de cair no buraco negro.
- Estrelas giram em órbitas em velocidades fantásticas, por causa da atração gravitacional de uma enorme massa invisível.

Até abril de 1999, quando os astrônomos anunciaram que haviam descoberto uma terceira classe de buracos negros – buracos negros de massa intermediária – os astrônomos reconheciam dois tipos de buracos:

- Um *buraco negro de massa estelar* tem – você adivinhou – a massa de uma estrela. Explicando melhor, esses buracos negros têm cerca de três vezes a massa do Sol, e podem chegar até mesmo a cem vezes a massa do Sol, embora os astrônomos nunca tenham encontrado nenhum tão massivo. Os buracos negros de massa estelar têm em média o tamanho de uma estrela de nêutrons. Um buraco negro com 10 vezes a massa do Sol tem um diâmetro de cerca de 60 km. Se você pudesse apertar o Sol dessa maneira para compactá-lo até virar um buraco negro (felizmente, isso é provavelmente impossível), seu diâmetro teria apenas 6 km. Buracos negros de massa estelar se formam em explosões de supernovas e, possivelmente, de outras maneiras.
- Um *buraco negro supermassivo* tem uma massa de centenas de milhares ou até bilhões de vezes a massa do Sol. Geralmente, esses buracos negros são localizados no centro das galáxias. Eu quero dizer que eles "gravitam" lá, mas geralmente eles se formam lá, ou a galáxia é que se forma ao redor deles. A Via Láctea tem um buraco negro central, conhecido como Sagittarius A*. (Não, o asterisco não é uma nota de rodapé. Ele pesa cerca de 2,5 milhões de massas solares, e nós do Sistema Solar orbitamos ao redor dele uma vez a cada 226 milhões de anos – a última medição feita pelo Very Long Baseline Array, um radiotelescópio com antenas componentes que se extendem ao redor do território americano desde as Ilhas Virgens até a América do Norte, e ao Havaí. Os astrônomos acham que um buraco negro supermassivo se forma no centro de cada galáxia, ou, pelo menos, no centro de cada grande galáxia. Não temos certeza sobre as galáxias anãs. (descubra mais sobre as galáxias no Capítulo 12).

Quando falo sobre o tamanho de um buraco negro, eu me refiro ao diâmetro de seu *horizonte de eventos*. O horizonte de eventos é a superfície esférica ao redor do buraco negro onde a velocidade necessária para algo escapar do buraco negro é igual à velocidade da luz. Fora do horizonte de eventos, a velocidade de escape é menor, então, luz ou qualquer matéria de alta velocidade conseguem escapar.

Buracos negros de massa intermediária possuem massas de cerca de 500 a 1.000 vezes a massa do Sol. Eles receberam seu nome bem bolado dos especialistas que os descobriram, porém, não tinham certeza do que eles eram. Alguns cientistas acham que os buracos estão em estágios de adolescência e vão se tornar buracos negros supermassivos; os buracos que parecem muito mais leves do que serão um dia, mas ainda engolem tudo o que está na vista. Outros dizem que os buracos podem ser outra coisa por completo, mas se for, e daí? Mentes curiosas querem saber, mas agora mais pesquisas precisam ser feitas para responder essa questão.

Para dizer a verdade, os buracos negros supermassivos não são estrelas. E, mais provavelmente, nem os buracos negros de massas intermediárias. No entanto, eu tenho que falar sobre eles em algum momento! Você não pode se chamar de astrônomo se não sabe sobre buracos negros. (Veja o capítulo 13 para saber ainda mais sobre eles). Depois que você estiver pronto para se chamar de astrônomo, as pessoas irão te perguntar muitas coisas sobre buracos negros. Mas quantas perguntas você acha que terá que responder sobre estrelas e objetos estelares?

Diagramando Cor, Brilho e Massa das Estrelas

A significância dos diferentes tipos de estrelas (veja a seção "Ciclos de Vida das Quentes e Massivas") fica mais clara quando você vê dados observacionais básicos colocados em um gráfico. Os dados são as magnitudes (ou brilhos) das estrelas, que são colocados no eixo vertical, e as cores (ou temperatura), colocados no eixo horizontal. Esse gráfico é chamado de *diagrama cor-magnitude*, ou diagrama Hertzsprung-Russell ou H-R, em homenagem aos dois astrônomos que fizeram o diagrama primeiro (veja a Figura 11-4).

Tipos espectrais: De que cor é minha estrela?

Hertzsprung e Russell não tinham boas informações sobre as cores e temperaturas das estrelas. Assim, eles colocaram o tipo espectral no eixo horizontal de seus diagramas originais. O *tipo espectral* é um parâmetro dado a uma estrela com base em seu espectro. O *espectro* é a maneira com a qual a luz de uma estrela aparece quando um prisma ou outro dispositivo óptico em um instrumento chamado de espectrógrafo a espalha.

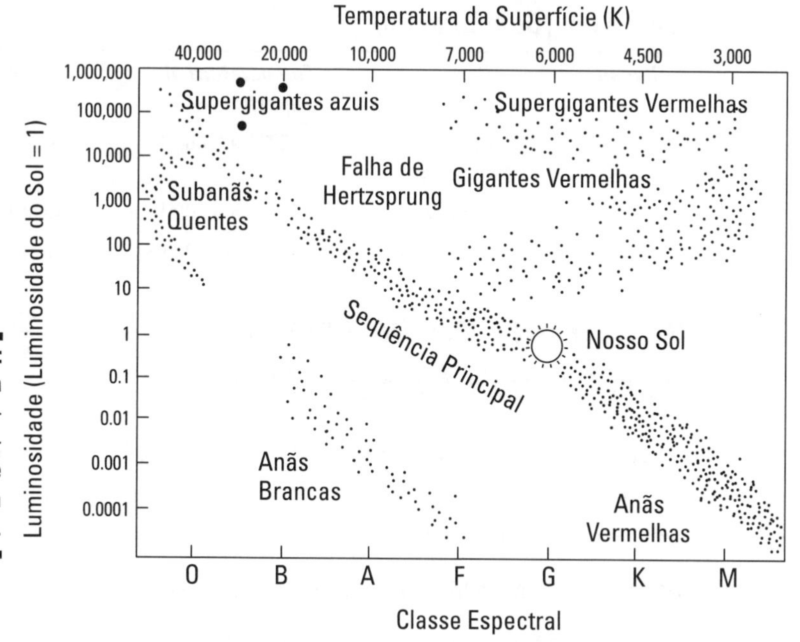

Figura 11-4: O diagrama Hertzsprung--Russell mostra o brilho e a temperatura das estrelas.

Primeiramente, os astrônomos não faziam ideia sobre o que significavam os tipos espectrais, então eles apenas agrupavam estrelas (com os títulos de Tipo A, Tipo B e assim por diante) baseando-se nas similaridades de seus espectros. Mais tarde, alguns astrônomos perceberam que tipos espectrais refletiam as temperaturas e outras condições físicas nas atmosferas das estrelas, onde suas luzes emergiam ao espaço. Depois que os cientistas entenderam o significado das cores, eles organizaram os tipos espectrais em ordem de temperatura e Hertzsprung e Russell as colocaram em seus diagramas. Alguns dos tipos originais se tornaram supérfluos e caíram.

Os principais tipos espectrais no diagrama H-R são O, B, A, F, G, K, M, indo das estrelas mais quentes às mais frescas. Os estudantes universitários memorizam esta sequência com a ajuda dos dispositivos mnemônicos como "Oh, be a fine girl (guy), kiss me!" A Tabela 11-1 descreve as propriedades gerais das estrelas em cada classe espectral.

Tabela 11-1 Classes de Estrelas Espectrais

Classe	*Cor*	*Temperatura da Superfície*	*Exemplo*
O	Violeta-Branca	30.000ºK ou mais	Lamba Orionis
B	Azul-Branca	12.000ºK até 30.000ºK	Rígel
A	Branca	8.000ºK a 12.000ºK	Sírius
F	Amarela-Branca	6.000ºK a 8.000ºK	Prócion

Tabela 11-1 *(Continuação)*

Classe	*Cor*	*Temperatura da Superfíci*	*Exemplo*
G	Amarela--Branca	5,000ºK a 6,000ªK	Sol
K	Laranja	3.000ºK a 5.000ºK	Arcturus
M	Vermelha	Menos de 3.000ºK	Antares

Luz estelar, brilho estelar: classificando luminosidade

Cada classe espectral tem subdivisões. Por exemplo, o Sol tem um espectro G2V, o que o faz:

- Uma estrela do tipo G;
- Um pouco mais fria do que uma estrela G0 ou G1;
- Um pouco mais quente do que uma estrela G3;
- Bem mais quente do que uma estrela K;
- Uma anã de sequência principal.

Você sabe que o Sol é uma anã de sequência principal em virtude do V. O V é chamado de classe de luminosidade do Sol. Cada estrela tem sua classe de luminosidade, representada por um numeral romano.

As supergigantes são das classes de luminosidade I e II, as gigantes são da classe III, e as subgigantes (um estágio menor entre a sequência principal e as gigantes vermelhas) são da classe de luminosidade IV. Todas as anãs vermelhas e as outras estrelas de sequência principal são da classe V, e as anãs brancas são da classe D.

Hoje você pode encontrar diagramas H-R que se parecem bem diferentes dos antigos no formato, mas todos possuem os mesmos dados: as propriedades relativas das estrelas são indicadas por suas temperaturas e brilhos.

Alguns diagramas H-R são calibrados para mostrar o brilho ou a luminosidade real das estrelas, não as magnitudes ou brilhos aparentes como vistos da Terra.

Quanto mais brilhantes são, maiores elas ficam: A massa determina a classe

Uma estrela com maior massa concentra um fogo nuclear mais forte em seu caroço e produz mais energia do que uma estrela de menor massa, então, uma estrela mais massiva de sequência principal é mais brilhante e mais quente do que uma estrela de sequência principal menos massiva. As estrelas com mais massa também são geralmente maiores. Com essa informação, você pode seguir o ponto fundamental da astrofísica estelar refletido no diagrama H-R: a massa determina a classe.

No diagrama H-R (veja Figura 11-4), a magnitude (ou luminosidade) é representada com maiores luminosidades ou magnitudes mais brilhantes mais no alto do gráfico, e a classe espectral é representada com as estrelas mais quentes à esquerda e as mais frias à direita. A temperatura vai da direita até a esquerda, e a magnitude vai de cima para baixo.

Em qualquer diagrama H-R, um gráfico dos dados reais de observação, em que cada ponto representa uma única estrela, revela muitas coisas para um leitor cuidadoso:

- A maioria das estrelas está em uma faixa que vai à diagonal da parte de cima da esquerda até a parte debaixo da direita. A faixa diagonal representa a sequência principal, e todas as estrelas na faixa são normais como o Sol, queimando hidrogênio em seus caroços.
- Algumas estrelas estão em uma faixa mais larga, mais esparsa e ligeiramente vertical que se estica para cima e um pouco para a direita da faixa diagonal em direção às magnitudes mais brilhantes (luminosidades mais altas) e temperaturas mais frias. Esta é a *sequência das gigantes* e é feita de estrelas gigantes vermelhas.
- Algumas estrelas estão localizadas ao redor do topo do diagrama, da esquerda para a direita. Essas são as supergigantes; supergigantes azuis estão do lado esquerdo do diagrama, mais ou menos, e supergigantes vermelhas (em menor número do que as azuis) estão do lado direito.
- Algumas estrelas estão localizadas longe da faixa diagonal, debaixo, do lado esquerdo e ao centro do diagrama. Essas estrelas são as anãs brancas.

Os astrônomos identificam uma estrela de sequência principal no diagrama H-R de acordo com seu brilho e temperatura, mas esses fatores dependem de apenas uma coisa: a massa. O formato diagonal da sequência principal representa uma tendência das estrelas de grande massa às de pequena massa. As estrelas na parte de cima do lado esquerdo da sequência principal têm massas maiores do que o Sol, e as estrelas à direita têm massas menores.

Os astrônomos geralmente não representam objetos estelares jovens no mesmo diagrama H-R junto com as outras estrelas, mas se eles os colocassem, colocariam os YSOs do lado direito do diagrama, acima da sequência principal – mas não tão alto quanto às supergigantes. Estrelas de nêutrons e buracos negros são muito fracas para serem colocadas nos mesmos diagramas com estrelas normais.

Interpretando o diagrama H-R

Com um pouco mais de explicação, você também pode ser um astrofísico estelar e entender rapidamente o porquê de as estrelas caírem em diferentes partes do diagrama H-R. Pesquisadores gastaram décadas para descobrir isso, mas eu passarei essa informação de mão beijada. Para manter a explicação simples, eu discuto sobre um diagrama calibrado, onde todas as estrelas são colocadas de acordo com o brilho real.

Considere este fato: por que uma estrela é mais brilhante ou mais fraca do que a outra? Dois fatores simples determinam o brilho de uma estrela: temperatura e área superficial. Quanto maior for a estrela, maior será a sua área superficial, e cada centímetro quadrado da superfície produzirá luz. Quanto mais centímetros quadrados, mais luz. Mas, e a quantidade de luz que cada centímetro quadrado produz? Objetos quentes queimam mais brilhantes do que os objetos mais frios, assim, quanto mais quente for a estrela, mais luz ela vai gerar por centímetro quadrado da área superficial.

Entendeu? Aqui está como tudo isso funciona junto:

- **Anãs brancas** estão perto da beirada do diagrama por causa de seu tamanho pequeno. Com poucos centímetros quadrados de área superficial (comparada com estrelas do tipo do Sol), as anãs brancas não brilham com tanta intensidade. Conforme elas envelhecem e brilham menos, elas vão descendo o diagrama (porque elas se tornam mais fracas) e mais para a direita (porque elas esfriam). Você não vê anãs brancas do lado direito do diagrama H-R porque as estrelas frias são tão fracas que elas geralmente caem abaixo da parte do diagrama como reproduzido em livros, e os astrônomos não veem nem medem muitas estrelas débeis.
- **Supergigantes** ficam perto do topo do diagrama H-R porque elas são enormes. Uma supergigante vermelha pode ser mais de 1.000 vezes maior do que o Sol (se você colocar uma supergigante no lugar do Sol, irá passar da órbita de Júpiter). Com toda essa área superficial, as supergigantes são naturalmente muito brilhantes.

  O fato de as supergigantes estarem aproximadamente à mesma altura do diagrama da esquerda para a direita indica que as supergigantes azuis (as da esquerda) são menores do que as vermelhas (as da direita). Como você sabe disso? As supergigantes são azuis porque elas queimam mais quentes, e se elas são mais quentes, elas produzem mais luz por centímetro quadrado. Em virtude de suas magnitudes serem praticamente as mesmas (todas as supergigantes ficam perto do topo do diagrama), as gigantes vermelhas devem ter superfícies maiores para produzir luz total igual (porque elas produzem menos luz para cada unidade de área).
- **Estrelas de sequência principal** estão na faixa diagonal que vai do alto da esquerda até abaixo da direita do diagrama, porque a sequência principal consiste em todas as estrelas que queimam hidrogênio em seus caroços, independentemente de seu tamanho. Todavia, uma diferença em tamanho afeta o lugar onde as estrelas de sequência principal aparecem no diagrama. As estrelas mais quentes (da esquerda) também são maiores do que as estrelas mais frias, assim, as estrelas quentes têm duas coisas a seu favor: elas têm áreas superficiais maiores e produzem mais luz por centímetro quadrado do que as mais frias. As estrelas de sequência principal no final da direita são as débeis e frias anãs vermelhas.

As anãs marrons não aparecem nos quadros

As anãs marrons– descobertas em meados da década de 1990 – são uma das últimas adições ao inventário celestial. Elas são menores do que as estrelas e quase do mesmo tamanho de um planeta gigante gasoso como Júpiter, porém, mais massivas. Elas brilham sozinhas como uma estrela, e não refletindo luz, como Júpiter. Mas as anãs marrons não são estrelas de fato porque a fusão nuclear acontece rapidamente em seus núcleos. Depois que a fusão para, elas não geram mais energia, ficando frias e apagando-se. Seus tipos espectrais, o L e T, significam objetos mais frios do que o tipo M e também mais frias do que as anãs vermelhas. No diagrama H-R na Figura 11-4, as anãs marrons iriam aparecer bem abaixo na direita ou até mesmo fora do quadro ao lado direito da beirada.

Parceiros Eternos: Estrelas Binárias e Múltiplas

Duas estrelas ou três ou mais estrelas que ficam em órbita ao redor de um centro comum de massa são chamadas de estrelas binárias ou múltiplas, respectivamente. Estudos sobre estrelas binárias e múltiplas ajudam os cientistas a entender como as estrelas evoluem, e esses pequenos sistemas estelares também são divertidos de se observar com um telescópio de fundo de quintal.

Estrelas binárias e o efeito Doppler

Cerca de metade das estrelas vem em pares. Essas *estrelas binárias* são *coevas*, um termo chique que significa "nascidas juntas". As estrelas que se formam juntas, unidas por sua gravidade mútua enquanto elas condensam de suas nuvens de nascimento, geralmente permanecem juntas. O que a gravidade une, poucas forças celestiais separam. Uma estrela crescida em um sistema binário nunca teve outra parceira (bom, quase nunca, alguns casos estranhos ocorrem em aglomerados densos de estrelas, em que as estrelas podem chegar tão perto que até podem perder ou ganhar um parceiro).

Um sistema binário é formado por duas estrelas que ficam em órbita em um centro de massa comum. O centro de massa de duas estrelas que têm a mesma massa fica exatamente no meio do caminho entre elas. Mas se uma estrela tem duas vezes a massa da outra, o centro de massa fica mais perto da mais pesada; de fato, o centro fica duas vezes mais longe da estrela mais leve. Se uma estrela tem um terço da massa da sua companhia mais pesada, ela orbita três vezes mais longe do centro de massa, e assim por diante. Essas duas estrelas se parecem com crianças em uma gangorra: a criança mais pesada tem que se sentar mais perto do centro para que elas se equilibrem.

As duas estrelas em um sistema binário seguem órbitas iguais em tamanho se as estrelas são iguais em massa. Estrelas com massas diferentes seguem órbitas de tamanhos diferentes. A regra geral: as maiores seguem as menores órbitas. Você pode achar que sistemas binários são como nosso Sistema Solar, em que o mais perto que o planeta fica em órbita do Sol, mais rápido ele vai e menos tempo leva para fazer a volta completa. Essa ideia pode fazer sentido, mas está errada!

Em sistemas binários, a estrela grande que segue a pequena órbita viaja mais devagar do que a pequena estrela em uma órbita grande. De fato, suas velocidades respectivas dependem de suas massas respectivas. A estrela que carrega um terço da massa da sua companheira se move três vezes mais rápido. Medindo a velocidade orbital, os astrônomos podem determinar as massas relativas de um membro do sistema binário.

O fato de as velocidades orbitais das estrelas membros de um sistema binário dependerem da massa é o que faz o sistema binário atrair o grande interesse dos astrônomos. Os astrônomos têm poucas maneiras de pesar uma estrela. Felizmente, ao invés de se sentirem derrotados, os astrônomos conseguiram medir as massas das estrelas estudando os sistemas binários e levando em conta o Efeito Doppler.

Se uma estrela é três vezes mais massiva do que a outra, ela se move ao redor de sua órbita no sistema estelar binário a um terço da velocidade orbital de sua estrela companheira. Tudo que os astrônomos têm que fazer para descobrir as massas estelares relativas (o quão mais massiva uma estrela é da outra), é medir suas velocidades. Raramente os astrônomos podem acompanhar as estrelas enquanto elas se movem. Em virtude da longa distância do sistema binário, não conseguimos ver as estrelas se movendo ao redor da órbita. Mas mesmo a longas distâncias, nós podemos receber a luz de uma estrela binária e estudar seu espectro – um espectro que pode ser a luz conjunta de ambas as estrelas do sistema.

Um fenômeno chamado de *Efeito Doppler* ajuda os astrônomos a descobrir as massas das estrelas binárias estudando seu espectro estelar. Aqui está tudo que precisa saber sobre o efeito Doppler, com o nome em homenagem a Christian Doppler, um físico austríaco do século XIX.

A frequência ou comprimento de onda do som ou da luz, como detectada pelo observador, muda, dependendo da velocidade da fonte que a emite com respeito ao observador. No caso do som, a fonte emissora pode ser um apito de trem. Para a luz, a fonte emissora pode ser uma estrela. (Frequências mais altas de sons têm um tom mais alto, um soprano tem um tom mais alto do que um tenor). Ondas de luz de frequência mais alta têm comprimentos de onda mais curtos, e ondas de luz menor frequência têm comprimentos de onda mais longos. No simples caso da luz visível, os comprimentos de onda mais curtos são azuis e os mais longos são vermelhos.

De acordo com o Efeito Doppler:

- Se a fonte está se movendo em sua direção, a frequência que você detecta ou mede aumenta, então:

  - O tom do apito do trem fica mais alto;
  - A luz da estrela parece mais azul.

- Se a fonte está se afastando, a frequência fica mais baixa, então:
  - O apito que você ouve tem um tom mais grave;
  - A estrela parece mais vermelha.

O apito de trem é o exemplo oficial do Efeito Doppler que os instrutores ensinaram para gerações de estudantes desmotivados do colegial e faculdade. Mas quem ouve apitos de trem hoje em dia? Uma analogia mais familiar é a maneira que você sente as ondas na água quando anda em um barco a motor. Enquanto você vai à direção de onde vêm as ondas, você sente o barco colidir rapidamente com as ondas. Mas quando você volta à praia, as batidas ficam mais suaves e as mesmas ondas ficam menos violentas. No primeiro caso, você foi de encontro com as ondas, encontrando-as antes que encontraria se tivesse ficado parado (ou boiando). Portanto, a frequência com a qual as ondas batem no barco foi maior do que se o barco tivesse ficado parado. A frequência das ondas não muda, mas a frequência das ondas que você sente sim.

O espectro de uma estrela contém algumas linhas escuras – locais (comprimentos de onda ou cores de luzes) onde a estrela não emite tanta luz quanto as outras distâncias. A emissão diminuída nesses comprimentos de onda é causada pela absorção de luz por tipos peculiares de átomos na atmosfera da estrela. As linhas escuras formam padrões reconhecíveis, e onde a estrela está se movendo para frente e para trás da órbita, o Efeito Doppler faz os padrões das linhas moverem para frente e para trás do espectro detectado na Terra.

Desse modo, ao se observar os espectros de estrelas binárias e ver como suas linhas espectrais mudam de vermelho para azul e para vermelho de novo enquanto as estrelas ficam em órbita, os astrônomos podem determinar suas velocidades e, portanto, sua massa relativa. E observando quanto tempo leva para uma linha espectral chegar tão longe no vermelho e saber quanto tempo leva até ir tão longe no azul e voltar para o vermelho de novo, os astrônomos podem dizer a duração ou período de uma órbita binária. Quando as linhas espectrais se deslocam em direção a comprimentos de onda mais longos, o fenômeno é um *desvio para o vermelho*, e quando elas se deslocam para comprimentos de onda mais curtos, é um *desvio para o azul*, mas o Efeito Doppler é a causa mais familiar.

Se você sabe que o período de uma órbita completa é de 60 dias, por exemplo, e se você sabe o quão rápido a estrela está se movendo, você poderá descobrir a circunferência da órbita e seu raio. Apesar de tudo, se você dirigir sem parar de Nova York até uma cidade mais acima do estado em três horas (boa sorte com o trânsito!) a 100 km por hora, você sabe que a distância que viaja é 3 vezes 100, ou seja, 300 km.

Espectroscopia estelar em uma casca de noz

Espectroscopia estelar é a análise das linhas nos espectros das estrelas e até agora a ferramenta mais importante dos astrônomos para investigar a natureza física das estrelas. O espectroscópio revela:

- velocidades radiais (movimentos para perto ou para longe da Terra) das estrelas;
- massas relativas, períodos orbitais e tamanhos de órbitas de estrelas de sistemas binários;
- gravidades superficiais das estrelas;
- campos magnéticos e suas intensidades nas estrelas;
- composição química de estrelas (quais átomos estão presentes e em quais estados eles existem);
- ciclos de manchas solares de estrelas (bom, então é um ciclo de manchas estelares).

Toda informação se origina de se mensurar as posições, larguras e intensidades (quão escuras e quão claras elas são) das linhas um pouco escuras (ou, às vezes, claras) das estrelas. Os cientistas as analisam com a ajuda do efeito Doppler para descobrir o quão rápido as estrelas se mexem, o tamanho de suas órbitas e suas massas relativas. Outros fenômenos, como o Efeito Zeeman e o Efeito Stark, afetam a aparência das linhas espectrais. Aplicando seus conhecimentos nesses efeitos, os astrônomos podem descobrir a intensidade do campo magnético da estrela com o Efeito Zeeman e a densidade e gravidade superficial da atmosfera da estrela com o Efeito Stark. A presença de linhas espectrais particulares, cada uma vinda de um tipo específico de átomo que está absorvendo (linhas escuras) ou emitindo (linhas claras) luz na atmosfera de uma estrela, diz aos astrônomos a respeito de alguns dos elementos químicos presentes na atmosfera da estrela e as temperaturas na estrela onde esses átomos estão emitindo ou absorvendo a luz.

As linhas espectrais também dizem aos astrônomos em qual condição ou estado de ionização os átomos estão. As estrelas estão tão quentes que o calor pode desprover átomos de ferro, por exemplo, de um ou mais de seus elétrons tornando-os íons de ferro. Cada tipo de íon de ferro, dependendo de quantos elétrons foram perdidos, produz linhas espectrais com diferentes características de padrões e posições no espectro. Comparando os espectros das estrelas obtidos com telescópios com os espectros de elementos químicos e íons medidos em experimentos de laboratórios ou calculados com computadores, os astrônomos podem analisar uma estrela sem nem mesmo ter de chegar a anos-luz dela.

Em gases estelares mais frios, a maior parte do ferro perde apenas um elétron por átomo, assim, produz um espectro de singularmente ferro ionizado. Mas nas partes quentes das estrelas, como a coroa de um milhão de graus do Sol, o ferro pode perder 10 elétrons; o elemento está em um estado altamente ionizado, e produz o padrão correspondente de linhas espectrais. Esse padrão claramente aponta a existência de uma região da estrela de temperatura muito alta.

Certas partes do espectro solar mudam de acordo com o vai e vem das regiões perturbadas do Sol, que atinge o pico em cerca de 11 anos. Mudanças similares ocorrem nos espectros de outras estrelas como o sol. Então os astrônomos podem dizer a duração de um ciclo de manchas solares de uma estrela distante usando o espectroscópio, mesmo se a estrela está muito longe para que possamos observar um pouco de suas manchas solares (Bom, não com o equipamento atual, mas esse dia vai chegar).

Duas estrelas são binárias, mas três é demais: Estrelas múltiplas

Estrelas duplas são duas estrelas que aparecem perto uma da outra vistas da Terra. Algumas estrelas duplas são verdadeiras binárias, em órbita dos seus centros de massa comuns. Entretanto, outras são apenas *duplas visuais*, ou duas estrelas que por acaso estão aproximadamente na mesma direção à Terra, mas estão em distâncias muito diferentes. Elas não têm relação uma com a outra; elas nem foram apresentadas.

Estrelas triplas são três estrelas que parecem estar próximas, mas, como os membros de uma estrela dupla, podem ou não estar perto. Mas um *sistema estelar triplo*, como um sistema binário, consiste nessas estrelas mantidas juntas pela gravitação mútua que todas estão em órbita um centro de gravidade comum.

Uma comparação com a felicidade de casados (ou descasados) pode funcionar. "Três é demais" é uma expressão da instabilidade na maioria dos arranjos românticos quando uma terceira pessoa se envolve. O mesmo acontece com os sistemas de estrelas triplas: elas consistem em um sistema binário próximo e uma terceira estrela em uma órbita muito maior. Se as três estrelas se movessem em órbitas próximas, eles interagiriam gravitacionalmente de modo caótico, e o grupo iria se separar com pelo menos uma estrela voando para longe, para nunca mais voltar. Assim, um sistema triplo é de fato uma "estrela binária" em que um membro é na verdade um par de estrelas muito próximas.

Estrelas quádruplas geralmente são "duplas-duplas", sendo dois sistemas de estrelas binárias próximas e cada um deles fica em órbita ao redor do centro de massa comum das quatro estrelas.

Estrelas múltiplas é o termo coletivo para sistemas de estrelas que são maiores do que os binários: triplos, quádruplos, e mais. Em algum momento, a distinção entre um sistema de grandes estrelas múltiplas e um aglomerado de pequenas estrelas fica difícil. Um é essencialmente a mesma coisa que o outro.

Mudar É Bom: Estrelas Variáveis

Nem toda estrela é, como escreveu Shakespeare, "tão constante quanto a Estrela do Norte". De fato, a Estrela do Norte também não é constante. O famoso ponto de luz é uma estrela variável, o que significa que seu brilho muda de tempos em tempos. Por muitos anos, os astrônomos achavam que tinham anotadas as variações de brilho da Estrela do Norte. Parecia tão brilhante às vezes, e outras vezes, ela parecia que ficava mais apagada. Mas, de repente suas esperadas mudanças, bem, modificaram-se. Esta diferença na configuração pode significar uma mudança física no tempo, e os cientistas estão estudando o que isso significa. Recentemente, os astrônomos da Universidade Vilanova concluíram que a Estrela do Norte teve seu brilho aumentado em cerca de uma magnitude (cerca de 2,5 vezes) desde a antiguidade.

Estrelas variáveis vêm em dois tipos básicos:

- *Variáveis intrínsecas* mudam o brilho por causa de mudanças físicas nas próprias estrelas. Essas estrelas se dividem em três categorias principais:
  - Estrelas pulsantes;
  - Estrelas eruptivas;
  - Estrelas explosivas.
- *Variáveis extrínsecas* parecem mudar no brilho porque algo externo altera sua luz, vendo da Terra. Os dois tipos principais dessas variáveis são:
  - Binárias eclipsantes;
  - Estrelas de evento de microlente.

Indo mais longe: Estrelas pulsantes

Estrelas pulsantes expande-se e contraem-se, ficando maiores e menores, mais quentes e mais frias, mais brilhantes e mais apagadas. Essas estrelas estão em uma condição física na qual elas simplesmente oscilam como corações jogados aos céus.

Estrelas variáveis cefeidas

De um ponto de vista científico, as estrelas pulsantes mais importantes são as estrelas variáveis Cefeidas, com o nome em homenagem à primeira estrela desse tipo estudada, Delta na constelação de Cefeu (Delta Cefeu).

A astrônoma americana Henrietta Leavitt descobriu que as Cefeidas apresentam uma *relação período-luminosidade*. Esse termo significa que quanto mais longo o período de variação (o intervalo entre picos sucessivos de brilho), maior o brilho médio real da estrela. Desse modo, um astrônomo que mede a magnitude aparente de uma estrela variável Cefeida enquanto ela muda por dias ou semanas, e que determina o período de variabilidade, pode, de fato, deduzir o brilho real da estrela.

Por que os astrônomos se preocupam com isso? Bom, saber sobre o brilho real faz com que possamos determinar a distância de uma estrela. Apesar de tudo, quanto mais longe está a estrela, mais fraca ela parece, mas ainda tem o mesmo brilho real.

A distância faz com que a estrela fique fraca de acordo com a *lei do quadrado inverso*: quando uma estrela está duas vezes mais longe, parece que ela está quatro vezes mais fraca; quando a distância é triplicada, a estrela parece nove vezes mais fraca; e quando a estrela está 10 vezes mais longe, ela parece que está cem vezes mais fraca.

As notícias sobre o Telescópio Espacial Hubble determinando a escala de distância e idade do Universo veio de um estudo pelo Hubble de estrelas variáveis Cefeidas. Essas estrelas estão em galáxias longínquas. Ao rastrear suas mudanças de brilho usando uma relação período-luminosidade, as observações do Hubble descobriram o quão longe as galáxias estão.

Estrelas RR Lyrae

As estrelas RR Lyrae são parecidas com as cefeidas porém não tão grandes ou brilhantes. Algumas estão localizadas em aglomerados globulares de estrelas na Via Láctea, e elas também apresentam uma relação período-luminosidade.

Aglomerados globulares são grandes bolas de estrelas antigas que nasceram enquanto a Via Láctea ainda estava se formando. De algumas centenas de milhares até um milhão ou mais de estrelas, todas estão em uma região do espaço que tem cerca de 60 a 100 anos-luz de diâmetro. Observar as mudanças no brilho das estrelas RR Lyrae faz com que os astrônomos consigam estimar suas distâncias, e quando as estrelas estão em aglomerados globulares, isso indica o quanto os aglomerados estão distantes.

Por que é tão importante saber a distância de um aglomerado estelar? Por isso: todas as estrelas em um único aglomerado nasceram de uma nuvem comum ao mesmo tempo, e elas estão praticamente à mesma distância da Terra, porque elas existem no mesmo aglomerado. Assim, quando os cientistas analisam o diagrama H-R de um aglomerado, ele está livre de erros que podem ser causados por diferenças nas distâncias das estrelas. E se os cientistas sabem a distância do aglomerado, eles podem converter todas as magnitudes para luminosidades reais ou para taxas de produção de energia das estrelas por segundo. Tais quantidades podem ser diretamente comparadas com teorias astrofísicas das estrelas e como estas geram suas energias. E é isso que mantém os astrofísicos ocupados.

Estrelas variáveis de longo período

Os astrofísicos comemoram a informação recolhida das cefeidas e RR Lyrae. Astrônomos amadores, por outro lado, se deliciam observando variáveis de longo período, também chamadas de estrelas Mira (ou variáveis Mira). Mira é outro nome para a estrela Omicron Ceti, na constelação da Baleia, a primeira estrela variável de longo período conhecida.

As variáveis Mira pulsam como as de Cefeu, mas elas têm períodos mais longos, em média de 10 anos ou mais, e a quantidade com a qual sua luz visível muda é maior ainda. No pico de brilho, a Mira em si é visível a olho nu, e na época de menor brilho você precisa de um telescópio para observá-la. As mudanças de uma estrela variável de longo período são muito mais variáveis do que as das cefeidas. A magnitude mais brilhante que uma estrela em particular consegue alcançar pode ser bem diferente de um período para o outro. Essas mudanças são facilmente observadas, e constituem informações científicas básicas. Você pode ajudar esses e outros estudos de estrelas variáveis, como eu descrevo na última seção deste capítulo.

Vizinhos explosivos: Estrelas eruptivas

Estrelas eruptivas são pequenas anãs vermelhas que sofrem grandes explosões, como ultrapoderosas erupções solares. Você não pode ver a maioria das erupções solares sem a ajuda de filtros especiais, porque a luz da erupção é apenas uma pequena fração da luz total do Sol. Somente os raros flares de "luz branca" são visíveis sem filtros especiais. (Mas você ainda precisa usar uma das técnicas para observação segura do Sol que eu descrevi no Capítulo 10.) Entretanto, as explosões nas estrelas eruptivas são tão brilhantes que a magnitude da estrela muda consideravelmente. Você está olhando a estrela pelo telescópio e, de repente, ela brilha mais forte. Nem todas as anãs vermelhas têm essas erupções frequentes. Proxima Centauri, a estrela mais próxima depois do Sol, é uma estrela eruptiva.

Bom para as novas: Estrelas explosivas

As explosões de novas e supernovas são tão grandes que eu não posso compará-las com estrelas eruptivas; elas são muito mais poderosas e têm efeitos muito maiores.

Novas

As novas explodem em um processo gradativo de uma anã branca em um sistema binário, como as supernovas do Tipo Ia que eu descrevi anteriormente, mas a anã branca de uma nova não se destrói. Ela apenas explosivamente expele sua camada externa e, então, sossega, sugando mais gás de sua companhia e acumulando-o na superfície. A gravidade poderosa da anã branca comprime e esquenta essa camada e depois de séculos ou milênios, faz o mesmo processo novamente! Pelo menos essa é a teoria. Nenhum cientista ficou por aqui tempo suficiente para ver *uma nova comum ou clássica* explodir duas vezes. No entanto, existem sistemas binários semelhantes que não têm explosões tão poderosas quanto em uma nova clássica, mas elas ocorrem tão frequentemente que os astrônomos amadores estão sempre as monitorando, prontos para anunciar a descoberta de uma nova explosão e guiar profissionais a estudá-la. Esses objetos têm nomes variados, como *nova anã* e *sistemas AM Herculis*.

Novas clássicas, novas anãs e objetos similares são conhecidos no coletivo como *variáveis cataclismáticas*.

Uma nova que brilha o suficiente para ser vista a olho nu ocorre uma vez por década, é pegar ou largar. Eu estudei uma em Hércules para minha tese de doutorado em 1963. Se não tivesse explodido no momento certo, eu ainda poderia estar procurando por um assunto para a tese. Mais recentemente, a nova brilhante em Vela entreteve os astrônomos em 1999.

Supernovas

As supernovas arremessam nebulosas, chamadas *remanescentes de supernova*, em altas velocidades (veja Figura 11-5). A nebulosa primariamente é feita do material do qual consistia a estrela destroçada, menos qualquer objeto central que tenha sobrado, seja uma estrela de nêutrons ou buraco negro (veja a seção "Hora de Fechar: estrelas no final de sua evolução", anteriormente). Mas enquanto se expande no espaço, a nebulosa libera gás interestelar como um arado que acumula a neve. Depois de alguns milhares de anos, o que sobrou da supernova é, em sua maioria, gás, em vez de detritos.

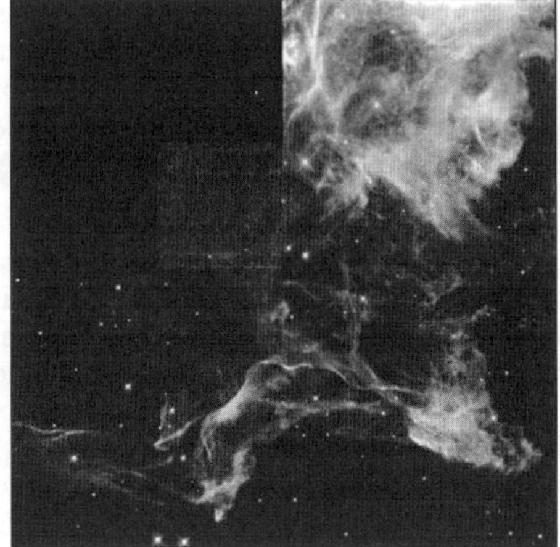

Cortesia da NASA

Figura 11-5: Uma parte do Cygnus Loop, um remanescente da Supernova.

As supernovas são incrivelmente brilhantes e também raras. Os astrônomos estimam que, em uma galáxia como a Via Láctea, uma supernova ocorre a cada 25 a 100 anos, mas nós não presenciamos uma na nossa galáxia desde a Estrela de Kepler em 1604, vista em meio a nuvens de poeira na galáxia. Uma grande estrela austral conhecida como Eta Carinae parece que vai se tornar uma supernova na Via Láctea, mas os astrônomos dizem que ela pode explodir a qualquer momento – nos próximos milhões de anos.

Hipernovas

As hipernovas são supernovas especialmente brilhantes que parecem produzir pelo menos algumas explosões de raios gama que brilham no céu de tempos em tempos. As explosões são eliminações bem potentes de radiação de alta energia emitida em feixes como os holofotes de busca de um helicóptero. A NASA lançou o satélite Swift em novembro de 2004 para descobrir mais sobre eles. Quando o Swift detecta uma explosão, ele notifica rapidamente os observatórios na Terra para que observem o ponto no céu.

Se você quer saber mais sobre as descobertas do Swift, entre no *site* da NASA, `swift.gsfc.nasa.gov/docs/swift/swiftc.hmtl`. Todas as hipernovas conhecidas e explosões de raios gama ocorreram em galáxias gigantes. Isso é bom, porque uma explosão de raios gama do nosso lado da Via Láctea poderia causar efeitos perigosos na Terra se seus raios a atingissem.

Esconde-esconde estelar: Eclipsantes de estrelas binárias

Estrelas binárias eclipsantes são sistemas binários cujos brilhos verdadeiros não mudam (a não ser que uma das duas estrelas seja uma estrela pulsante, eruptiva ou outra variável intrínseca), mesmo que elas se pareçam com estrelas variáveis para nós. O *plano orbital* do sistema – o plano que contém as órbitas das duas estrelas – está orientado ao longo de nossa linha de visada para o sistema binário. E isso significa que, em toda órbita, uma estrela eclipsa a outra, quando vistas da Terra, e o brilho da estrela diminui durante o eclipse. (E, claro, a situação se reverte na metade do período orbital quando a estrela antes escondida eclipsa a primeira).

Se as duas estrelas no sistema binário têm períodos orbitais de quatro dias, de quatro em quatro dias a estrela mais massiva, geralmente chamada de A, passa exatamente em frente da outra, vendo da Terra. Isso bloqueia toda ou a maioria da luz da estrela B e ela não chega à Terra (dependendo do seu tamanho comparado com o da A – às vezes, a menos massiva é maior do que sua companhia pesada), assim o sistema binário parece mais fraco. Os astrônomos chamam esse evento de um *eclipse estelar*. Dois dias depois do eclipse, a estrela B passa em frente da estrela A, criando outro eclipse.

No começo da seção "Estrelas Binárias e o efeito Doppler", eu disse como os astrônomos utilizam as velocidades orbitais para descobrir as massas relativas das estrelas. Bom, eles podem utilizar também as velocidades para descobrir os diâmetros das estrelas. Os cientistas pegam os espectros e descobrem o quão rápido as estrelas giram usando o efeito Doppler, e eles medem a duração dos eclipses em binárias eclipsantes. Um eclipse estelar da estrela B começa quando a a borda dianteira da A termina de passar em frente da B. Desse modo, a velocidade da órbita vezes a duração do eclipse mostra aos cientistas o quão grande é a estrela A.

Em todos esses métodos, os detalhes apurados são um pouco mais complicados, mas você pode entender perfeitamente os princípios da investigação estelar.

A binária eclipsante mais famosa é a Beta Persei, conhecida também como Algol, a Estrela Demônio. Você não terá um tempo dos infernos se observar os eclipses dessa estrela no hemisfério norte – Algol é uma estrela brilhante bem colocada para observação ao norte do céu no outono. Você pode assistir aos eclipses sem um telescópio ou binóculo. A cada dois dias e 21 horas, o brilho da Algol diminui por um pouco mais de uma magnitude – mais de um fator de 2,5 – por cerca de 2 horas. Mas você precisa saber quando procurar um eclipse. Você não vai querer ficar no jardim por quase três dias. Os vizinhos irão comentar. Verifique as páginas da *Sky & Telescope*, pois há listas de informações para observadores. Geralmente, você encontra um parágrafo chamado "Mínima de Algol", que lista as datas e horários de quando os eclipses ocorrem em um período de alguns meses. (Se você não vir uma lista na edição atual, significa que Algol se moveu para muito perto do Sol no céu, dificultando a observação naquele mês).

Seguindo a luz estelar: Eventos de microlentes

Às vezes, uma estrela longínqua passa precisamente em frente de uma estrela que se encontra mais longe ainda. As duas estrelas não estão relacionadas e podem estar a centenas de anos-luz de cada uma, mas a gravidade da estrela mais próxima entorta os caminhos tomados pelos raios de luz da estrela mais distante de uma maneira que a estrela distante aparece muito mais brilhante vista da Terra por alguns dias ou semanas. Esse efeito é previsto pela Teoria da Relatividade Geral de Einstein, e os astrônomos regularmente detectam isso. Quando a gravidade de um objeto enorme como uma galáxia entorta luz, os astrônomos chamam o processo de efeito de *lentes gravitacionais*, e quando a gravidade de um corpo pequeno como uma estrela entorta luz, é chamado de *microlentes*.

Você deve estar pensando no quão difícil é para duas estrelas que não estão relacionadas se alinharem perfeitamente com a Terra, e você está certo! Parabéns pelo seu pensamento. Para detectar esse evento raro regularmente, os astrônomos usam câmeras eletrônicas telescópicas que podem gravar centenas de milhares a milhões de estrelas ao mesmo tempo. Com tantas estrelas em observação, uma estrela mais próxima irá passar na frente de outra mais longe com bastante frequência, mesmo que os astrônomos não saibam quais estrelas exatamente.

O truque é apontar seu telescópio para uma região onde você pode ver um vasto número de estrelas simultaneamente no campo de visão. Essas regiões incluem a Grande Nuvem de Magalhães, uma galáxia satélite próxima da Via Láctea, e também o bojo central da Via Láctea, onde uma bagunça de estrelas vive.

Conhecendo Seus Vizinhos Estelares

Você já conheceu Proxima Centauri, a estrela mais próxima depois do Sol (veja a seção "Estrelas da sequência principal: uma vida adulta longa" anteriormente). Ela orbita ao redor de um ponto central como o terceiro ou o membro mais externo do sistema triplo Alpha Centauri (veja a seção "Duas estrelas são binárias, mas três é demais: estrelas múltiplas" anteriormente). Para uma visão completa do sistema triplo, verifique a lista a seguir:

- Alpha Centauri é uma estrela brilhante do tipo-G na constelação austral Centauro (veja a Figura 11-6). É uma anã de sequência principal com quase as mesmas cores do sol, mas de alguma forma mais brilhante.
- A companheira laranja da Alpha Centauri é uma anã um pouco menor e mais fria chamada Alpha Centauri B.
- A pequena anã vermelha eruptiva Proxima é a Alpha Centauri C.

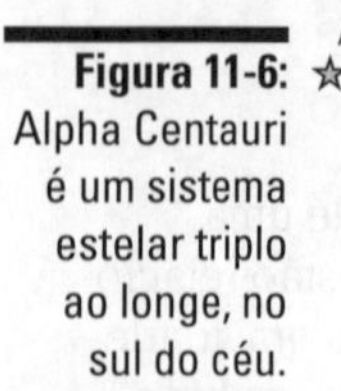

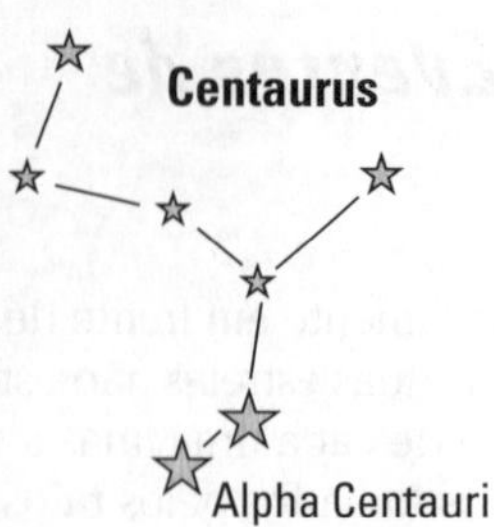

Figura 11-6: Alpha Centauri é um sistema estelar triplo ao longe, no sul do céu.

O sistema Alpha Centauri fica cerca de 4,4 anos-luz da Terra, com a Proxima do lado mais próximo a 4,2 anos luz.

Sírius, a uma distância de 8,5 anos-luz, é a estrela mais brilhante no céu. Seu nome oficial é Alpha Canis Majoris, no Cão Maior (veja a Figura 11-7). Um pouco mais ao sul do equador celeste, Sírius é facilmente visível da maioria dos ambientes habitados na Terra. É branca, estrela de sequência principal do tipo A que brilha o suficiente para fazer as pessoas perguntarem "Qual é aquela estrela enorme?"

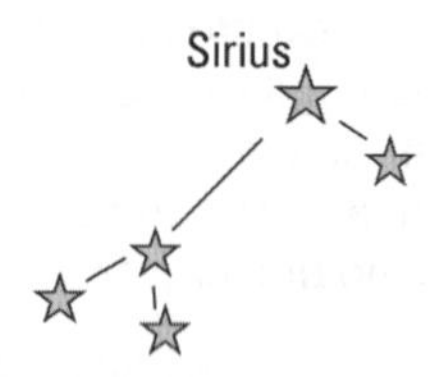

Figura 11-7: Sírius é a mais brilhante do Cão Maior

Como a maioria das estrelas tirando o Sol, a Sírius tem uma companheira: Sírius B, uma estrela anã branca. Sírius é conhecida como a Estrela do Cão, e quando o fabricante de telescópio americano, Alvan Clark, descobriu sua pequena companheira, Sírius B, em 1862, naturalmente alguém a apelidou de "filhote".

Uma lenda e alguns registros que estão abertos a diferentes interpretações sugerem que Sírius foi uma estrela vermelha há algumas centenas de anos. Apesar de muito esforço, os astrofísicos são incapazes de explicar essa cor de acordo com processos físicos conhecidos, por isso, naturalmente, eles dizem que a história não é verdade.

Vega é a Alpha Lyrae, a estrela mais brilhante na constelação Lira. Ela aparece alta no céu em latitudes temperadas ao norte (como nos EUA) em noites de verão e é um objeto que a maioria dos astrônomos amadores conhece como a palma de suas mãos. Localizada a cerca de 26 anos-luz da Terra, Vega é uma branca brilhante e uma das estrelas mais brilhantes do céu.

Betelgeuse não está realmente na vizinhança solar; está há quase 500 anos luz da Terra. Mas todo mundo gosta de seu nome, e muitos pronunciam "Beetle Juice" (que até é uma boa maneira de dizer), e observadores gostam de sua cor vermelha profunda. É, então, uma supergigante vermelha cerca de 50.000 vezes mais brilhante do que o Sol. Embora Betelgeuse seja Alpha Orionis, na verdade, a estrela mais brilhante em Orion é Rígel (Beta Orionis).

Ajude Cientistas Observando as Estrelas

Milhares de estrelas estão sob tutela porque elas variam em brilho ou exibem outras características especiais. Astrônomos profissionais não conseguem acompanhar todas, e é aí que você entra. Você pode monitorar algumas estrelas com seus próprios olhos, com binóculo ou telescópio.

Você precisa saber reconhecer as estrelas e julgar suas magnitudes. O brilho de muitas estrelas muda tão significativamente – por um fator de dois, dez ou até centenas – que as estimativas visuais são suficientemente apuradas para as acompanhar. O truque é usar uma *carta de comparação*, um mapa do céu que mostra a posição da estrela variável e as posições e as magnitudes de estrelas de comparação. Uma *estrela de comparação* tem um brilho conhecido que não varia.

A Associação Americana de Observadores de Estrelas Variáveis (AAVSO) oferece muitas informações explicando como observar estrelas variáveis. O *site* é `www.aavso.org`. A associação oferece ajuda de vários tipos para os principiantes em observação. Também vende um atlas de estrelas bem barato para ajudar a localizar estrelas variáveis e oferece CD-ROMs gratuitos que contêm cerca de 4.500 tabelas de estrelas variáveis (você só paga pelo envio).

A AAVSO administra uma Busca por Novas e uma Busca por Supernovas às quais você pode se juntar assim que começar a pegar prática em observações celestes.

- **Busca por Novas:** Esse programa requer apenas paciência, cuidado e binóculos de 7x50 ou 10x50 (veja o Capítulo 3 para detalhes em usar binóculos e telescópios). Quando você se afilia, você terá que se concentrar em uma pequena parte do céu. O mais frequentemente possível em noites limpas, verifique a sua seção do céu, sondando-o vagarosamente com as lentes enquanto compara o padrão das estrelas com os definidos nas cartas celestes.

  Se você encontrar uma "estrela nova" que não aparece nas suas cartas, relate o mais rápido possível (de preferência por e-mail). Você pode ter descoberto uma nova de verdade, uma explosão de um tipo particular de estrela binária. Se ela mover vagarosamente com respeito às outras estrelas no campo de visão, não é uma estrela. Pode ser um asteroide ou um cometa.

  Os amadores geralmente fazem outros tipos de erros inocentes. Por exemplo, no começo da década de 1950 (antes do e-mail), meu amigo Charlie e eu mandamos um telegrama para a AAVSO, anunciando nossa descoberta de uma nova com um telescópio em um telhado do Brooklyn. Nós pensamos que era uma nova porque ela não estava se movendo e não estava nos mapas. No entanto, a fama e a fortuna escaparam: nós tínhamos apenas "descoberto" uma estrela que havia sido retirada sem querer do mapa. Foi a gota d'água para Charlie – ele virou advogado.

- **Busca por Supernovas:** Esse programa é para amadores mais avançados. Depois de alguns anos de observações estelares, você estará pronto. Você precisa de um telescópio decente e de preferência uma câmera eletrônica para fazer fotografias através do telescópio. Ao invés de monitorar uma parte do céu na Via Láctea esperando por explosões de novas, você deve observar galáxias distantes uma por uma, procurando por um ponto brilhante que pode aparecer onde você não viu nenhum da última vez que procurou. O ponto brilhante pode ser uma supernova. Já que uma supernova é tão mais brilhante do que a nova, você pode facilmente vê-la em uma galáxia distante.

Capítulo 12

Galáxias: A Via Láctea e Além

Neste Capítulo

- Experimentando a Via Láctea.
- Peneirando aglomerados de estrelas.
- Distinguindo diferentes tipos de nebulosa.
- Classificando galáxias por forma e tamanho.
- Observando galáxias perto e longe.

Nosso Sistema Solar é uma pequena parte da Via Láctea, um grande sistema de centenas de bilhões de estrelas, milhares de nebulosas e centenas de aglomerados de estrelas. A Via Láctea, na verdade, é um dos maiores componentes do Grupo Local de galáxias. Além do Grupo Local está o Aglomerado Virgem, o aglomerado de galáxias mais próximo – 50 milhões de anos-luz da Terra. À medida que os cientistas vasculham pelo Universo através de distâncias cada vez maiores, eles veem superaglomerados, sistemas imensos que contêm muitos aglomerados individuais de galáxias. Até agora, não achamos superaglomerados de superaglomerados, mas *Grandes Muralhas*, que são superaglomerados imensamente longos, existem. A grande parte do Universo parece ser feita de vazios cósmicos gigantes, que contêm poucas galáxias detectáveis.

Este capítulo apresenta à Via Láctea e às suas partes mais importantes e te leva mais longe no Universo para conhecer outros tipos de galáxias.

Conhecendo a Via Láctea

Conheça a Via Láctea! A grande faixa de luz difusa que você consegue observar melhor em verões limpos e noites de inverno a partir de um local sem luz próxima.

Descobrindo a turva Via Láctea

No passado, observadores viam a Via Láctea com facilidade, mas hoje muitas pessoas não conseguem vê-la ou não sabem se ela existe por viverem perto de cidades com tantas luzes que o céu brilha por causa de poluição ao invés de ser um céu escuro como a natureza manda.

A solução? Mude-se da poluição. Saia para as montanhas ou para o mar em suas férias ou em um fim de semana de observação para verificar o céu mais escuro do que na sua casa. A luz da Lua cheia interfere na Via Láctea também, então, planeje viajar na Lua nova, quando há pouca ou nenhuma luminosidade no céu. A Via Láctea é mais proeminente no céu durante o verão e inverno e menos visível na primavera e outono.

Uma corrente de leite pelo Universo era tão boa quanto qualquer explicação para a Via Láctea até 1610, quando Galileu a observou com um telescópio. Ele descobriu que a Via Láctea não tem nada demais: ela consiste em um imenso número de estrelas fracas que se misturam em uma grande e confusa região no céu. Muitas estrelas na Via Láctea são invisíveis aos olhos, mas como um grupo, elas brilham. Obviamente, o telescópio foi uma melhora definitiva para se estudar a Via Láctea (e quase tudo na Astronomia!).

Galáxias são os blocos de construção básicos do Universo, e a Via Láctea é um tijolo de bom tamanho. Ela contém quase tudo do céu que você pode ver a olho nu – da Terra e nosso sistema solar até as estrelas da vizinhança, as estrelas visíveis nas constelações, e todas as estrelas que se misturam para formar uma corrente de leite no céu escuro – e muitos objetos e matérias que você não pode ver. Também contém quase todas as nebulosas que você pode ver sem a ajuda de telescópio e muito mais.

Isso sim é um copo grande de leite! Além de estrelas isoladas, a Via Láctea possui muitos aglomerados de estrelas, como as Plêiades e as Híades na constelação Touro e, para observadores sortudos da Austrália, América do Sul e outros pontos mais ao sul, a Caixinha de Joias, o Cruzeiro do Sul, e o magnífico aglomerado estelar Omega Centauri.

Quando e como a Via Láctea se formou?

A Via Láctea é tão antiga quanto o Universo, e, certamente, tem mais de 12 bilhões de anos, estimados pelos cientistas. Antigamente, a gravidade fez com que uma nuvem gigante de gás primordial se condensasse. Enquanto pequenos grupos dentro da nuvem colapsavam até mais rápido do que a nuvem como um todo, as estrelas se formaram. Embora a grande nuvem deva ter-se formado muito devagar no começo, ela teria rodado mais e mais rápido enquanto ficava menor e achatada como está no presente momento como uma estrutura de disco espiral. E antes de você saber, *voilá, la voie lactée* (Francês para "aqui está, a Via Láctea"). Na verdade, essa formação não é tão simples porque a Via Láctea é um glutão – ela engoliu galáxias vizinhas menores, adicionando as estrelas alheias para sua própria coleção, e ela continua sua refeição hoje. Que ameaça!

Essa é a minha teoria favorita sobre a Via Láctea. Se você tiver uma melhor, torne-se um astrônomo e escreva seu próprio livro um dia – na ciência, as teorias fazem o mundo girar, e talvez até a galáxia.

Qual é o formato da Via Láctea?

A Via Láctea tem o formato e o tamanho que tem porque, no Universo, a gravidade domina. A Via Láctea é uma galáxia espiral, tendo um formato de *pizza* com bilhões de estrelas (o *disco galáctico*, cerca de 100.000 anos-luz em diâmetro) que contém braços em espiral (veja figura 12-1). Os braços têm o formato de correntes de água de um irrigador de jardim rotativo e contém muita luz, estrelas jovens azuis e brancas e nuvens de gás. Os grupos de estrelas jovens e quentes (chamadas *associações*) pontuam os braços em espiral no disco galáctico como pedaços de calabresa em uma *pizza*, nebulosas brilhantes e escuras parecem estar ao redor dos braços, e há grandes nuvens moleculares, como Monoceros R2 (sua localização está marcada na figura 12-1), onde a maioria dos gases é frio e rarefeito. Entre os braços estão as *regiões interbraços* (nem todos os termos astronômicos pegam como Barnacle Bill, o nome de uma rocha em Marte, ou o Retângulo Vermelho, uma nebulosa no formato de ampulheta – vai se entender).

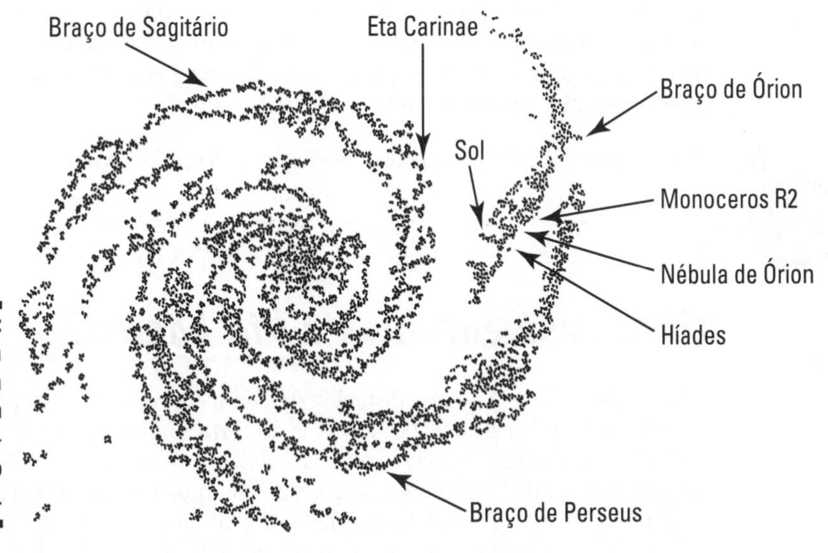

Figura 12.1: A Via Láctea é uma galáxia espiral com braços rodeando o centro galáctico.

No centro de nossa galáxia está um lugar chamado de (você adivinhou!) *centro galáctico*. Centralizado no centro está o bojo galáctico, que deixa um lutador de sumô no chinelo. O *bojo galáctico* é uma formação esférica de milhões de estrelas laranjas e vermelhas em sua maioria, colocadas como uma grande bola de carne no centro do disco galáctico e se estendendo além. E no centro do bojo está a Sagittarius A*, um buraco negro supermassivo. A figura 12-1 apresenta o modelo da Via Láctea com suas coberturas e ingredientes. (É um *close* do disco galáctico, com o bojo galáctico omitido para simplificar).

O plano médio do disco galáctico é chamado de *plano galáctico*, e o círculo que representa essa interseção com o céu, visível da Terra, é chamado de *equador galáctico*.

Às vezes, os astrônomos listam a posição de um objeto em coordenadas galácticas além da ascensão reta e declinação (as coordenadas que eu defino no Capítulo I). As coordenadas galácticas são a Latitude Galáctica, que é medida em graus ao norte ou ao sul do equador galáctico, e a *Longitude Galáctica*, que é medida em graus ao longo do equador galáctico.

A longitude galáctica se inicia na direção do centro galáctico, que tem zero grau de longitude. (Na verdade, o ponto zero da Longitude Galáctica é um pouco fora do centro galáctico, porque os cientistas a colocaram onde achavam que o centro galáctico era em 1959; nós sabemos agora). A Longitude Galáctica procede ao longo do equador galáctico da constelação Sagitário até Águia, Cisne e Cassiopeia; continua até Cocheiro, Cão Maior, Carena e Centauro; e até completar 360 graus, voltando ao centro galáctico. Quando você olha com binóculo as constelações que eu mencionei, você vê mais estrelas, aglomerados e nebulosas do que em qualquer outro lugar no céu. A "verdade plana" é que as constelações que o plano galáctico intersecta estão dentre as melhores vistas do céu.

Você pode encontrar mapas panorâmicos do plano galáctico da Via Láctea – como registrado com radiotelescópias, satélites observatórios de raios-x e raios-gama, e telescópios de luz visível (ou "ópticos") na Terra – na seção de multimidia do site da NASA `www.nasa.gov`.

Onde você encontra a Via Láctea?

A Via Láctea não está a certa distância da Terra; ela contém nosso planeta. O centro galáctico está a 25.000 anos-luz da Terra. Medidas recentes com um radiotelescópio chamado *Very Long Baseline Array* mostram que o Sistema Solar leva cerca de 226 milhões de anos para completar uma órbita ao redor do centro galáctico. A medida clarificou uma discrepância. Os cientistas não tinham certeza se esse período, o *ano galáctico*, se era de 200 milhões de anos ou 250 milhões de anos. Hoje eles têm um número preciso.

Vendo além da Via Láctea

Os três objetos que estão além da Via Láctea, mas bem visíveis a olho nu são a Grande e Pequena Nuvem de Magalhães (duas galáxias visíveis do hemisfério sul) e a Galáxia de Andrômeda. Algumas pessoas abençoadas com excelente visão (e muitas outras que queiram impressionar seus amigos) dizem que podem ver a Galáxia Triangulum também. Tanto a Andrômeda quanto a Triangulum estão a cerca de 2 milhões de anos-luz da Terra, mas a Andrômeda é maior e mais brilhante.

Eu conto a Grande Nuvem de Magalhães como um objeto, mas, na verdade, ela contém uma grande e brilhante nebulosa, a Tarântula, que você pode ver a olho nu. Por alguns meses em 1997, você conseguia ver uma supernova brilhante na Grande Nuvem, Supernova 1987A. Foi a primeira supernova visível a olho nu desde a Estrela de Kepler em 1604, embora não estivesse na nossa própria galáxia como a Kepler. Foi um evento tão raro que eu voei até o Chile para vê-lo. Valeu a pena viajar tanto tempo e gastar todo esse dinheiro (que, felizmente, foi pago por uma revista que esperou pelo meu relatório emocionado).

A periferia do disco galáctico, ou *borda galáctica* – como fãs de ficção científica a conhecem – está, na sua parte mais próxima da Terra, a cerca de uma distância igual em direção oposta de Sagitário. O disco da Via Láctea é, na prática, idêntico ao feixe leitoso de luz no céu.

A Via Láctea fica a cerca de 169.000 anos-luz de uma galáxia chamada de Grande Nuvem de Magalhães, cerca de 2,6 milhões de anos-luz da Galáxia Andrômeda e cerca de 50 milhões de anos-luz do aglomerado de galáxias mais próximo, o Aglomerado Virgem. E ela fica no meio de um pequeno aglomerado de galáxias (tamanhos são relativos aqui), o Grupo Local.

Aglomerados Estelares: Associados Galácticos

Aglomerados estelares são grupos de estrelas localizados na e ao redor da galáxia. Eles não são associados por acaso (mesmo que seja um tipo de aglomerado estelar seja chamado de *associação*); são grupos de estrelas que se formaram juntas a uma nuvem comum e, na maioria dos casos, ficam juntas por causa da gravidade. Os três principais tipos de aglomerados estelares são os *aglomerados abertos*, *aglomerados globulares* e *associações OB*.

Para magníficas imagens de aglomerados estelares, consulte o Observatório Anglo-Australiano em `www.aao.gov.au/images` ou se presenteie com um livro de cabeceira – *The Invisible Universe*, de David Malin (Editora Bulfinch, 1999) – que contém uma coleção de grandes fotografias do observatório. Você pode ter o livro em francês, alemão, italiano e japonês, porque todos amam essas lindas fotos. Você também pode verificar uma foto de um aglomerado estelar na seção colorida deste livro.

Folgados: Aglomerados abertos

Aglomerados abertos contêm dúzias a centenas de estrelas, não têm formato próprio e estão localizados no disco da Via Láctea. Aglomerados abertos típicos estendem-se uns 30 anos-luz. Eles não são muito concentrados (se são) no centro, diferente dos aglomerados globulares (veja a próxima seção), e aglomerados abertos, geralmente, são mais novos. Aglomerados abertos são ótimos para observação com pequenos telescópios e binóculos, e você pode ver alguns a olho nu. Você pode achá-los marcados na maioria dos bons mapas estelares, como o *Norton' Star Atlas* por Ian Ridpath (20ª ed., Editora PI, 2003).

Os aglomerados abertos mais famosos e mais facilmente vistos no céu ao norte são:

- As Plêiades, na esquina noroeste de Touro.

  As Plêiades, conhecidas também como as Sete Irmãs, parecem, a olho nu, com uma pequena mancha. Você pode comparar sua vista com a do seu amigo vendo quantas estrelas você pode contar nas Plêiades, que é M45, o 45º objeto no Catálogo Messier (veja Capítulo 1). Veja com binóculo e conte quantas mais você consegue achar. A estrela mais brilhante nas Plêiades é a Eta Tauri (3º magnitude), também chamada de Alcyone (Veja Capítulo 1 se precisar de explicações sobre magnitude).

- As Híades, no Touro.

  As Híades também são ótimas para observer a olho nu, têm a maioria das estrelas que fazem o formato de "V" na cabeça do Touro. Você não pode perder o aglomerado, porque o V possui uma gigante vermelha brilhante chamada Aldebarã (1º magnitude), que é a Alpha Tauri (veja figura 12-2). Aldebarã, na verdade, está muito longe do aglomerado das Híades, mas ela aparece na mesma direção da Terra.

  As Híades parecem muito maiores do que as Plêiades porque estão a cerca de 150 anos-luz da Terra, contra 400 anos-luz das Plêiades.

- O aglomerado Duplo, em Perseu.

  O Aglomerado Duplo é uma vista linda através de binóculo e, especialmente, através de um pequeno telescópio. Seus dois aglomerados são o NGC 869 e 884, cada um a cerca de 7.000 anos-luz da Terra. NGC significa *New General Catalogue*, que era novo quando apareceu primeiramente em 1888 e não listava generais (ou capitães, coronéis etc).

- O Presépio, em Câncer.

  O Presépio (Messier 44) é a principal atração de Câncer, uma constelação composta de estrelas fracas. Parece uma mancha bela e confusa para o olho nu e um formigueiro de muitas estrelas através de binóculos. Esse aglomerado está a cerca de 500 anos-luz da Terra.

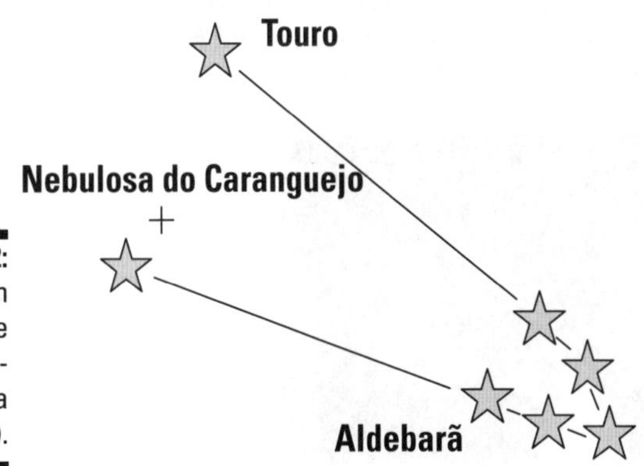

Figura 12-2: Touro contém a gigante vermelha Aldebarã (Alpha Tauri).

Para quem observa do hemisfério sul, os melhores aglomerados abertos são:

- NGC 6231, em Escorpião.

  NGC 6231 é um objeto do céu austral. Você precisa estar em local escuro com o horizonte ao sul. O observador Robert Burhnham Jr. o descreveu como "muitos diamantes em um veludo preto".

- A Caixinha de Joias, no Cruzeiro do Sul.

  A Caixinha de Joias contém a estrela brilhante Kappa Crucis. O Cruzeiro do Sul é um eterno favorito para os observadores do hemisfério sul. Se você fizer um cruzeiro pelos mares do sul, insista para que o navio tenha uma palestra de Astronomia a bordo (eu estarei disponível). O palestrante pode apontar onde está o Cruzeiro do Sul; com binóculo você pode aproveitar a vista da Caixinha de Joias.

Apertados: Aglomerados Globulares

Aglomerados Globulares são os asilos da Via Láctea. Eles parecem ser tão antigos quanto a galáxia em si (alguns especialistas acreditam que os aglomerados globulares foram os primeiros objetos a se formar na Via Láctea), e eles contêm estrelas antigas, como muitas gigantes vermelhas e anãs brancas (veja Capítulo 11). As estrelas que você pode ver em um aglomerado globular com seu telescópio são geralmente gigantes vermelhas. Com telescópios maiores, você poderá ver estrelas anãs de sequência principal laranjas e vermelhas. Apenas o Telescópio Espacial Hubble e outros instrumentos muito poderosos conseguem ver mais do que muitas anãs brancas se apagando em um aglomerado globular.

Um aglomerado globular estelar típico contém de centenas de milhares até um milhão ou mais de estrelas, todas empacotadas em uma bola (por isso o termo "globular") que mede de 60 a 100 anos-luz de diâmetro. Quanto mais perto as estrelas estão do centro, mais confinadas elas ficam (veja figura 12-3). Seu alto grau de concentração e seu grande número de estrelas distinguem um aglomerado globular de um aglomerado aberto.

Figura 12-3: O aglomerado globular G1 na galáxia Andrômeda.

Cortesia da NASA

Outra diferença-chave é que os aglomerados abertos estão distribuídos ao redor do disco galáctico em um padrão mais achatado, mas os aglomerados globulares estão arranjados esfericamente ao redor do centro da Via Láctea, com muitos bem acima e bem abaixo do plano galáctico. A maioria dos aglomerados globulares está concentrada na direção do centro galáctico, mas muitos dos globulares que você pode ver facilmente estão bem acima ou abaixo do plano galáctico.

Os melhores aglomerados globulares para se ver no céu ao norte são:

- Messier 13, em Hércules.
- Messier 15, em Pégaso.

Você pode ver tanto o M13 quanto o M15 a olho nu em condições adequadas de céu escuro, mas você mesmo pode precisar com binóculo ou com um pequeno telescópio, que mostram os aglomerados como pontos bagunçados maiores do que estrelas. Use uma Carta Celeste (como o *Norton's Star Atlas*, 20ª edição, por Ian Ridpath, Editora PI, 2003) para localizar os aglomerados.

Observadores no Hemisfério Norte estão mal servidos com os melhores aglomerados globulares de estrelas, porque de longe os dois maiores e mais brilhantes estão no profundo céu austral:

- Omega Centauri, em Centauro.
- 47 Tucanae, em Tucano.

Esses aglomerados são visões espetaculares mesmo através de pequenos binóculos e fazem valer a pena a viagem para a América do Sul, África do Sul, Austrália ou outros lugares onde eles podem ser vistos, se você é um astrônomo.

Lembre-se de conferir a foto de um aglomerado globular na seção colorida.

Foi bom enquanto durou: Associações OB

Associações OB são grupos soltos de estrelas perdidos com dúzias de estrelas de tipos espectrais O e B (os tipos mais quentes de estrelas de sequência principal) e, às vezes, estrelas mais frias e fracas (veja o Capítulo 11 para mais informações sobre tipos espectrais). Diferente de aglomerados abertos e globulares, a gravidade não faz as associações OB ficarem juntas; com o tempo, essas estrelas se afastam umas das outras, dissolvendo a associação como uma parceria limitada que atingiu seu limite. Associações OB estão localizadas perto do plano galáctico.

Muitas das estrelas jovens e brilhantes na constelação Órion são membros da associação OB Órion. (Veja Capítulo 3 para mais informações sobre Órion).

Sob o Encanto da Nebulosa

Uma nebulosa é uma nuvem de gás e poeira no espaço ("poeira" significa partículas sólidas microscópicas, que podem ser feitas de rochas de silicato, carbono, gelo ou várias combinações dessas substâncias; o "gás" é hidrogênio, hélio, oxigênio, nitrogênio e mais, porém, na maioria das vezes é hidrogênio). Como eu digo no Capítulo 11, algumas nebulosas têm papel importante na formação de estrelas; outras se formam de estrelas em seus estágios terminais. Entre o nascimento e a morte, as nebulosas vêm em um sem-número de variedades. (Verifique uma foto de uma nebulosa na seção colorida do livro).

Aqui estão algumas nebulosas familiares:

- **Regiões H II** são nebulosas onde o hidrogênio está ionizado, isso significa que o hidrogênio perde seus elétrons. (Um átomo de hidrogênio tem um próton e um elétron). O gás em uma região H II é quente, ionizado e brilhante por causa dos efeitos de radiação ultravioleta das estrelas O e B que estão na redondeza. Todas as nebulosas grandes e brilhantes que você pode ver através de binóculos são regiões H II (H II se refere ao estado ionizado do hidrogênio na nebulosa).
- **Nebulosas Escuras** são coelhinhos de poeira da Via Láctea, contendo nuvens de gás e poeira que não brilha. O hidrogênio é neutro, ou seja, os átomos do hidrogênio não perderam seus elétrons. O termo região H I se refere à nebulosa na qual o hidrogênio é neutro. É outro nome dado a "nebulosa escura".
- **Nebulosas de reflexão** são compostas de poeira e hidrogênio neutro e frio. Elas brilham pela reflexão da luz das estrelas próximas. Sem as estrelas próximas, elas seriam nebulosas escuras.

Às vezes, uma nova nebulosa de reflexão aparece de repente, e você pode descobri-las, como o astrônomo amador Jay McNeil fez. Em janeiro de 2004, ele descobriu uma nova nebulosa de reflexão na constelação Órion com um refrator de 3 polegadas no seu quintal, e os profissionais agora chamam a nebulosa de Nebulosa de McNeil. Mas não se anime tanto, esse tipo de descoberta é muito raro.

- **Nuvens moleculares gigantes** são os maiores objetos da Via Láctea, mas eles são frios e escuros e os cientistas não os teriam encontrado se não fossem pelos dados reunidos por radiotelescópios, que podem detectar emissões de fracas ondas de rádio de moléculas como as de monóxido de carbono (CO). Como todas as outras nebulosas, nuvens moleculares gigantes são, em sua maioria, feitas de hidrogênio, porém os cientistas geralmente as estudam mediante gases traçadores, como o CO. O hidrogênio em nuvens gigantes é molecular, com a designação H2, o que significa que cada molécula consiste de dois átomos neutros de hidrogênio.

  Uma das mais interessantes descobertas sobre nebulosas nas últimas décadas mostrou que regiões brilhantes H II, como a nebulosa Órion, são apenas pontos quentes na periferia de nuvens moleculares gigantes. Por séculos, as pessoas podiam ver a Nebulosa de Órion, mas não tinham ideia que não é mais do que um ponto brilhante em um enorme objeto invisível, a nuvem molecular Órion. Todavia, hoje nós sabemos. Novas estrelas nascem em nuvens moleculares, e quando elas ficam quentes o suficiente, elas ionizam suas redondezas, transformando-as em regiões H II. A parte de uma nuvem molecular onde a poeira é grossa o suficiente para barrar a luz de muitas ou da maioria das estrelas na nuvem, como as visíveis da Terra, é chamada de Nebulosa Escura.

Regiões H II, nebulosa escura, nuvens moleculares gigantes e muitas das nebulosas de reflexão estão localizadas dentro ou perto do disco galáctico da Via Láctea.

Dois outros tipos interessantes de nebulosa são as nebulosas planetárias e remanescentes de supernovas, que eu explico brevemente na próxima seção (e no Capítulo 11).

Encontrando nebulosas planetárias

Nebulosas planetárias são as atmosferas de estrelas antigas que no início se pareciam com o Sol, mas depois expeliram as camadas atmosféricas externas, como o Sol fará em um futuro longínquo (veja Capítulo 10). As nebulosas são ionizadas e brilham por causa da luz ultravioleta das pequenas estrelas quentes em seus centros, que são os restos de sóis antigos.

Nebulosas planetárias se expandem no espaço e dissipam quando crescem. Elas podem ficar bem distantes do plano galáctico, diferente das regiões H II (Veja uma nebulosa planetária na seção colorida do livro).

Por décadas, os astrônomos acreditavam que muitas das nebulosas planetárias eram um pouco esféricas. Mas, agora se sabe que a maioria é bipolar, ou seja, elas têm dois lóbulos redondos projetando-se de lados opostos da estrela central. A nebulosa planetária que parece esférica, como a Nebulosa do Anel na constelação Lira (veja Figura 12-4), é bipolar também, mas o eixo abaixo do centro dos lóbulos aponta na direção da Terra (e então, como um haltere, parece circular). Os astrônomos levaram muitos anos para descobrir isso.

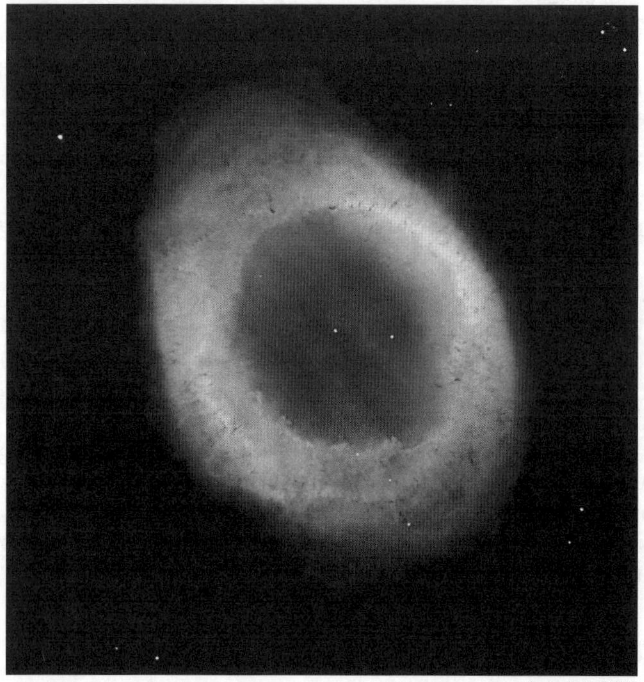

Figura 12-4: A Nebulosa do Anel, em Lira, é bipolar mas parece esférica da Terra.

Cortesia da NASA

Ponto curioso: as *protonebulosas planetárias*, que são mais estudadas por astrofísicos são relacionadas com as nebulosas planetárias. Uma protonebulosa planetária é o primeiro estágio da nebulosa planetária – uma fase da morte da estrela (não confunda com a Estrela da Morte de Guerra nas Estrelas). Mas não confunda isso com uma nebulosa protoplanetária, que é a nuvem de nascimento de uma estrela que tem sistema planetário e seus planetas. Sim, astrônomos usam termos quase iguais para se referirem a coisas diferentes, mas ninguém é perfeito. Nós talvez precisemos de outro Edwin P. Hubble para nos introduzir a algumas nomenclaturas sensíveis.

Corrigindo uma confusão galáctica

Até a década de 1950, os astrônomos usavam o termo "nebulosa" para se referirem a uma galáxia, porque até a década de 1920, eles achavam que as galáxias que não eram a Via Láctea eram suas nebulosas. Os astrônomos acreditavam apenas na existência da galáxia da Terra: a Via Láctea.

Foi preciso algumas dúzias de anos para a mudança no entendimento prevalecer na linguagem da Astronomia. Assim, os autores de livros de Astronomia só agora pararam de se referir à Galáxia de Andrômeda como Nebulosa de Andrômeda.

Edwin P. Hubble, aquele que deu o nome ao telescópio, escreveu o famoso livro *O Reino das Nebulosas*. Ele escreveu tudo sobre galáxias, não nebulosa como o termo usado pelos astrônomos agora. Dentre suas conquistas, Hubble provou que a Nebulosa de Andrômeda é uma galáxia cheia de estrelas, não uma grande nuvem de gás. Ele era pugilista aposentado, lutou na I Guerra Mundial, fumou um cachimbo e atormentou outros astrônomos no Observatório Mount Wilson, mas suas descobertas não são nada atormentadas.

Varando pelos remanescentes de supernova

Os *remanescentes de supernova* começam como material ejetado de explosões massivas de estrelas. Um remanescente jovem de supernova é composto quase exclusivamente dos restos expelidos pela estrela que explodiu. Mas como o gás se move para o espaço interestelar, ele parece uma pedra rolando que cria limo. Os remanescentes em expansão criam um efeito de arado de neve enquanto segue avante (veja Capítulo 11) e acumula um gás rarefeito de espaço interestelar. Quando envelhece – mais de 10 mil anos depois – o remanescente está composto desse gás interestelar "capturado", e os restos da estrela que explodiu são meros traços. Remanescentes de supernova expandem ao longo ou perto do plano galáctico da Via Láctea.

Apreciando as melhores imagens de nebulosas vistas da Terra

As nebulosas estão dentre as mais bonitas visões através de pequenos telescópios. Você precisa de um bom mapa estelar, como aqueles do Atlas de Norton, e você deve começar com um alvo fácil, como a Nebulosa de Órion, que você encontra a olho nu e binóculo antes de alcançá-la de telescópio. Para regiões H II como a Nebulosa de Órion, um telescópio com um baixo f, como o refrator ShortTube 80mm dos telescópios e binóculos Órion, funcionam melhor (veja Capítulo 4, onde eu comento sobre o uso de instrumentos para caçar cometas, para mais informações dessa ferramenta em particular). Para nebulosas menores como a Nebulosa do Anel, que eu descrevo na lista seguinte, o telescópio Meade ETX-90PE (veja Capítulo 3) é uma boa ferramenta para iniciantes. O Meade tem um sistema de controle computadorizado que aponta o telescópio corretamente para uma pequena nebulosa (que você não pode ver a olho nu).

Aqui estão algumas das melhores, mais brilhantes (ou para nebulosas escuras, mais escura) e mais bonitas nebulosas que se pode ver de latitudes ao norte, como alguns objetos ao norte do céu que não estão localizados tão ao sul do equador celeste:

- A Nebulosa de Órion, Messier 42 (veja Capítulo 1), em Órion.

  Uma região H II, você pode ver facilmente a Nebulosa de Órion a olho nu como um ponto embaçado na espada de Órion. Parece perfeita através do binóculo e espetacular através de um pequeno telescópio. O telescópio também mostra o Trapézio, uma estrela brilhante quádrupla (veja Capítulo 11) na nebulosa.

- A Nebulosa do Anel, Messier 57, em Lira.

  A Nebulosa do Anel é uma nebulosa planetária bem no alto do céu a latitudes temperadas ao norte em uma noite de verão. Como todas as nebulosas planetárias, você precisa usar um mapa de estrelas para encontrá-la com seu telescópio, a não ser que você tenha um telescópio computadorizado como o Meade ETX-90PW (veja Capítulo 3), que aponta direto para a nebulosa ao ser comandado.

- A Nebulosa do Halteres, Messier 27, na Raposa.

  A Nebulosa do Halteres, juntamente com a Nebulosa do Anel, está entre as as nebulosas planetárias mais fáceis de se encontrar com um pequeno telescópio. A melhor época para sua observação é no verão e no outono.

- A Nebulosa do Caranguejo, Messier 1, em Touro.

  A Nebulosa do Caranguejo é o remanescente de uma supernova que explodiu no ano de 1054, como foi visto da Terra. Parece ser um ponto embaçado através de um pequeno telescópio, mas um grande telescópio mostra duas estrelas perto de seu centro. Uma estrela não está associada à nebulosa; ela só aparece ao longo da mesma linha de visão. A outra estrela é o pulsar (veja Capítulo 11) que também é remanescente de explosão de supernova. Ele gira 30 vezes por segundo, e um ou outro dos seus feixes de luz chega à Terra a cada 1/10 de segundo, com a mesma frequência que seu ciclo de energia de casa. (Eu acredito que essa seja uma analogia "poderosa").

- A Nebulosa América do Norte, NGC 7000, em Cisne.

  A Nebulosa América do Norte (o nome vem de seu formato) é uma fraca, porém grande região HII que você pode ver a olho nu em uma noite de verão em um lugar muito escuro sem luz da Lua. Para observá-la, use visão preventiva – olhe com o canto de olho.

- O Saco de Carvão Boreal, em Cisne.

  O Saco de Carvão Boreal é uma nebulosa negra perto de Deneb, que é Alpha Cygni, a estrela mais brilhante de Cisne. Você pode identificá-lo de vista como uma mancha escura contra o fundo mais claro da Via Láctea.

Você não deve pular a próxima nebulosa localizada em declinações moderadas ao sul: entretanto, você pode observá-las de muitos lugares no hemisfério norte e, é claro, de qualquer lugar no hemisfério sul.

- A Nebulosa da Laguna, Messier 8, em Sagitário.
- A Nebulosa Trífida, Messier 20, em Sagitário.

  A Nebulosa da Laguna e a Nebulosa Trífida são regiões H II grandes e brilhantes que você pode observar no mesmo campo de visão com o seu binóculo. Seu melhor momento de observação é durante as noites do verão. Uma foto colorida mostra que a Trífida tem uma região vermelha brilhante e uma região azul separada e mais apagada. A área vermelha é a região H II e a zona azul é uma nebulosa de reflexão.

Grandes nebulosas nas profundezas do hemisfério sul são:

- A Nebulosa da Tarântula, em Dourado.

  A Nebulosa da Tarântula fica na galáxia Grande Nuvem de Magalhães, mas é uma região H II grande e brilhante que notória a olho nu por observadores no sul temperado e a latitudes bastante meridionais. A Tarântula é outro objeto a ser observado se você fizer um cruzeiro nos mares do sul, além do Cruzeiro do Sul e da Caixinha de Joias (veja a seção "aglomerados estelares: associados galácticos" anteriormente). Acredite, você não vai perder a Tarântula.

- A Nebulosa Carina, em Carena.

  A Nebulosa Carina, perto da estrela enorme e instável Eta Carinae (veja Capítulo 11) é uma região H II grande e brilhante.

- O Saco de Carvão, no Cruzeiro do Sul.

  O Saco de Carvão, uma nebulosa escura, é um caminho grande e escuro, com diâmetro de vários graus, na Via Láctea. Você não pode perdê-lo em uma noite limpa com um céu escuro, se estiver no hemisfério sul.

- A Nebulosa de Oito Erupções, NGC 3132, em Vela.

  A Nebulosa de Oito Erupções é uma nebulosa planetária visível no céu austral.

Para algumas das melhores imagens coloridas de nebulosas fotografadas, veja as páginas seguintes no Space Telescope Science Institute:

- A coleção de imagens de nebulosas originalmente distribuídas pela imprensas está em: `hubblesite.org/newscenter/newsdesk/archive/releases/image_category`.
- Uma seleção especial das melhores imagens nebulares do Hubble fica em: `hubblesite.org/gallery/ showcase/nebulae/index.shtml`.
- A Galeria de Imagens Clássicas do Hubble (com imagens maravilhosas de galáxias e outros objetos) está em: `heritage.stsci.edu/gallery/galindex.hmtl`.

Dando uma Conferida nas Galáxias

Uma grande galáxia consiste em milhares de aglomerados estelares e milhões até trilhões de estrelas individuais, que são mantidas juntas pela gravidade. A Via Láctea se mantém como um grande sistema em espiral, mas as galáxias vêm em muitos tamanhos e formatos (veja Figura 12-5 para muitos tipos principais).

Os tipos principais de galáxias, com base no formato e tamanho, são:

- Espiral
- Espiral barrada
- Lenticular
- Irregular
- Anã
- De baixo brilho de superfície

Eu explicarei todos esses tipos nas próximas seções, assim como ótimas galáxias para observar; a casa da Via Láctea, o Grupo Local; e até grupos maiores de galáxias, como aglomerados e superaglomerados.

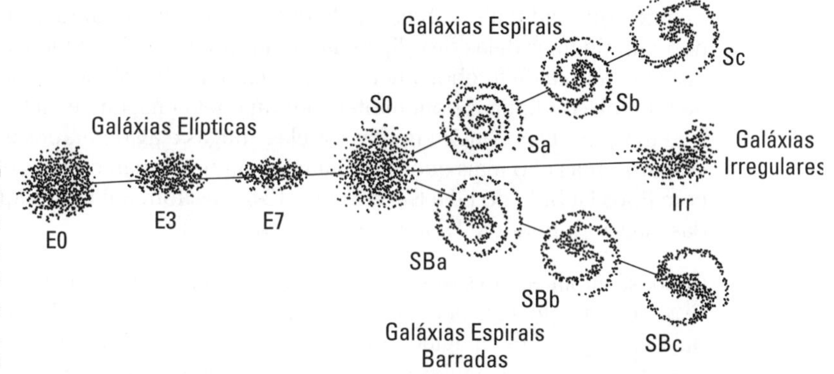

Figura 12-5: Galáxias vêm em vários tamanhos e formatos diferentes.

Vistoriando galáxias espirais, espirais barradas e lenticulares

Galáxias espirais têm formato de disco, com braços espirais através de seus discos. Elas podem parecer com a Via Láctea, ou seus braços podem ser mais apertados do que os braços de outras galáxias em espirais (ou menos). O bojo central em outra galáxia em espirais pode ser mais ou menos proeminente, comparado com os braços espirais. As galáxias incluem aquelas taxadas pelos seus *tipos Hubble*, Sa, Sb, As, Sc, na Figura 12-5. (Sim, tipos de galáxias também têm nomes homenageando Hubble). Indo da Sa para

Sc na sequência (ou além, para Sd), os braços espirais das galáxias estão menos apertados, e os bojos centrais estão menos proeminentes.

Galáxias espirais têm muito gás interestelar, nebulosas, associações OB e aglomerados abertos, além de aglomerados globulares. Você pode ver uma foto de galáxias espirais na seção colorida.

Galáxias espirais barradas são galáxias espirais cujos braços espirais não parecem emergir do centro da galáxia; ao invés disso, eles parecem sair dos finais de uma nuvem de estrelas linear ou no formato de uma bola de futebol americano que fica ao redor do meio. Essa nuvem de estrelas é chamada de *barra*. Gás de partes externas da galáxia pode ser afunilado em direção ao centro pela barra em um processo que forma novas estrelas que fazem o bojo central da galáxia crescer. Essas galáxias incluem os tipos nomeados como SBa, SBb e SBc na Figura 12-5. A sequência de SBa até SBc (e até SBd) vai de galáxias com braços apertados e bojos centrais relativamente grandes até aquelas com braços abertos e pequenos bojos.

Galáxias lenticulares (em formato de lentes) são sistemas achatados com discos galácticos, como galáxias espirais. Essas galáxias são marcadas com seu tipo, S0, na figura 12-5.

Examinando galáxias elípticas

Galáxias elípticas têm o formato de uma bola de futebol, e essa definição significa que são tanto as bolas de futebol americano, quanto as de futebol normal. Algumas delas são elipsoidais em formato, mais ou menos parecidas com a bola de futebol americano, e algumas são esféricas, como a bola de futebol. As elípticas podem oferecer uma bela imagem, e eu tenho prazer em vê-las. Elas contêm muitas estrelas antigas e aglomerados globulares estelares, mas não mais que isso. Galáxias elípticas aparecem tabeladas com tipos Hubble do E0 a E7 na Figura 12-5. Elas formam uma sequência das mais redondas em E0 até as mais elípticas em E7.

Galáxias elípticas são sistemas nos quais a formação de estrelas cessou quase ou totalmente. Elas não têm regiões H II, aglomerados estelares jovens ou associações OB. Imagine morar em uma dessas galáxias monótonas, com nada como a Nebulosa de Órion para te entreter ou dar vida a novas estrelas. E, provavelmente, também não deve passar nada na TV.

A produção de novas estrelas pode ter acabado em uma galáxia elíptica porque todo esse gás interestelar foi usado nas estrelas já presentes na galáxia. Ou a formação de estrelas pode ter acabado porque algo soprou para fora todo o gás útil restante para fazer mais estrelas. Eu digo “útil” porque algumas galáxias elípticas, embora não tenham região H II ou grupos de estrelas jovens, ainda assim têm gás extremamente quente – tão rarefeito e quente, de fato, que brilha em raios-x. O gás nesse estado não necessariamente se condensa em uma estrela.

Uma galáxia é uma galáxia que é uma galáxia

Escrever "galáxia" e "galáxias" de novo e de novo fica repetitivo. Mas o que é um bom sinônimo para "galáxia"? Alguns colegas desinformados (ou seus editores) escrevem "aglomerado estelar" para variar suas prosas, mas isso é errado. E um grande grupo de galáxias não é um "aglomerado galáctico", que é um termo que significa um aglomerado aberto de estrelas dentro de uma galáxia. Um grande grupo é um aglomerado de galáxias. O aglomerado é composto de galáxias, tem galáxias, mas não é galáctico.

E, para dizer a verdade, algumas galáxias elípticas mostram um número de aglomerados estelares azulados, que parecem ser aglomerados estelares globulares muito jovens, muito mais novos do que qualquer um na Via Láctea.

Uma teoria importante de galáxias elípticas, ou pelo menos de algumas galáxias elípticas, é que elas se formam através da colisão e aglomeração de pequenas galáxias. A colisão de duas galáxias em espiral, por exemplo, pode produzir uma galáxia elíptica grande, e ondas de choque do evento podem comprimir grandes nuvens moleculares nas espirais, fazendo enormes aglomerados de estrelas quentes e jovens nascerem – talvez os aglomerados estelares muito azulados encontrados em algumas elípticas. Mas a colisão de uma pequena galáxia com uma grande espiral pode apenas levar a esta última engolir a primeira, fazendo o bojo central da espiral ficar ainda maior.

Quando astrônomos observam o espaço, nós podemos ver muitos exemplos de galáxias colidindo e se juntando. Quanto mais antigamente olhamos, mais predominantes as fusões parecem ser. Aparentemente, colisões galácticas eram comuns no começo do Universo e podem ter ajudado a formar muitas das galáxias que nós vemos hoje.

Olhando para galáxias irregulares, anãs e de baixo brilho superficial

Galáxias irregulares têm formatos que tendem a ser, bem, um tanto irregulares. Você pode encontrar lampejos de uma pequena estrutura em espiral em uma delas, ou não. Elas realmente têm muito gás estelar frio, com novas estrelas se formando a todo o momento. E elas geralmente parecem menores do que espirais e elípticas, com menor quantidade de estrelas. Você vê uma galáxia irregular com seu tipo, Irr, na Figura 12-5.

Galáxias anãs são exatamente o que diz o nome: pequenas galáxias que podem ter muitos milhares de anos-luz de diâmetro ou menos. Os tipos de galáxias anãs incluem anãs elípticas, anãs esferoidais, anãs irregulares e aparentemente também (embora sua classificação ainda seja um pouco controversa) anãs espirais. A Branca de Neve tinha apenas sete anões, mas pode haver bilhões de galáxias anãs no Universo.

Na nossa vizinhança imediata, o Grupo Local de Galáxias, as galáxias mais comuns são as galáxias anãs – assim como na Via Láctea, as estrelas mais comuns são as menores, anãs vermelhas. A mesma probabilidade acontece no resto do Universo.

Você não vê galáxias anãs na Figura 12-5, porque Hubble não as incluiu quando criou o diagrama original. Ele não incluiu o próximo tipo que eu listo, as galáxias de baixo brilho superficial, porque elas não haviam sido descobertas ainda. Ei, ninguém é perfeito.

Galáxias de baixo brilho de superfície foram reconhecidas como um tipo distinto na década de 1990. Elas podem ser tão grandes quanto a maioria das outras galáxias, mas elas quase não brilham. Embora elas tenham bastante gás, elas não produziram muitas estrelas, portanto não parecem ser tão brilhantes. Os astrônomos as deixaram passar por décadas pelo céu afora, mas nós estamos começando a encontrá-las com câmeras eletrônicas avançadas. Algumas galáxias de baixo brilho superficial bem pequenas já foram encontradas, são as menos luminosas de todas; eu as chamo de "galáxias de lâmpada fraca". Quem sabe o que mais ainda pode ser encontrado?

Alguns astrofísicos acham que muito da massa do Universo pode estar presente na forma de galáxias de baixo brilho superficial que ainda não foram contadas apropriadamente, como alguns grupos de pessoas pouco representadas no Censo.

Admirando as grandes galáxias

Para apreciar as vistas telescópicasdas galáxias, use telescópios como aqueles que eu recomendei na seção "Apreciando as melhores imagens de nebulosas vistas da Terra" anteriormente. Galáxias grandes como a Andrômeda ou a Triangulum são ótimas vistas de um telescópio de baixo f (veja Capítulo 3). Para ver as galáxias menores, eu recomendo um telescópio com um controle computadorizado que aponta o telescópio para o ponto exato no céu. *O Norton's Star Atlas* e outros mapas mostram onde as galáxias brilhantes estão entre as constelações.

As melhores galáxias para observar do hemisfério norte são as seguintes; e quando eu digo a estação do ano para a observação, eu quero dizer que é a estação ocorrente no hemisfério norte. (Lembre-se, é outono no hemisfério norte quando os brasileiros estão aproveitando a primavera.)

- A Galáxia de Andrômeda (Messier 31; veja Capítulo 1), em Andrômeda, uma constelação com o nome em homenagem a uma princesa da mitologia grega.

  A Galáxia de Andrômeda é também chamada de Galáxia da Grande Espiral de Andrômeda, e foi bem conhecida como a Nebulosa da Grande Espiral de Andrômeda ou apenas Nebulosa de Andrômeda. Parece com um borrão bagunçado a olho nu. Você pode vê-la no céu de uma noite de outono. A partir de lugar escuro de observação, você pode segui-la por três graus – ou cerca de seis vezes a largura da Lua cheia – no céu com o seu binóculo.

Não tente observar galáxias em Lua cheia; espere até que a Lua esteja pouco iluminada ou abaixo do horizonte. Quanto mais escura a noite, melhor para ver Andrômeda.

- NGC 205 e Messier 32, em Andrômeda.

  NGC 205 e Messier 32 são galáxias companheiras pequenas e elípticas da Galáxia de Andrômeda. Alguns especialistas as chamam de galáxias elípticas anãs e alguns não. (Eu gostaria que eles se decidissem.) M32 é esferoidal em formato, e NGC 205 é elipsoidal.

- A Triangulum, ou Galáxia do Catavento (Messier 33), em Triângulo.

  A Triangulum, ou Galáxia do Catavento, é outra galáxia espiral grande e brilhante, um pouco menor e mais apagada do que a Galáxia de Andrômeda e também uma ótima visão através de binóculos no outono.

- A Galáxia do Redemoinho (Messier 51), nos Cães de Caça (veja figura 12-6).

  A Galáxia do Redemoinho é mais distante e menos brilhante do que Andrômeda e Triangulum, mas você tem uma vista mais gloriosa dela através de um pequeno telescópio de alta qualidade. A Redemoinho é uma espiral vista de topo, o que significa que o disco galáctico está em ângulo reto em relação a nossa linha de visão da Terra; nós olhamos bem abaixo (ou acima) dela. Com os grandes telescópios (veja Capítulo 2), você pode conseguir ver a estrutura espiral de uma distância de cerca de 15 milhões de anos-luz. Messier 51 é onde os cientistas descobriram a estrutura em espiral das galáxias. Procure por essa em uma noite bem escura da primavera.

- A Galáxia do Sombrero (Messier 94), em Virgem.

  A Galáxia do Sombrero é uma galáxia em espiral brilhante e central. Sua "aba" é seu disco galáctico. Uma faixa escura aparece ao longo da aba, porque outra faixa de nebulosas escuras ou sacos de carvão no disco galáctico da Sombrero está de perfil alinhado com nossa linha de visada. Procure pela Sombrero na primavera; ela está quase três vezes mais longe do que a Redemoinho, mas ainda te dá um bom campo de visão com um telescópio.

A lista seguinte apresenta as melhores galáxias para observadores no hemisfério sul:

- A Pequena e Grande Nuvem de Magalhães (SMC e LMC) são galáxias irregulares que ficam em órbita na Via Láctea. A Grande Nuvem não só é maior, mas também fica mais próxima da Terra. Ela está a meros 169.000 anos-luz (mais ou menos) de nós. De fato, os cientistas acreditaram por muitos anos que a LMC era a galáxia mais próxima da Via Láctea. (Hoje, os cientistas sabem que uma versão apagada e miserável de galáxia, chamada Galáxia anã de Sagitário, está ainda mais próxima. Entretanto, nós mal conseguimos diferenciá-la em fotos telescópicas porque a Via Láctea a está absorvendo. Até mais, Sagitário, nós mal a conhecemos!)

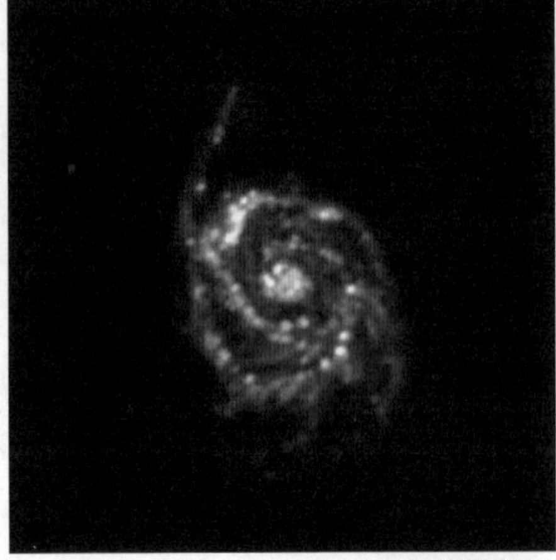

Figura 12-6: A Galáxia Redemoinho, fotografada com luz ultravioleta pelo satélite GALEX.

Cortesia da NASA/JPL/Caltech

As LMC e SMC na verdade parecem nuvens no céu noturno. Elas são tão grandes e brilhantes que são vistas em quase todo hemisfério sul. Em outras palavras, em latitudes bastante meridionais, elas nunca se põem. Se você for bem ao sul da América do Sul ou em outros lugares do hemisfério sul, a LMC e SMS são visíveis em qualquer noite limpa do ano. Passeie por elas com binóculos e veja quantos aglomerados estelares e nebulosas você pode reconhecer.

- A Galáxia do Escultor (NGC 253) é uma galáxia espiral grande, brilhante e é uma das mais cheias de poeira. Caroline Herschel, que também descobriu oito cometas, a descobriu em 1783. Procure por ela com binóculo ou telescópio em uma noite escura de outono. Você a vê melhor no hemisfério sul, mas você pode encontrá-la em qualquer lugar nos Estados Unidos continental se você tem um horizonte limpo ao sul.

- Centaurus A (NGC 5128) é uma galáxia enorme com uma aparência peculiar: esferoidal, mas com uma faixa fina de poeira escura ao redor de seu meio. A galáxia é uma fonte poderosa de ondas de rádio e raios-x e tem sido muito estudada com radiotelescópios e de raios-x em satélites em órbita. Os teóricos vão e voltam com a ideia de que ela é um exemplo de galáxias que colidiram. Eu acho que ela provavelmente engoliu uma galáxia menor ou duas, então observe de uma distância segura. Esse objeto é mais adequado para observadores no hemisfério sul, com melhores vistas no outono (primavera no hemisfério norte).

Descobrindo o grupo local de galáxias

O Grupo Local de galáxias, chamado Grupo Local para facilitar, consiste em duas grandes espirais (a Via Láctea e a Galáxia de Andrômeda), uma espiral menor, a Galáxia Triangulum), os satélites (como a Grande e Pequena Nuvem de Magalhães, assim como a M32 e MGC 205), e cerca de duas dúzias de galáxias anãs.

O Grupo Local não é lá um grande aglomerado de galáxias, mas é nossa casa e a maior estrutura a que nós na Terra estamos ligados gravitacionalmente (significa que a Terra não está se afastando do Grupo Local à medida que o Universo se expande). Da mesma maneira que o Sistema Solar não está ficando maior – porque a gravidade solar previne que os planetas se movam para fora e escapem – o Grupo Local fica junto por causa da gravidade de três galáxias espirais e dos membros menores. Mas todos os outros grupos e aglomerados de galáxias e galáxias individuais distantes em todo Universo fora do campo gravitacional do Grupo Local estão se afastando do Grupo Local em taxas determinadas por uma fórmula chamada de *Lei de Hubble* (nome em homenagem ao astrônomo, não ao telescópio). O Capítulo 16 explica mais sobre esse movimento.

O Grupo Local tem cerca de um megaparsec de diâmetro e está centrado perto da Via Láctea. Um *parsec* é uma dimensão no espaço igual a 3,26 anos-luz, e mega significa milhão, então o Grupo Local tem cerca de 3,26 milhões de anos-luz ou com cerca de 30 trilhões de quilômetros de largura. Essa dimensão pode parecer grande, mas a distância é minúscula comparada com a extensão observável do Universo além.

Aglomerados e superaglomerados de galáxias são maiores do que o Grupo Local, facilmente encontrados ao redor de bilhões de anos-luz no espaço. Mas a maioria de todas essas galáxias no Universo, pelo menos as mais visíveis, está localizada em menores grupos com apenas dúzias de membros ou menos, como o Grupo Local (que tem cerca de 30). Portanto, nós parecemos estar em condição mediana, do ponto de vista de vizinhanças galácticas.

Conferindo aglomerados de galáxias

A maioria das galáxias pode estar em pequenos grupos como o Grupo Local, mas como os astrônomos monitoram céus distantes com telescópios profissionais de observatório, as formações que se destacam são os aglomerados de galáxias. Mais proeminentes são os tão falados *aglomerados ricos*, com centenas e até milhares de galáxias, cada uma com seu próprio complemento de bilhões de estrelas.

O aglomerado de galáxias mais próximo é o Aglomerado de Virgem, espalhado através da constelação de mesmo nome e constelações adjacentes. O aglomerado está a cerca de 50 milhões de anos-luz de distância e contém centenas de galáxias conhecidas.

Você pode observar uma das galáxias maiores e mais brilhantes, membro do Aglomerado de Virgem, com seu próprio telescópio. Messier 87 é uma das melhores vistas: uma galáxia elíptica gigante em formato de esfera com um jato poderoso de matéria voando para fora de seu centro, das redondezas de um buraco negro supermassivo. Você pode ver M87 com equipamento amador, mas não o jato no centro, a não ser que você seja um amador *muito* avançado. A galáxia parece ter engolido algumas menores, o que pode ser a explicação para o seu tamanho. Algumas galáxias gostam de começar menores e se esforçarem para crescer. As Messier 49 e 84 são outras duas gigantes elípticas do aglomerado de Virgem que você pode observar, e Messier 100 é uma grande galáxia espiral no aglomerado. Procure essas galáxias em uma noite escura de primavera no hemisfério norte. Use um telescópio com controles computadorizados que pode procurar tudo para você. E se não confia em computadores, tenha um mapa que mostra as galáxias.

Há aglomerados de galáxias tão longe quanto os telescópios podem alcançar. No limite da tecnologia atual no começo do século XXI, nós sabemos de algumas centenas de bilhões de galáxias no Universo observável, mas ninguém as contou - pelo menos ninguém do nosso planeta.

Medindo superaglomerados, vazios cósmicos e grandes muralhas

Você pode achar que um grande aglomerado de galáxias, com cerca de 3 milhões de anos-luz de largura, pode ser o máximo. Mas o céu profundo indica que a maioria dos aglomerados de galáxias está agrupada em grandes formas, chamadas de superaglomerados. Os superaglomerados não ficam juntos pela gravidade, mas eles também não se desfazem. Eles parecem ter formas alongadas e filamentares e também achatadas como panquecas. Um superaglomerado pode conter uma dúzia de aglomerados, ou centenas deles, e pode ter 100 a 200 milhões de anos-luz de comprimento.

Nós existimos nas partes de fora do Superaglomerado Local, às vezes, chamado de Superaglomerado de Virgem, que tem seu centro perto do Aglomerado de Virgem de galáxias.

Os superaglomerados parecem estar posicionados nas beiradas de regiões grandes e relativamente vazias do Universo chamadas de *vazios cósmicos*. O mais próximo, a Vazio Bootes, está a cerca de 300 milhões de anos-luz. Muitas galáxias ficam na sua periferia, mas nós não vemos muitas na parte de dentro.

O astrônomo Robert Kirshner descobriu o Vazio Bootes. Mas quando ele estava sendo congratulado por seu achado, ele disse modestamente: "Não é nada!"

Alguns dos maiores superaglomerados, ou grupos deles, são chamados de Grandes Muralhas. A primeira Grande Muralha descoberta tem cerca de 750 milhões de anos-luz de comprimento. Mas outras Grandes Muralhas, em partes mais longínquas do Universo, podem ser ainda maiores. Até onde sabem os astrônomos, as Grandes Muralhas não mostram nenhuma grande pichação, mas eles têm muito o que nos contar sobre a origem de grandes estruturas no espaço e o começo da história no Universo. Se pelo menos nós entendêssemos sua língua.

Capítulo 13

Escavando os Buracos Negros e Quasares

Neste Capítulo

- Descobrindo mistérios dos buracos negros.
- Aprendendo um pouco sobre quasares.
- Identificando tipos diferentes de núcleos galácticos ativos.

Buracos negros e quasares são duas das áreas mais interessantes e, às vezes, misteriosas da Astronomia moderna, e sorte para nós astrônomos, que as duas matérias estão relacionadas. Neste capítulo, eu explico a conexão entre os dois mistérios e mostro informações sobre núcleos galácticos ativos, um grupo no qual os quasares caem.

Você nunca poderá ver um buraco negro através de seu próprio telescópio, mas eu posso garantir que quando você diz para as pessoas que você é um astrônomo, eles irão perguntar na hora: "O que é um buraco negro?" eu falo sobre buracos negros brevemente no Capítulo 11, mas, neste capítulo, eu ofereço toda a explicação.

Buracos Negros: Lá se Vai a Vizinhança

Um *buraco negro* é um objeto no espaço cuja gravidade é tão poderosa que nem mesmo a luz pode escapar dele – e é por isso que buracos negros são invisíveis.

Você pode cair em um buraco negro, mas você não pode escapar – você nem pode sair quando quiser (e você *irá* querer). Você sequer poderá ligar para casa, então o ET teve sorte de ter pousado na Terra, e não em um buraco negro.

Tudo que entra em um buraco negro precisa de mais energia do que poderá ter para conseguir sair. O nome formal para essa energia é velocidade de escape. Cientistas de foguetes usam o termo *velocidade de escape* para representar a velocidade que um foguete ou qualquer outro objeto precisa ter para conseguir escapar da gravidade da Terra e passar para o espaço interplanetário. Os astrônomos usam o termo de uma maneira similar para qualquer objeto do universo.

A velocidade de escape na Terra é de 11 km por segundo. Os objetos com gravidade mais fraca têm menor velocidade de escape (a velocidade de escape de Marte é apenas 5 km por segundo, e os objetos com gravidade mais poderosa têm velocidade de escape mais alta. Em Júpiter, a velocidade de escape é 61 km por segundo. Mas o campeão do Universo em velocidade de escape é o buraco negro. A gravidade de um buraco negro é tão forte que sua velocidade de escape é maior do que a velocidade da luz, 300.000 km por segundo. Nada, nem mesmo a luz, consegue escapar de um buraco negro (porque você precisa viajar mais rápido do que a velocidade da luz para escapar de um buraco negro, e nada – nem mesmo a luz – consegue ser mais rápido).

Checando os tipos de buracos negros

Os cientistas podem detectar buracos negros quando vemos gás girando ao redor deles que está muito quente para condições normais, quando jatos de partículas de alta energia escapam para evitar cair, e quando estrelas correm ao redor de órbitas em velocidades fantásticas, como se fossem dirigidas por uma atração gravitacional de uma enorme massa invisível (que é o que acontece).

Como menciono no Capítulo 11, os cientistas reconhecem dois tipos principais de buracos negros:

- Buracos negros de massa estelar têm a massa de uma estrela grande (cerca de três a cem vezes mais massivas do que o sol) e eles são resultados das mortes dessas estrelas.
- Buracos negros supermassivos, que são quase cerca de um milhão a até alguns *bilhões* de vezes mais massivos do que o Sol, existem em todos os centros das galáxias e podem ter vindo da mistura de muitas estrelas muito juntas quando as galáxias se formaram. Mas ninguém sabe ao certo.

Os cientistas descobriram buracos negros de massa intermediária, que têm massas de 500 a 1.000 vezes maiores que a do Sol, mas não sabemos do que eles são formados.

Vasculhando o interior do buraco negro

Um buraco negro tem três partes:

- O horizonte de eventos, que é o perímetro de um buraco negro.
- A singularidade, ou o coração do buraco formado da última compressão de toda a matéria dentro dele
- Matéria que cai do horizonte de eventos rumo à singularidade

As seções seguintes descrevem essas partes em mais detalhes.

O horizonte de eventos

O horizonte de eventos é uma superfície esférica que define o buraco negro (veja a figura 13-1). Depois de um objeto entrar no horizonte de eventos, ele nunca mais pode sair do buraco negro ou ficar visível novamente a ninguém do lado de fora. E nada do lado de fora pode ser visto do lado de dentro do horizonte.

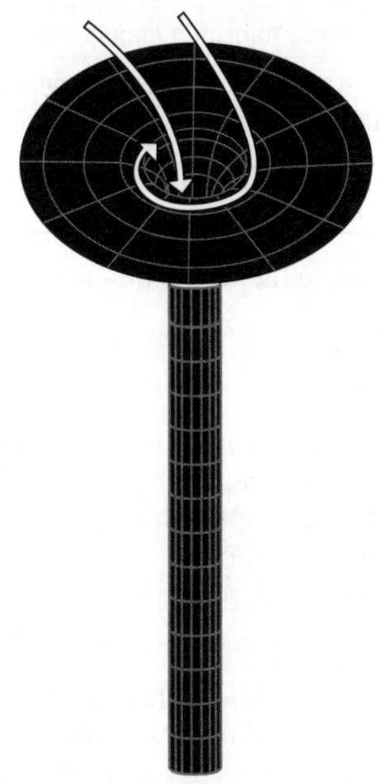

Figura 13-1: Um conceito de um buraco negro com setas representando a matéria caindo.

O tamanho do horizonte de eventos é proporcional à massa do buraco negro. Faça o buraco negro duas vezes mais massivo, e você fará o horizonte de eventos duas vezes maior. Se os cientistas tivessem um jeito de apertar a Terra para dentro de um buraco negro (nós não temos, e mesmo se tivéssemos, não diríamos como), nosso planeta teria um horizonte de eventos menor do que 3/4 de uma polegada (cerca de dois centímetros).

A tabela 13-1 oferece uma lista de tamanhos de buracos negros, se você quiser experimentar algum.

Tabela 13-1 Medidas de Buracos Negros

Massa do buraco negro em massas solares	*Diâmetro de um buraco em km*	*Comentário*
3	18	Menor buraco negro de massa estelar
10	60	
100	600	O maior buraco negro de massa estelar
1.000	6.000	Buraco negro de massa intermediária
2.5 milhões	15 milhões	Buraco negro supermassivo no centro da Via Láctea
1 bilhão	6 bilhões	Buraco negro supermassivo em um quasar

Até onde sabemos, nenhum buraco negro é menor do que três massas solares e 18 km de diâmetro.

A singularidade e objetos que caem

Qualquer coisa que caia em um horizonte de eventos vai para a singularidade. Ele imerge na singularidade, que cientistas acreditam ser infinitamente densa. Nós não sabemos quais leis da física se aplicam a essas densidades imensas, então não podemos descrever como são as condições. Nós literalmente temos um "buraco negro" no nosso conhecimento.

Alguns matemáticos acham que na singularidade possa ter um *buraco de minhoca*, uma passagem do buraco negro para outro Universo. O conceito do buraco de minhoca tem inspirado autores e diretores de filmes a produzir muitas obras de ficção científica sobre isso, mas os escritores e diretores estão só palpitando. A maioria dos especialistas acredita que os buracos de minhoca não existem. E, mesmo se existissem, os cientistas não têm como vê-los dentro dos buracos negros ou até mesmo descer por eles feito minhocas.

Outra teoria diz que no local onde buraco de minhoca hipotético se liga com outro universo, há um *buraco branco* – um lugar onde poros enormes de energia chegam até o outro universo, como um presente nosso. Essa ideia também parece errada, mas mesmo que a teoria *esteja* correta, nós teríamos que ir até o outro Universo (imagine a distância!) para ver um.

Viajar para outro Universo (se existir) está fora de questão (pelo menos por enquanto). Mas a outra possibilidade, claro, é procurar buracos brancos no nosso universo, onde um buraco de minhoca de outro universo pode emergir. Os cientistas não encontraram nada parecido.

Alguém sugeriu uma vez que quasares podem ser os buracos brancos. Mas hoje os astrônomos têm ótimas explicações para eles (como eu explicarei na seção "Quasares: desafiando definições" a seguir), então até onde eu sei, os astrônomos não tem grandes problemas neste tema.

Pesquisando as redondezas de um buraco negro

Aqui está o que os cientistas observam nas vizinhanças dos buracos negros:

1. **Matéria indo em direção ao buraco negro gira em uma nuvem achatada chamada *disco de acreção.***

2. **Enquanto o gás da zona de acreção se aproxima do buraco negro, ele se torna cada vez mais denso e cada vez mais quente.**

   O gás se esquenta porque a gravidade no buraco negro o comprime, um processo que ocorre porque a fricção aumenta quando o gás fica mais denso. (O processo se parece com a maneira que o ar-condicionado e os refrigeradores funcionam: Quando o gás se expande, ele esfria, e quando ele se comprime, ele esquenta).

3. **À medida que o gás quente e denso se aproxima do buraco negro, ele brilha; em outras palavras, o disco de acreção brilha.**

   Radiação do disco de acreção pode apresentar muitas formas, mas o tipo mais comum é o raios-x. Telescópios de raios-x, como aquele a bordo do satélite que está em órbita na Terra, o Observatório de raios-x Chandra detecta raios-x e permite aos cientistas acharem os buracos negros. Você pode ver as imagens dos raios-x do Chandra em: `chandra.harvard.edu`, o *site* do Chandra x-ray Center, clicando no *link* do álbum de fotos.

Então embora você não possa ver um buraco negro através de um telescópio, você pode detectar radiação do disco de acreção de gás quente que circula ao redor dele – se você tem um telescópio de raios-x que está no espaço. Os raios-x não penetram a atmosfera da Terra, então o telescópio precisa estar além da atmosfera.

Buracos negros nus devem existir no espaço, com nenhum gás circulando para dentro deles. Caso positivo, os astrônomos não podem vê-los, a não ser que eles passem em frente de uma estrela ou galáxia em observação. Nesse caso, você pode dizer que buracos negros existem, porque você vê o efeito da sua gravidade na aparência do objeto. (Você pode ver o objeto ficar brevemente mais brilhante, por exemplo, como eu descrevo no Capítulo 11 quando eu falo sobre microlentes). Mas essa situação pode ser uma rara coincidência. Não se anime esperando que um buraco negro fique se mostrando em sua inspeção.

Distorcendo o espaço e o tempo

Você também pode descrever um buraco negro como um lugar onde o tecido do espaço e tempo são distorcidos. Uma *linha reta* – que é definida em Física como o caminho tomado pela luz se movendo através de um vácuo – se torna curvo nas redondezas de um buraco negro. E, enquanto o objeto se aproxima de um buraco negro, o tempo se comporta estranhamente, pelo menos como percebido por um observador a uma distância segura.

Suponha que enquanto você se move a uma distância segura, você lance uma sonda robótica na direção do buraco negro de uma espaçonave. Um grande *outdoor* elétrico mostra o tempo estimado por um relógio a bordo.

Você observa o relógio através de um telescópio assim que a sonda robótica cai em direção do buraco negro. O que você vê é o relógio começar a correr mais devagar na medida em que a sonda se aproxima do buraco negro. De fato, você nunca irá conseguir ver a sonda cair lá dentro. Você a vê ficando mais e mais vermelha enquanto a luz do *outdoor* fica avermelhada pela poderosa gravidade do buraco negro – não é por causa do Efeito Doppler (que eu descrevo no Capítulo 11), mas por causa de um fenômeno chamado de *Desvio para o vermelho gravitacional*. A luz do *outdoor* desloca-se para comprimentos de onda mais longos tal qual o Efeito Doppler faz a luz da estrela que se move em direção oposta ao observador parecer ter comprimentos de ondas mais longos. Depois de um tempo, a gravidade faz o brilho do *outdoor* tornar-se uma luz vermelha, que seus olhos não podem detectar.

Então, considere que o que você veria se você viajasse naquela sonda. (Não tente isso em casa. De fato, não tente isso em nenhum lugar). Você pode observar o relógio da sonda, pode dar uma olhada ao longo da trilha por uma janela. Você, o observador a bordo, vê que o relógio corre normalmente. Você não percebe que ele está mais devagar. Enquanto você olha pela janela para a nave-mãe e as estrelas, tudo parece estar mais azul. Você está triste porque pensa que pode nunca mais voltar para casa. Você passa por uma barreira invisível (o horizonte de eventos) ao redor do buraco negro muito rapidamente. Depois disso, você nunca mais pode ver o lado de fora, e ninguém do lado de fora pode te ver.

A nave-mãe nunca te vê entrar no buraco negro; parece que você está chegando cada vez mais perto do buraco. Mas da sonda que está caindo, você sabe que está caindo. Pelo menos você pode, se ainda estiver vivo. Por fim, a *força de maré*, um efeito de gravidade imensa, faz tudo que cai em um buraco negro ser destroçado; pelo menos, ao longo de uma dimensão (a direção a caminho da singularidade) você seria destroçado. Para piorar um pouco, nas outras duas dimensões, a força de maré espreme você sem dó.

Se seus pés entram no buraco negro primeiro, a força de maré te estica (se você ainda não foi destroçado) até que você fique alto o suficiente para jogar na NBA. Mas do seu umbigo até as costas e de quadril a quadril, você fica espremido como um carvão virando diamante sob enorme pressão dentro da Terra, só que pior. Essa experiência não é muito agradável.

Buracos negros pequenos ou de massa estelar são a variedade mais mortal, como as pequenas aranhas são mais venenosas do que uma grande tarântula. Se você cair em um buraco negro de massa estelar, você será destroçado e esmagado antes de entrar, e você nunca verá o Universo desaparecer antes do seu fim. Mas cair em um buraco negro supermassivo é uma experiência mais feliz. Você consegue cair no horizonte de eventos e ver o Universo escurecer antes de sofrer a força de maré (ou seria a maré fatal?).

Considerando que os buracos negros estão ao nosso redor no Universo e que eles têm propriedades fascinantes e estranhas, você pode ver o porquê dos cientistas quererem estudá-los, mas de uma distância segura.

Quasares: Desafiando Definições

Os cientistas têm pelo menos duas definições para quasares:

- A definição original: *Quasar* é uma abreviação ou um acrônimo para "fonte de rádio quase-estelar" e significa um objeto celeste que emite fortes ondas de rádio mas se parece com uma estrela através de um telescópio comum (veja a Figura 13-2). Meu amigo, o físico Dr. Hong-yee Chiu, inventou esse termo.

  A definição original de quasar se tornou ultrapassada porque, no máximo, 10 por cento de todos os objetos que nós chamamos agora de quasares cabem nessa definição. Os outros 90 por cento não emite fortes ondas de rádio. Os astrônomos os chamam de quasares radioquiescentes.

- A definição atual: Um quasar é um objeto brilhante no centro de uma galáxia que produz , por segundo, cerca de 10 trilhões de vezes mais energia do que o Sol e essas emissões são bastante variáveis em todos os comprimentos de onda.

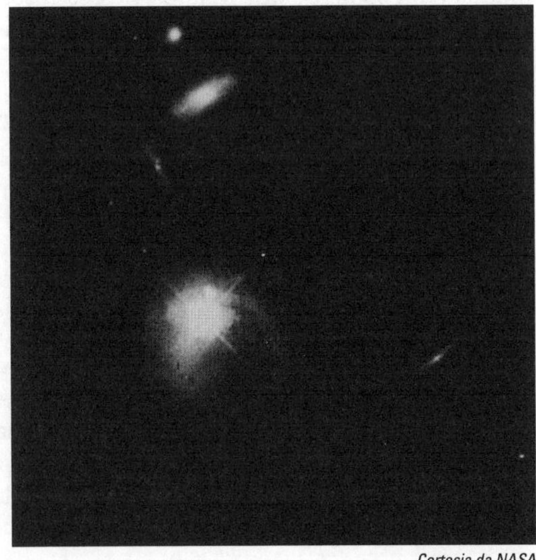

Figura 13-2: Um quasar brilha com 10 trilhões de vezes mais poder do que o sol.

Cortesia da NASA

Depois de décadas estudando quasares, os astrônomos concluíram que eles estão associados a buracos negros gigantes no centro das galáxias. A matéria que cai no buraco negro libera enorme energia, e as fontes de energia observadas são o que os astrônomos chamam de quasares.

Medindo o tamanho de um quasar

Todos os quasares produzem fortes raios-x; cerca de 10 por cento produz fortes ondas de rádio; e todos eles emitem luz ultravioleta, visível e infravermelha. Todas as emissões podem variar no decorrer dos anos, meses, semanas e até mesmo períodos curtos como um dia.

O fato de os quasares geralmente mudarem muito em brilho no curso de um único dia indica aos cientistas algo de extrema importância: um quasar não deve ser maior do que um dia-luz, ou a distância que a luz viaja através do vácuo em um dia. E um dia-luz tem apenas 26 bilhões de km de distância, o que significa que um quasar, que produz tanta luz quanto 1 trilhão de sóis, ou 100 vezes mais luz do que a Via Láctea, não é muito maior do que nosso Sistema Solar, que é uma pequena parte da nossa galáxia.

Um quasar muito maior do que um dia-luz não conseguiria variar em brilho tão marcantemente em um período tão curto de tempo, tanto quanto um elefante não poderia bater as asas tão rápido quanto um beija-flor.

Acelerando em jatos

Os quasares que são fortes fontes de rádio geralmente emitem *jatos*, ou feixes longos e estreitos nos quais a energia sai dos quasares em forma de elétrons em alta velocidade e talvez outra matéria que se move rapidamente. Geralmente, os jatos são protuberantes, com pedaços de matéria se movendo ao longo dos raios. Às vezes, os pedaços parecem se mover mais rapidamente do que a velocidade da luz. Esse movimento *superluminal* é uma ilusão relacionada com o fato de que os jatos, nesses casos, estão apontando quase exatamente para a Terra; a matéria neles na verdade se move quase com a velocidade da luz, mas não mais rápido.

Você pode encontrar as melhores imagens de jatos saindo de quasares detectados por radiotelescópios na galeria de imagens do Observatório Nacional de Radioastronomia em `www.nrao.edu/imagegallery/php/level1.php`.

Explorando o espectro dos quasares

Muitos livros dizem que um quasar tem linhas muito alargadas em seu espectro, que correspondem a deslocamentos para o azul e para o vermelho do gás em movimento turbulento no quasar em velocidade de até 10.000 km por segundo. Essa afirmação nem sempre é verdadeira. Os quasares têm uma variedade de tipos, e alguns não têm linhas alargadas no espectro. (Veja Capítulo 11 para mais sobre linhas espectrais).

As linhas espectrais amplas, entretanto, são importantes para muitos quasares e uma dica sobre sua relação com outros objetos, como eu descrevo na próxima seção.

Núcleos Galácticos Ativos: Bem-Vindos à Família dos Quasares

Anos e anos depois da descoberta dos quasares, os astrônomos discutiam sobre se eles estavam localizados nas galáxias ou estavam separados das galáxias. Hoje, sabemos que os quasares estão sempre localizados nas galáxias, porque a tecnologia aumentou até o ponto em que nós conseguimos fazer uma imagem de telescópio que mostra tanto o quasar quanto a galáxia em volta dele. Essa galáxia é chamada de *galáxia hospedeira*. Como o quasar pode ter 100 vezes mais brilho do que a galáxia hospedeira, ou até mais brilho, as hospedeiras tendem a se perder no brilho de seus convidados quasares, como o dono da casa que hospeda uma celebridade por uma noite.

Câmeras eletrônicas, que podem gravar uma grande amplitude de intensidades em uma só exposição, mais do que o filme fotográfico, fizeram com que a descoberta fosse possível.

Os quasares são uma forma extrema do que os astrônomos chamam de núcleo galáctico ativo (AGN – Active Galactic Nuclei). O termo designa o objeto central de uma galáxia quando o objeto têm propriedades de um quasar, como uma aparência de estrela muito brilhante, linhas espectrais muito alargadas e mudanças de brilho observáveis.

Peneirando tipos diferentes de AGN

Os cientistas usam os termos principais a seguir para descrever os núcleos galácticos ativos (AGN):

- **Quasares radioativos ("quasares originais") e quasares radio-quiescentes (90 por cento ou mais dos quasares):** Esses dois tipos são parecidos, com e sem a emissão de rádio. Eles estão localizados em galáxias espirais, como a Via Láctea (veja Capítulo 12). Nós não sabemos se os quasares se formam nas galáxias ou se as galáxias se formam ao redor dos quasares. Nenhum quasar é visível na Via Láctea, mas nós detectamos um buraco negro de 2,5 milhões de massa solar em seu centro. É um buraco negro supermassivo, e está na tabela 13-1.
- **Objetos quasi-estelares (QSO):** Alguns astrônomos colocam os quasares radioativos e radioquiescente juntos como QSOs.

- **OVV:** *Quasares violentamente variáveis opticamente* são quasares com jatos que apontam diretamente para a Terra. Esses quasares possuem mudanças ainda mais rápidas de brilho do que o normal. Pense em bombeiros lutando para direcionar uma mangueira em uma pessoa cujas roupas estão queimando. A pressão da água pode ser instável, com a água pulsando um pouco. O feixe da mangueira parece firme aos espectadores que veem do lado, mas a pessoa que recebe o jato sente cada diferença no fluxo enquanto a água bate nele. Os OVVs são as mangueiras dos quasares – eles possuem o maior fluxo.

- **BL Lacs:** O jargão para os objetos BL Lacertae, os BL Lacs como um grupo são AGNs que se parece com BL Lacertae. BL Lacertae muda em brilho, e por anos os cientistas acharam que era apenas outra estrela variável na constelação Lacerda (se parece com uma estrela em fotografias do céu). Eles a identificaram como forte fonte de ondas de rádio e eventualmente determinaram que BL Lacertae era o núcleo ativo de uma galáxia hospedeira que havia se perdido em seu brilho até que uma tecnologia avançada tornou possível fotografar da galáxia.

  Diferente da maioria dos quasares, um BL Lac não tem linhas espectrais alargadas. E suas ondas de rádio são mais polarizadas do que aquelas de quasares radioativos normais (menos os OVVs, que podem ser casos extremos dos BL Lacs) – *polarizada* significa que as ondas têm tendência a vibrar em uma direção preferida enquanto viajam pelo espaço. Ondas não polarizadas vibram igualmente em todas as direções enquanto se movem. No estádio de beisebol, você não pode distinguir os jogadores sem um cartão de pontuação enquanto a partida acontece, e no observatório, você tem que checar a polarização para saber distinguir os quasares radioativos dos BL Lacs.

- **Blazares:** Um termo que cobre tanto os OVVs quanto os BL Lacs. Os dois tipos de quasares têm muitas similaridades. Ambos são muito variáveis em brilho, seus jatos apontam diretamente para a Terra e ambos são radioativos.

  Nós realmente precisamos usar um termo para combinar os dois tipos de quasares? Eu não tenho certeza. Meu amigo Dr. Hong-Yee Chiu ficou famoso dentre os cientistas ao cunhar o termo "quasar". Seu amigo, professor Edward Spiegel, cunhou o termo "blazar" alguns anos depois. Se você descobrir um novo tipo de objeto, ou escrever um estudo importante sobre isso, você também poderá nomeá-lo. Adicionar "ar" ao seu nome não é permitido; o termo tem que ser descritivo das propriedades científicas do objeto, não do astrônomo.

- **Radiogaláxias:** As galáxias com núcleos galácticos ativos relativamente fracos que, mesmo assim, produzem fortes emissões de rádio. A maioria das galáxias forte-emissoras de rádio são galáxias elípticas gigantes. Geralmente elas têm feixes ou jatos que transportam energia do NGA para grandes lóbulos de emissões de rádio, sem estrelas, do lado de fora e bem maior do que a galáxia hospedeira em si. Há geralmente dois lóbulos em lados opostos da galáxia.

- **Galáxias Seyfert:** Galáxias espirais que têm um NGA em seus centros. Um NGA Seyfert é como um quasar, com linhas espectrais alargadas e mudanças rápidas de brilho. Podem ser tão brilhantes quanto a galáxia hospedeira, mas não 100 vezes mais brilhante como um quasar, então a hospedeira não está perdida no brilho do núcleo Seyfert.

  Um núcleo Seyfert não é um convidado exigente, é mais como um candidato à presidência menos importante que visita uma pequena cidade em Iowa sem causar um grande escândalo. Os camaradas locais sabem que o candidato está por perto, mas eles seguem suas rotinas comuns ao invés de seguir até o centro para cumprimentar o visitante. Carl Seyfert foi um astrônomo americano que foi pioneiro em estudar essas galáxias e seus centros brilhantes.

Examinando o poder por trás dos AGN

Todos os diferentes tipos de núcleos galácticos ativos têm uma coisa em comum: eles ganham poder da energia gerada nas vizinhanças de um buraco negro supermassivo em seus centros.

Perto do buraco negro supermassivo, estrelas ficam em órbita no centro da galáxia hospedeira em velocidades imensas, que é como os astrônomos medem as massas do buraco negro. Com telescópios como o Hubble, os astrônomos podem determinar a velocidade das estrelas em órbita ou, às vezes, nuvens de gás em órbita medindo os deslocamentos Doppler da luz das estrelas ou do gás (veja Capítulo 11 para mais sobre o Efeito Doppler). As velocidades indicam a massa do objeto central. Estrelas a uma distância determinada do centro de um buraco negro menos massivo orbitam num passo mais vagaroso.

Em um quasar ou numa radiogaláxia do tipo elíptica gigante, o buraco negro supermassivo geralmente tem um bilhão ou mais de massas solares. Em galáxias Seyfert, a massa do buraco negro é geralmente cerca de um milhão de massas solares.

O buraco negro torna possível que os AGN brilhem, mas somente a matéria caindo no buraco negro de fato dá poder ao brilho. É necessário matéria com 10 vezes mais a massa do Sol caindo sobre o buraco negro a cada ano para fazer um quasar brilhar.

Se nenhuma matéria cai no buraco negro, ele não se revela produzindo um brilho, emissão de rádio, jatos de alta velocidade ou raios-x fortes. Como crianças que dependem do almoço da escola para ganhar energia e se dar bem nas aulas, os buracos negros só brilham quando a matéria cai com uma taxa suficiente. Buracos negros supermassivos podem estar de tocaia no centro da maioria das galáxias, mas na maioria dos casos, a matéria não os está alimentando, então os astrônomos só veem os quasares ou outros tipos de AGN em uma pequena fração de galáxias.

O que veio primeiro: O buraco negro ou a galáxia?

Uma descoberta recente tem clareado o dia de todo fã de quasares. Os especialistas descobriram uma relação matemática simples entre um buraco negro supermassivo e a galáxia que o cerca. A região central da maioria das galáxias é chamada de bojo. Mesmo uma espiral relativamente achatada tem um bojo central, que pode ser grande, médio ou pequeno, e uma galáxia elíptica é toda considerada um bojo. Os astrônomos descobriram que a massa de um buraco negro no centro de um bojo está sempre perto de um quinto de um por cento da massa do bojo todo. Parece então que toda galáxia tem que pagar uma taxa de 0,2 por cento para seu buraco negro. (Gostaria que meus impostos fossem tão baratos.)

Essa propriedade inesperada de buracos negros e galáxias deve estar relacionada com como eles se formam, mas os astrônomos não têm certeza de como. Uma galáxia grande se forma ao redor de um buraco negro? Ou os enormes buracos negros se formam dentro dessas galáxias grandes? Os astrônomos com mentes inquietas estão discutindo sobre isso em um debate chamado "a batalha dos bojos".

A proposta do Modelo Unificado de AGN

O *modelo unificado de núcleos galácticos ativos* é uma teoria que propõe que muitos tipos de AGNs são de fato o mesmo tipo de objeto, que parecem diferentes quando vistos de diferentes ângulos. De acordo com o Modelo Unificado, quando olhamos para um AGNs de direções diferentes com o respeito aos seus discos de acreção e seus jatos, eles parecem diferentes, como um homem que você vê de frente parece diferente do que o mesmo homem de perfil. Todo mundo tem um lado bom; de alguns ângulos, o queixo do Jay Leno não parece tão grande. A teoria também propõe que os buracos negros estão sugando matéria em diferentes taxas, então alguns AGN (que sugam mais matéria por segundo do que outros) são mais brilhantes do que outros apenas por essa razão. Dúzias de astrônomos escrevem teses sobre o Modelo Unificado todo ano, alguns acham evidências a favor e outros contra essa teoria.

Eu acho que as evidências apontam para as reais diferenças quanto aos tipos diferentes de NGA, mas eu também acho que eles têm muitas similaridades básicas. Os astrônomos precisam de mais informações antes de nós podermos usar o Modelo Unificado ou qualquer outra teoria a respeito de AGN. Enquanto isso, o que você acha? Seus impostos pagam uma boa parte dessa pesquisa, que acontece em quase toda nação desenvolvida, por isso você tem direito a dar uma opinião.

Parte IV

Refletindo sobre o Universo Extraordinário

A 5ª Onda Por Rich Tennant

"Junto com a 'Antimatéria' e a 'Matéria Escura', nós descobrimos recentemente a existência de 'matéria que não importa', que parece não ter qualquer efeito no universo."

Nesta parte...

Leia a parte IV quando precisar de uma diversão, algo para distrair sua mente com ideias que fazem pensar e possibilidades. Sente-se com uma xícara de cidra e leia sobre a busca pela inteligência extraterrestre (SETI). Os cientistas encontraram alguma evidência de que pequenos seres verdes vivem lá fora? Descubra sobre matéria escura, energia escura e antimatéria (sim, antimatéria existe no mundo real, não apenas em ficção científica). E, quando você estiver pronto, reflita sobre todo o Universo: como começou, seu tamanho e seu futuro.

Capítulo 14

Há Alguém Lá Fora? SETI e Planetas de Outros Sóis

Neste Capítulo

- Entendendo a Equação de Drake.
- Explorando (e participando de) projeto SETI.
- Caçando planetas extrassolares.

O universo é tão vasto quanto variado. No entanto, será que nós dividimos tudo isso com outros seres pensantes? Qualquer um que goste de *Jornada nas Estrelas* ou frequente o cinema local já sabe a resposta de Hollywood: o cosmos é repleto de alienígenas (muitos deles conseguiram aprender um inglês bem fluente, inclusive).

Mas, o que os cientistas dizem? Há realmente vida extraterrestre? A maioria das pesquisas acredita que a resposta é sim. Algumas até procuram evidências. Sua busca é conhecida como SETI (sigla em inglês para Search for Extraterrestrial Intelligence), a Pesquisa por Inteligência Extraterrestre. (Outros cientistas têm planos de procurar traços de vida primitiva em Marte ou em algumas luas fora do Sistema Solar, mas SETI procura civilizações avançadas capazes de proliferar no espaço).

Por que há muitos cientistas otimistas sobre a possível existência de alienígenas? Muitas das atitudes otimistas se originam do fato de que nosso lugar no cosmos não é extraordinário. O Sol pode ser uma estrela importante para nós, mas ele é um pequeno jogador no Universo. A Via Láctea hospeda 10 bilhões de estrelas similares. Se esse número não te impressiona, note que cerca de 100 bilhões de *outras* galáxias estão na mira de nossos telescópios. O importante é que outras estrelas além do Sol estão mais espalhadas pelo Universo visível do que grama na Terra. Presumir que a Terra é o único lugar em que algo interessante acontece é (para ser simpático) um tanto audacioso. Por mais que isso aumente nossa autoestima, a Terra pode não ser o centro intelectual do Universo.

Como os terráqueos podem encontrar seus irmãos inteligentes? Você não pode visitar suas possíveis casas. Chegar até sistemas de estrelas longínquos, embora seja facil com um pouco de ficção científica, é um tanto quanto difícil na vida real. A velocidade de foguetes terrestres, impressionantes 48.000 km por hora, é menos impressionante quando você reconhece que levaria milhares de séculos para chegar a Alpha Centauri, o ponto estelar mais próximo do passeio pelo Universo. Foguetes mais rápidos levam menos tempo, mas eles consomem mais energia – muito mais energia.

Cerca de 45 anos já se passaram desde que o astrônomo Frank Drake fez os primeiros esforços para nos colocar em contato com os alienígenas. Até agora, nossos telescópios não encontraram nem um extraterrestre. Mas tenha em mente que até agora as buscas têm sido limitadas. Como a tecnologia (e também fundos) continua crescendo, a chance de sucesso aumenta. Algum dia em breve os astrônomos começarão a procurar um sinal que vem das profundezas do espaço. Talvez o sinal nos ensinará coisas interessantes, como o significado da vida ou pelo menos as leis da Física. Mas uma coisa é certa: o sinal irá nos mostrar que nós não somos as únicas crianças do quarteirão galáctico.

Usando a Equação de Drake para Discutir a SETI

Embora os terráqueos não possam visitar civilizações distantes, os astrônomos estão tentando encontrar evidências de alienígenas tecnicamente sofisticados no espaço procurando no seu tráfego de rádio. Em 1960, o astrônomo Frank Drake tentou captá-los em suas comunicações cósmicas usando um radiotelescópio de 26 m de diâmetro na Virgínia Ocidental. Se você viu o filme *Contato*, sabe que radiotelescópios são similares a uma antena parabólica (veja Figura 14-1). Drake conectou sua antena a um receptor novo e sensível funcionando em 1.420 MHz (localizado no espectro de micro-ondas) e depois apontou o telescópio para algumas estrelas parecidas com o Sol.

Drake não ouviu nenhum alienígena durante seu Projeto Ozma, mas ele provocou um grande entusiasmo na comunidade científica. Um ano depois, em 1961, a primeira grande conferência sobre SETI aconteceu, e Drake tentou organizar a reunião levando tudo o que era desconhecido na pesquisa em uma equação, agora conhecida como a *Equação de Drake*. (Para aqueles que preferem matemática, eu tenho essa pequena fórmula na barra "Mergulhando na Equação de Drake", mais adiante). De fato, ela é fácil. A ideia é estimar *N*, o número de civilizações em nossa galáxia que usam as ondas de rádio agora. *N* certamente depende do número de estrelas adequadas na Galáxia, multiplicado pela fração que possui planetas, multiplicado pelo número de... bom, você pode ler sobre isso na barra.

A equação de Drake é de fato interessante, e você pode querer impressionar pessoas que não conhece explicando-a em um jantar. Mas, embora os cientistas conheçam ou possam adivinhar os valores dos primeiros termos da equação (como a taxa das estrelas capazes de hospedar planetas e a fração dessas estrelas que de fato têm planetas), nós não temos nenhum conhecimento real sobre detalhes como a fração de planetas habitados que podem desenvolver vida inteligente ou a vida de sociedades tecnológicas. Portanto, a Equação de Drake ainda não tem a "resposta". Mas é uma boa maneira de organizar uma discussão sobre SETI.

Figura 14-1: Um radiotelescópio não é mais do que uma antena especializada. Com o tipo certo de receptor, os astrônomos podem ouvir sinais de outras sociedades.

Projetos SETI: Ouvindo ETs

A maioria dos esforços atuais da SETI (Procura por Inteligência Extraterrestre) segue os passos de Frank Drake. Em outras palavras, eles usam grandes radiotelescópios com a tentativa de captar sinais de civilizações alienígenas.

Por que usar rádio? Ondas de rádio se movem à velocidade da luz e facilmente passam pelas nuvens de gás e poeira que preenchem o espaço entre as estrelas. Além do mais, os receptores de rádio podem ser bem sensíveis. A quantidade de energia requerida para mandar sinal detectável de estrela a estrela (acreditando que os alienígenas têm uma antena de transmissão com pelo menos algumas centenas de metros de tamanho) não é mais do que sua estação de televisão local usa.

Presumindo que os pesquisadores consigam um sinal interestelar, como eles o reconhecem? Eles não esperam receber o valor de pi ou qualquer outra mensagem simples que prove que alienígenas têm ensino médio completo. Os pesquisadores SETI simplesmente procuram sinais de banda estreita.

Sinais de banda estreita ocorrem em um ponto estreito do mostrador de rádio. Apenas um transmissor pode fazer emissões de banda estreita. Quasares, pulsares e até gás hidrogênio frio geram ondas de rádio, mas sua estática natural é espalhada em frequência – por todo espectro rádio. Sinais de banda estreita são a marca dos transmissores. E os transmissores são a marca da inteligência. É preciso ser inteligente (sem mencionar que também precisa ser soldador) para construir um transmissor.

Mergulhando na Equação de Drake

Os cientistas usam a fórmula de Frank Drake como a base para discussões sobre SETI e as chances que os humanos terão de fazer contato com vida extraterrestre inteligente. A equação é até simples e não precisa de nenhuma conta além das que você aprendeu na oitava série.

A equação resulta no N, o número de civilizações ativas na Via Láctea. Assim como a Bíblia, muitas versões da Equação de Drake existem, mas essa é a formulação normal, em toda a sua glória:

$N = R^*f_p n_e f_l f_i f_c L$

- R^* é a taxa com a qual estrelas de longa vida, que podem hospedar planetas habitáveis, se formam na galáxia. Já que a Via Láctea tem cerca de 200 bilhões de estrelas e aproximadamente 13 bilhões de anos de idade, esse número é cerca de dois por ano. (Cerca de uma em dez estrelas é parecida o suficiente em tamanho e brilho do Sol para poder ter planetas habitáveis em órbita).
- f_p é a fração de estrelas boas – estrelas que podem ter planetas habitáveis - que de fato têm planetas. Os astrônomos não sabem qual é esse número, mas nós sabemos que é pelo menos 10 por cento ou até mais.
- n_e é o número de planetas por sistema solar que podem ter vida. No nosso sistema solar, o número é pelo menos um (Terra) e pode ser maior se você contar Marte e algumas das luas de Júpiter e Saturno. Mas em outro sistema, quem sabe: um palpite típico é um.
- f_l é a fração de planetas habitáveis que de fato desenvolvem vida. Nós podemos presumir que muitos deles desenvolvem.
- f_i é a fração dos planetas com vida que desenvolve vida inteligente. Esse número é controverso, claro, porque inteligência pode ser um raro acidente na evolução.
- f_c dá a fração de sociedades inteligentes que inventam tecnologia (em particular, transmissores de rádio ou *lasers*). Provavelmente, a maioria deles inventa.
- *L*, o termo final, é o tempo de vida das sociedades que usam tecnologia. Esse termo é uma questão de Sociologia, não Astronomia, é claro, então seu palpite é tão bom quanto o do autor. Talvez melhor.

O número *N* depende da sua escolha de valores para todos os termos. Os pessimistas acham que o *N* pode ser apenas um (nós estamos sozinhos na Via Láctea). Carl Sagan acredita que sejam alguns milhões. E o que o Drake diz? "Cerca de 10.000". Moderação entre todas as coisas. Você pode visitar o *site* `www.seti.org` para brincar com a Equação de Drake e colocar seus próprios valores para calcular o *N*.

Outro critério que os pesquisadores de SETI insistem em atender, antes deles poderem apresentar uma descoberta verdadeira, é que os sinais de alienígenas sejam persistentes. Em outras palavras, toda hora que eles apontam seus telescópios na fonte do sinal, eles o encontram. Se seus medidores registram apenas uma vez, o sinal é impossível de ser confirmado. Nesse caso, eles consideram ter captado uma interferência de satélites de telecomunicação, um problema no *software* ou um trote de estudante de faculdade ambicioso.

Nas próximas seções, eu discuto muitos projetos de SETI e explico como você pode ajudar com a pesquisa.

O Voo do Projeto Fênix

O mais sensível experimento SETI que os pesquisadores já levaram adiante até agora foi o Projeto Fênix, realizado pelo instituto SETI em Mountain View, Califórnia, de 1995 até 2004. Esse projeto foi sucessor de um programa da NASA que o congresso americano suspendeu em 1993 (de fato, desde então, todos os esforços sobre SETI nos Estados Unidos tiveram patrocínio particular).

O Projeto Fênix treinou suas sondagens em estrelas individuais, que são conhecidas no SETI como *busca direcionda*. Outros projetos usam telescópios para varrer grandes partes do céu. Claro, essas varreduras permitem que os cientistas examinem mais dos céus, mas concentrando-se apenas nas proximidades, estrelas do tipo do Sol, uma busca direcionada tem muito mais sensibilidade. Em outras palavras, é mais fácil de achar ondas de rádio mais fracas. Os pesquisadores levaram o Projeto Fênix com muitos telescópios diferentes, incluindo o radiotelescópio de Arecibo (em Porto Rico), a mãe de todas as antenas, com 300m de diâmetro (veja figura 14-2).

Figura 14-2: Vista do massivo radiotelescópio de Arecibo, em Porto Rico, que participou do Projeto Fênix.

Cortesia de Seth Shostak

Fênix (e outros experimentos SETI) procurou sinais na região de micro--ondas do espectro rádio. As micro-ondas, além de sua habilidade de fazer as sobras de comida virarem um almoço, são os "canais de saudação" preferidos da população SETI por duas razões:

- O Universo é quieto em frequências de micro-ondas – você encontra menos estática natural, um fato que o E.T. também sabe.
- Um sinal natural gerado por gás hidrogênio ocorre em 1.420 MHz, uma frequência localizada na região de micro-ondas. Já que o hidrogênio é de fato o elemento mais abundante no cosmos, todo radioastrônomo alienígena deve ficar atento a essa marca natural – e ele pode ficar tentado a chamar sua atenção (ou a atenção de qualquer outra civilização no espaço) mandando um sinal perto desta frequência espectral.

Entretanto, encarando os fatos, realmente os cientistas não sabem exatamente onde os extraterrestres podem ter ligado seus transmissores. Para cobrir o máximo possível das transmissões, o Projeto Fênix checou muitos milhões de canais de uma vez (e no decorrer do tempo, bilhões de canais para cada estrela alvo).

Quando o Projeto Fênix finalmente parou seu programa de observação na primavera de 2004, ele tinha examinado cuidadosamente 750 sistemas de estrelas do tipo do Sol. Nenhum sinal extraterrestre persistente e claro foi encontrado. Mas esse esforço ensinou aos pesquisadores como construir um instrumento que poderia, em algumas décadas, checar um milhão de sistemas estelares ou mais. Essas lições resultaram nos esforços de construir o Allen Telescope Array (veja a próxima seção).

Rastreando o espaço com outros projetos SETI

Hoje, muitos programas SETI completam a paisagem astronômica:

- A Pesquisa por Emissões de rádio extraterrestre de populações desenvolvidas e inteligentes das redondezas (Search for Extraterrestrial Radio Emissions from Nearby Developed Intelligent Populations SERENDIP), conduzido pela Universidade da Califórnia, Berkeley, usa o telescópio de Arecibo coletando informações de qualquer direção à qual o telescópio apontar. Dessa maneira, os pesquisadores podem usar o telescópio para SETI mesmo quando outros astrônomos estão estudando pulsares, quasares e outros objetos naturais. Essa abordagem sem rumo vale a pena: O SERENDIP coleta informações quase todos os dias, no decorrer do dia inteiro.
- O SERENDIP do sul é gerenciado pelo SETI Australia Center em New South Wales. O centro usa um radiotelescópio de 63m em Parkes, no país de ovelhas e mosquitos a algumas milhas ao oeste de Sidney. A versão do sul é também um experimento sem rumo, e são os astrônomos, e não os pesquisadores de SETI, que direcionam a antena.
- O Instituto SETI e a Universidade da Califórnia em Berkeley estão construindo um novo radiotelescópio, chamado de Allen Telescope

Array, desenhado para buscas SETI eficientes. O instrumento irá ter 350 pequenas (1,5m de diâmetro) antenas espalhadas por 1 km de terreno na Califórnia (veja Figura 14-3). O primeiro experimento SETI será escanear as partes mais densas da Via Láctea à procura de sinais reveladores.

As 350 antenas do Allen Telescope Array são como nadadores sincronizados: todas elas apontam para a mesma direção. Todavia, diferente de outros instrumentos SETI, as antenas podem observar muitos sistemas de estrelas simultaneamente. Isso, é claro, faz com que a pesquisa fique mais rápida, e esse telescópio também pode funcionar 24 horas por dia para a SETI. Esse projeto é, sem dúvida, o mais ambicioso projeto de telescópio SETI atual, e deve ser completado antes de 2010.

Figura 14-3: Após terminado, o Allen Telescope Array terá 350 antenas espalhadas por 1 km na Califórnia.

Cortesia do Instituto Seti

Além desses esforços SETI, um número crescente de experimentos SETI estão aparecendo. Além de caçar ondas de rádio, projetos procuram por *flashes* breves de luz *laser* que podem vir em nossa direção de uma sociedade querendo entrar em contato. SETI óptico conta com telescópios comuns de lentes e espelhos, equipados com eletrônica de alta velocidade para capturar e gravar qualquer lampejo de luz alienígena. Experimentos SETI ópticos acontecem na Universidade da Califórnia em Berkeley, no Observatório Lick (um observatório da Universidade da Califórnia), e na Universidade de Harvard.

Ainda que o sinal de luz de um mundo distante possa ficar apagado pela luz do sol do planeta, é fácil focar a luz do *laser* com um espelho. Tal transmissor óptico poderia ofuscar uma estrela – pelo bilionésimo de segundo que o *flash* está ligado! Assim, faz sentido procurar por mensagens mandadas desta forma "iluminada", e os pesquisadores ópticos SETI já treinaram seus telescópios em algumas milhares de estrelas próximas. Até agora, tudo bem.

Você pode encontrar *links* para sites de todos os grandes programas SETI no *site* do Instituto SETI (www.seti.org) ou na página da Sociedade Planetária (seti.planetary.org).

Programas SETI te querem!

Você também pode se juntar aos seguintes projetos SETI:

- SETI@home é uma parte do projeto SERENDIP (veja a seção anterior). Se você entrar no *site* (setiathome.ssl.Berkeley.edu), você pode fazer o *download* de um protetor de tela gratuito. Depois que você instalar o *software* no seu computador, seu modem se conecta a um servidor em Berkeley para receber dados do SETI. O *software* do protetor de tela entra nos dados, procurando sinais. Depois de alguns dias (dependendo do quão frequentemente você deixa o computador trabalhando), os resultados são enviados para o servidor.

- A Liga SETI, com escritório central na panorâmica Nova Jersey, recruta radioamadores para usar suas antenas na procura de alienígenas. Com ajuda técnica da Liga, você pode se tornar um observador SETI por conta própria, construindo os receptores necessários e baixando o *software* preciso para procurar sinais. Se você é bom em eletrônica, você pode gostar. Visite o www.setileague.org.

Embora suas chances de achar algo significante sejam pequenas, elas ainda existem. Quem sabe? Você pode ter a possibilidade de dividir um prato de almôndegas com o rei Sueco depois de ganhar seu prêmio Nobel. Ou talvez você não vai querer dividir.

Encontrando Planetas Extrassolares

Um termo da fórmula famosa de Drake é o *Fp*, a fração das estrelas como o Sol que possuem planetas (veja a barra "Mergulhando na Equação de Drake", anteriormente, para mais detalhes). Os astrônomos acreditaram por décadas que os planetas eram incontáveis, simplesmente por causa do nascimento de uma estrela ser acompanhado por materiais que sobravam – um resíduo confuso de gás e poeira pode se tornar mundos pequenos e em órbita.

No entanto, para achar de fato planetas ao redor das estrelas é difícil. Você não pode simplesmente apontar um telescópio na direção de uma estrela próxima e esperar para ver seus planetas. Os corpos em órbita são muito fracos e muito próximos de uma fonte de luz que cega (seu sol). Para enfrentar o desafio existencial do problema, imagine tentar ver um mármore localizado a 30 metros de uma lâmpada em uma distância de 16.000 km.

Apesar dessas dificuldades, os astrônomos encontraram planetas *extrassolares* (planetas externos ao nosso sistema solar que ficam em órbita ao redor de estrelas ao invés do nosso Sol) – não os encontrando em fotos, mas:

- Medindo o enfraquecimento causado quando elas passam em frente de seu sol.
- Monitorando cuidadosamente a dança sutil que seu sol faz por causa de sua presença.

A primeira técnica leva vantagem pelo fato de que se outro sistema solar é por um acaso orientado da maneira correta, os planetas irão – uma vez por órbita – passar em frente de sua estrela-mãe visto da Terra. Os minieclipses obviamente reduzem o brilho da estrela, até por algumas horas. O enfraquecimento é leve: apenas cerca de 1 por cento, até mesmo para um mundo do tamanho de Júpiter. Um astrônomo atento com bom equipamento, entretanto, pode notar a diferença.

Os astrônomos encontraram alguns planetas com essa técnica de *trânsito*, mas a maioria dos mundos alienígenas descobertos desde 1995 foi desmascarado pela segunda técnica: medição dos pequenos movimentos das estrelas hospedeiras.

Os planetas e estrelas orbitam em seu centro de massa comum, e esse arranjo significa que ambos os objetos se movem. Enquanto eles orbitam sob a influência da atração gravitacional mútua, a estrela puxa o planeta, fazendo-o se mover, e o planeta puxa a estrela, fazendo-a se mover. O planeta tem bem menos massa do que a estrela, então o movimento reflexo da estrela não é muito – talvez apenas 80 km por hora (comparado com o movimento planetário, que pode ser 16.000 km por hora ou mais). Entretanto, usando *espectroscópios* sensíveis – dispositivos que quebram a luz que chega em várias cores, como um prisma – montado em grandes telescópios, os astrônomos podem caçar o pequeno Efeito Doppler (veja Capítulo 11) que o rodopio da estrela produz na luz estelar. E eles conseguiram encontrar mais de 100 estrelas cujas danças traem os planetas em órbita.

As próximas seções mostram muitos planetas extrassolares interessantes e planos de continuar as pesquisas.

O parceiro quente da 51 Pegasi

O crédito pela descoberta do primeiro planeta extrassolar pertence a dois astrônomos suíços, Michel Mayor e Didier Queloz, que anunciaram seu achado no outono de 1995. A descoberta causou muita consternação na comunidade de pesquisa, principalmente por causa da velocidade que o planeta gira em torno da sua estrela (51 Pegasi) em grande velocidade. Uma órbita completa leva cerca de 4 dias. Em consequência, os astrônomos deduziram que o planeta fica em órbita a 8 milhões de km da sua estrela hospedeira (veja Figura 14-4), ou cerca de 8 vezes mais próximo do que Mercúrio do Sol. Os achados também assinalaram que a temperatura do mundo é cerca de 1.000ºC. O tamanho da oscilação estelar da Pegasi 51 indica que a massa do planeta é pelo menos metade daquela de Júpiter. Por razões óbvias, os astrônomos logo apelidaram o planeta de *júpiter quente*.

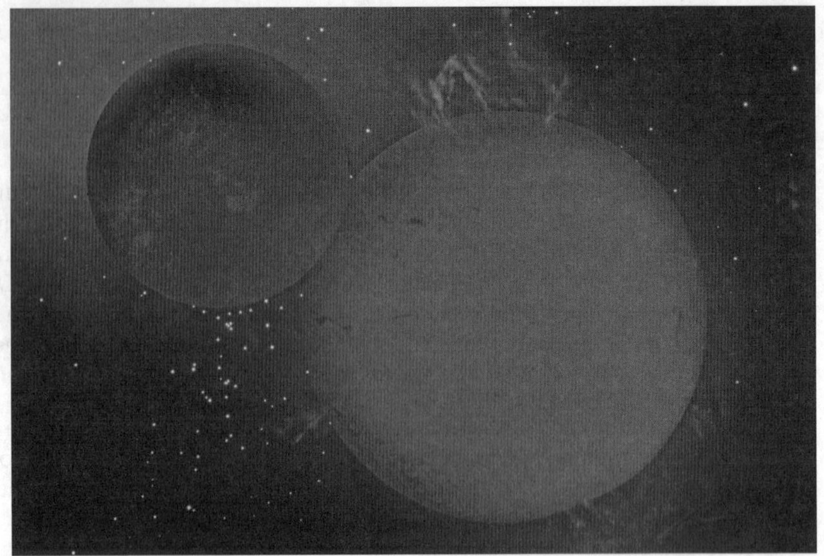

Figura 14-4: Um conceito de artista de um Júpiter quente em órbita da estrela 51 Pegasi.

Cortesia de Seth Shostak

Na década seguinte à descoberta do pequeno mundo quente da 51 Pegasi, os astrônomos descobriram mais de um planeta por mês, quase todos com medidas espectroscópicas de deslocamento Doppler. Alguns desses novos mundos também são *jupíteres quentes* – planetas massivos que abraçam suas estrelas-mães mais forte do que a uma mãe de verdade.

Mas os astrônomos não acreditam que qualquer um desses mundos quentes e pesados nasceu nas órbitas em que estão agora. Planetas grandes têm mais facilidade de se formar nos subúrbios de um sistema solar. As temperaturas mais frias e enorme abundância de material nessas regiões encorajam rápidas conglomerações de destroços gelados em grandes mundos. Mas após o nascimento, as interações dos planetas com os restos podem fazê-los vagar de casa e gravitar pelos domínios de sua estrela-mãe.

Ainda, a maioria dos planetas recentemente descobertos não orbitam suas estrelas tão perto quanto o planeta da 51 Pegasi. Esta é boa notícia para qualquer um que goste de pensar que pode haver novos sistemas solares no Universo como o nosso. Muitos dos primeiros planetas extrassolares que os cientistas encontraram eram júpiteres quentes, e deixaram algumas pessoas preocupadas sobre nosso Sistema Solar (onde os grandes planetas como Júpiter estão longe do Sol) ser estranho e raro. Mas, enquanto a busca continua, os astrônomos estão descobrindo mais e mais planetas extrassolares que têm órbitas similares aos planetas do Sistema Solar.

Ninguém tem certeza sobre o que previne os jupíteres quentes de fazer o "caminho todo" e chegar até as estrelas hospedeiras. Uma possibilidade é que esses pesos planetários excitam ondas de gás quente na superfície externa da estrela, e os efeitos gravitacionais dessas marés faz com que o planeta expirale para raios orbitais mais internos. Porém, esta ainda é uma teoria, e os astrônomos admitem francamente que tanto o nascimento quanto o último suspiro dos jupíteres quentes são fenômenos que até agora nós não entendemos.

O sistema Upsilon Andromedae

Em 1999, Geoff Marcy, Paul Butter e outros colaboradores (que descobriram muitos dos novos planetas detectados desde 1995) adicionaram emoção à prática de descobrir planetas dizendo que não um, porém três grandes planetas estavam em órbita ao redor da estrela Upsilon Andromedae. O grupo fez essa descoberta através de análises cuidadosas dos movimentos da estrela.

A Upsilon Andromedae, uma estrela tipo-F a 44 anos-luz da Terra, se tornou a primeira estrela normal (um tipo de estrela brilhante com fornalha termonuclear) além do Sol conhecido por ter um sistema solar genuíno. (Veja o Capítulo 11 para saber mais sobre tipos diferentes de estrelas). Os planetas em si são pesados, pesando cerca de 0,7 a 2,1 e 4,6 vezes a massa de Júpiter. Elas não abraçam a estrela, entretanto: os dois planetas de fora têm órbitas comparadas com aquelas de Vênus e Marte.

Continuando a pesquisa por planetas adequados à vida

Embora isso reconforte as pessoas que pesquisam extraterrestres saberem que "ETs têm muitas casas para ligar", as descobertas de um novo planeta também são um pouco desconcertantes. Apesar de tudo, os jupíteres quentes (ou mesmo os frios) não são lugares para onde a biologia possa evoluir, porque a água nesses lugares poderia tanto borbulhar quanto congelar, e água líquida é o que nós pensamos que toda vida – incluindo a dos alienígenas – precisa. Se esses planetas enormes são típicos do inventário de mundos das galáxias, nós não deveríamos esperar muita companhia cósmica.

No entanto, esse tipo de cenário é improvável. A técnica que os cientistas usam para encontrar a maioria dos novos planetas – procurando oscilações e usando o Efeito Doppler na luz das estrelas – é melhor para descobrir mundos gigantes que ficam em órbita perto de suas estrelas-mães. Você pode comparar a procura de planetas ao longe com o reconhecimento de savanas africanas realizadas de um helicóptero. Você pode ver os elefantes e rinocerontes, mas perde os ratos e mosquitos. Os cientistas encontram grandes planetas porque nós podemos encontrar grandes planetas. Pequenos mundos são provavelmente a maioria, mas até que as pesquisas construam alguns tipos novos de telescópios, fica mais difícil descobrir os pequenos mundos.

Em 2007, a NASA planejou lançar uma missão Kepler: um telescópio baseado no espaço, cuja tarefa seria descobrir se pequenos planetas realmente são tão comuns quanto cabines telefônicas. Ele irá observar por quatro anos uma parte do céu contendo 100.000 estrelas relativamente próximas, esperando conseguir ver um escurecimento periódico causado por mundos em órbita. A expectativa é que Kepler irá encontrar muitas dúzias de mundos do tamanho da Terra com a técnica do trânsito, mas, é claro que temos que esperar para ver o que realmente acontece.

Se existem muitos planetas do tamanho da Terra, o próximo passo é descobrir se algum deles contém vida. A resposta pode estar com a construção de novos telescópios espaciais – instrumentos como o Procurador Planetário Terrestre (NASA) ou Darwin (Agência Espacial Europeia). Esses telescópios de alta tecnologia, que pesquisadores esperam lançar de 2016 a 2020, podem ser capazes de conseguir captar alguma luz de planetas extrassolares e, com um pouco de análise espectral simples, determinar quais componentes existem em suas atmosferas. Se os cientistas encontrarem muito oxigênio ou metano no ar de algum mundo distante, nós podemos ter boas razões para suspeitar da presença de vida. Sem precisar dizer, a construção de telescópios baseados no espaço é muito mais fácil do que mandar uma nave espacial da Federação em uma missão de reconhecimento.

Se você quer saber sobre as novidades na pesquisa de planetas extrassolares, pode encontrar fatos em: `cfa-www.harvard.edu/planets`, que também tem *links* para outros sites relacionados.

O Dr. Seth Shostak, astrônomo sênior do Instituto SETI de Mountain View, Califórnia, contribuiu com este capítulo.

Capítulo 15

Escavando na Matéria Escura e na Antimatéria

Neste Capítulo

- Descobrindo o conceito de matéria escura.
- Procurando por evidência de matéria escura.
- Tornando-se atraente a antimatéria

Estrelas e galáxias fazem o céu brilhar à noite, mas essas joias brilhantes são apenas uma pequena porção de matéria no cosmos. Há mais no Universo do que dá para ver – muito mais.

Este capítulo te apresenta ao conceito de matéria escura, te conta o porquê dos astrônomos estarem convencidos de que esse tipo de coisa deve existir, e descreve experimentos que podem dar uma luz à natureza desse material misterioso e invisível. Eu também discuto sobre outro tipo exótico de matéria no Universo: a antimatéria. Sim, a antimatéria existe fora da ficção científica, mas a versão do mundo real é muito mais fascinante do que o apresentado nos livros de ficção científica, programas de televisão e filmes.

Matéria Escura: Entendendo a Cola Universal

Na época dos anos 1930, os astrônomos encontraram pistas de que pelo menos 90 por cento da massa do Universo não emite, reflete ou absorve luz.

O material invisível, conhecido como matéria *escura*, serve como a cola gravitacional que impede uma galáxia que roda rapidamente de voar para todos os lados e faz com que essas galáxias em um aglomerado fiquem juntas. Matéria escura também parece ter tido um papel crucial no desenvolvimento do Universo como conhecemos hoje – uma teia de aranha de grandes superaglomerados de galáxias separadas por vazios gigantes (veja Capítulo 12). De fato, a matéria escura pode determinar o destino do cosmos.

Se os argumentos nas seções seguintes estão corretos, pelo menos 90 por cento – talvez até 99 por cento – da matéria do Universo é escura. Que pensamento interessante. O Universo que você vê por um telescópio ou quando olha para cima à noite repleta de estrelas e galáxias é só uma fração pequenina de tudo que está lá. Para pedir uma analogia náutica emprestada, se as galáxias são a espuma do mar, a matéria escura é o oceano vasto e não visto onde a espuma flutua.

Reunindo evidências para a matéria escura

A primeira dica de que o Universo contém matéria escura apareceu em 1933. Enquanto examinava os movimentos das galáxias de um grande aglomerado de galáxias na constelação Cabeleira de Berenice, o chamado aglomerado de Coma, o astrônomo Fritz Zwicky, do Instituto de Tecnologia da Califórnia, descobriu que algumas galáxias se movem em uma velocidade estranhamente alta. De fato, as galáxias do aglomerado de Coma se movem tão rápido que todas as estrelas visíveis e gás no aglomerado não podem manter as galáxias unidas gravitacionalmente umas às outras, de acordo com nossas leis da Física conhecidas. Ainda, de alguma forma, o aglomerado se mantém intacto.

Zwicky concluiu que algum tipo de matéria não vista deve existir no aglomerado de Coma para providenciar a atração gravitacional perdida.

Por mais surpreendente que essa conclusão tenha sido, a matéria escura não chegou a ser notícia por várias décadas. Muitos astrônomos achavam que depois de estudar os movimentos das galáxias com muitos detalhes, a razão da existência de material invisível poderia desaparecer. Ao invés disso, nos anos 1970, evidências de matéria escura se tornaram mais claras. Não apenas os aglomerados de galáxias parecem conter o material, mas também galáxias individuais. As seções seguintes descrevem os principais argumentos a favor da matéria escura.

Matéria escura faz as estrelas orbitarem de forma estranha

Vera Rubin e Kent Ford do Instituto Carnegie de Washington, D. C. estavam estudando os movimentos das estrelas em centenas de galáxias espirais quando obtiveram um resultado que parecia voar nas faces de físicos convencionais. Uma galáxia espiral se parece com um ovo frito, com à maioria de sua massa concentrada na gema – os astrônomos chamam essa "gema" de *bojo* (como eu expliquei no Capítulo 12). Imagens revelam que a massa visível de uma espiral diminui rapidamente com aumento de distância ao bojo.

Os cientistas naturalmente esperam que as estrelas de uma galáxia espiral orbitem em torno do massivo centro galáctico da mesma maneira que os planetas do nosso Sistema Solar orbitam o Sol. Obedecendo à Lei da Gravitação de Newton, os planetas externos, como Plutão e Netuno, ficam em órbita do Sol mais vagarosamente do que os planetas internos, como Mercúrio, Vênus e Terra. Portanto, as estrelas da periferia de uma galáxia espiral deveriam orbitar mais vagarosamente do que as estrelas mais próximas do centro. Mas não é o resultado a que Rubin e Ford chegaram.

Galáxia após galáxia, suas observações revelaram que as estrelas externas orbitavam com grande velocidade, tal qual as estrelas internas. Com tão pouco material visível nas regiões externas, como as estrelas externas conseguem andar tão rapidamente e ainda ficar presas à galáxia? Elas deveriam escapar da galáxia, já que são tão velozes.

Os astrônomos concluíram que a *matéria visível* – as estrelas e gás luminoso que aparecem em fotografias de telescópio – é apenas uma pequena porção da massa total de uma galáxia espiral.

Embora a massa visível fique de fato concentrada no centro, uma vasta quantidade de outro material deve se estender por mais longe. Cada galáxia espiral deve ser cercada por um imenso halo de matéria escura. E para exercer o puxão gravitacional suficiente nas estrelas nas partes visíveis das galáxias, a matéria escura deve exceder a matéria visível por pelo menos um fator de 100 em massa. Outros tipos de galáxias (elípticas e irregulares) também têm halos de matéria escura.

Matéria escura fria faz o universo tomar seus pedaços

Cosmólogos (cientistas que estudam a estrutura em larga escala do Universo e sua formação) também apontam a matéria escura para explicar um quebra-cabeça fundamental sobre o Universo: como isso evoluiu de uma sopa uniforme de partículas elementares depois do Big Bang (veja Capítulo 16) para alcançar sua estrutura atual de aglomerados de galáxias e superaglomerados?

Mesmo embora 13,7 bilhões de anos tenham passado desde o nascimento do Universo, os cientistas não acreditam que tenha se passado tempo suficiente para a matéria visível coalescer sozinha nas estruturas cósmicas enormes que vemos hoje.

Para resolver essa confusão cosmológica, alguns especialistas dizem que o Universo contém um tipo especial de matéria escura, chamada *matéria escura fria*, que se move mais vagarosamente e se junta em grupos mais rapidamente do que a matéria visível normal. Respondendo ao puxão desse material exótico, a matéria comum formou estrelas e galáxias dentro das concentrações mais densas dessa matéria escura. Essa teoria explica o porquê de cada galáxia visível parecer estar misturada com sua próprio halo de matéria escura.

A teoria da matéria escura fria está correta? Ela parece estar em boa concordância com os fatos do Universo, até onde os cientistas os conhecem, mas a concordância não é perfeita. Por exemplo, a teoria diz que centenas de pequenas galáxias satélites irão circular uma grande galáxia como a Via Láctea. Mas nós não vemos tantas galáxias satélites assim. As predições da teoria podem precisar de aperfeiçoamento, ou nós precisaremos de uma teoria melhor sobre matéria escura. Ou até mesmo há pequenas galáxias apagadas ao nosso redor que não encontramos ainda. Elas podem ser as "lâmpadas apagadas" do Universo.

Matéria escura é crítica para a densidade do Universo

Os astrônomos acreditam em matéria escura por outra razão: o Universo, em grande escala, parece o mesmo em todas as direções e tem uma suavidade total. Essa consistência em aparência e suavidade indica que o Universo tem a densidade certa da matéria, chamada *densidade crítica* (que eu explico no Capítulo 16). A quantidade total de matéria visível que nós observamos no Universo não é o suficiente para se atingir a densidade crítica. A matéria escura faz o serviço.

Debatendo a constituição da matéria escura

Está bem, os astrônomos têm muitas boas razões para acreditar na matéria escura. Mas o que é essa coisa então?

Falando amplamente, os astrônomos dividem os tipos possíveis de matéria escura em duas classes: matéria escura bariônica e matéria escura estranha.

Matéria escura bariônica: Pedaços no espaço

Parte da matéria escura pode consistir do mesmo material do qual o Sol, os planetas e as pessoas são feitas. Esse tipo de matéria escura pode ser parte da família dos bariônicos, uma classe de partículas elementares que contêm os prótons e nêutrons fundidos nos núcleos dos átomos.

A *matéria escura bariônica* inclui todo material difícil de se ver que seja feito de matéria conhecida, como asteroides, anãs marrons e anãs brancas (eu descrevo as anãs no Capítulo 11). Sim, os cientistas podem detectar asteroides no nosso Sistema Solar e anãs brancas e anãs marrons perto da Via Láctea. Mas no halo galáctico, esses objetos podem ser não detectáveis com os instrumentos atuais. Esses objetos hipotéticos no halo galáctico, chamados de *MACHOs* (Massive Compact Halo Objects), podem ser feitos de matéria escura que cercam galáxias individuais. (Eu explico a busca por MACHOs mais adiante). Entretanto, nós não vemos o suficiente deles para dar conta da estrutura em grande escala no cosmos. Eu acho que essa teoria está provavelmente errada, e os cientistas que a propuseram têm que considerar seus erros.

Matéria escura estranha: Mais estranha ainda

Como alternativa, a matéria escura pode consistir de uma abundância de partículas subatômicas exóticas que têm pouca ou nenhuma semelhança com os bárions. Essas partículas incluem os *neutrinos*, que existem (veja o Capítulo 10 para mais detalhes), e outros com nomes como *áxions*, *squarks* e *fotinos* que os físicos falam sobre sem provar sua existência. (Sim, experimentos estão a caminho, mas ninguém capturou qualquer uma das partículas hipotéticas da matéria escura até agora).

Durante o *Big Bang* no nascimento do Universo (veja Capítulo 16), um zoológico de partículas de matéria escura estranha pode ter-se formado e pouco deve ter sobrevivido. O zoológico pode incluir o áxion, um tipo de buraco negro em miniatura 100 bilhões de vezes mais leve do que um elétron. Mesmo que os áxions sejam leves, se eles existem mesmo, eles poderiam contribuir significativamente com a massa cósmica. Experimentos recentes sugerem que o neutrino (uma partícula que os cientistas pensavam que teria, talvez, zero de massa) tem sim uma massa bem pequena, mas real e pode dar conta de pequenas porções de matéria escura.

Outros candidatos para matéria estranha são mais pesados – cerca de 10 vezes a massa do próton – mas ainda pouco substancial em termos de construir toda a matéria escura do Universo, a menos que elas ocorram em grandes números. Há também os parceiros ainda a serem detectados de certas partículas subatômicas como quarks e fótons. Essas matérias escuras hipotéticas são conhecidas como squarks e fotinos. Há muitas teorias e nomes para esses tipos de matéria escura, mas os cientistas as descrevem coletivamente como *partículas massivas com interação fraca*, ou *WIMPs* (explicações mais adiante).

Atirando no Escuro: A Procura por Matéria Escura

Ao redor do mundo, físicos estão criando detectores sensíveis para encontrar sinais reveladores de matéria escura. Alguns desses detectores analisam os restos subatômicos criadas por dispositivos gigantes que esmagam átomos, que brevemente recriam o calor extremo, a energia e as densidades presentes no começo do Universo.

As técnicas de busca têm que ser inovadoras. Afinal de contas, os cientistas estão caçando material que por definição não podemos ver e, além de exercer uma força gravitacional, não interage com outra matéria.

Todos os métodos para detectar e medir a matéria escura são indiretos, mas tentativas de entender a matéria escura não são em vão. Como a forma dominante de matéria no Universo, a matéria escura orgulhosamente influencia o passado, presente e futuro do Universo.

WIMPs: Deixando uma marca fraca

Considere os esforços para encontrar WIMPs (Weakly Interacting Massive Particles – Partículas Massivas com Interação Fraca). Nenhum equipamento consegue prender essas partículas de interação fraca, mas os cientistas podem anotar evidências de sua existência quando eles passam pelo detector. Quando um WIMP passa, ele esquenta um dos átomos do detector, dando-lhe um "peteleco". Esses encontros, entretanto, são raros. Para um detector típico de laboratório, esses encontros podem ocorrer somente uma vez em muitos dias.

Infelizmente, os raios cósmicos, que são partículas de energia que vão para todas as direções do espaço, podem imitar a ação de uma WIMP. Para minimizar o bombardeio por raios cósmicos, os pesquisadores colocam o detector em um túnel subterrâneo. Radioatividade que emana naturalmente das paredes do túnel também pode esquentar os átomos. Assim, o detector é esfriado até quase zero absoluto para reduzir a agitação de átomos que ocorre com maior vigor em temperaturas mais altas.

MACHOs: Fazendo uma imagem mais brilhante

Como os MACHOs não são microscópicos como os WIMPs, procurá-los é mais fácil. O primeiro método leva vantagem de um conceito da Teoria da Relatividade Geral de Einstein. Para saber: a massa distorce o tecido do espaço e o caminho de uma onda de luz (como eu descrevo no Capítulo 11), o que significa que um objeto que por acaso fica ao longo da linha de visada entre a Terra e uma estrela distante foca a luz dessa estrela fazendo com que ela fique parecendo, brevemente, mais brilhante. Quanto mais massivo for o objeto – nesse caso, um MACHO – mais brilhante a estrela aparecerá durante o alinhamento.

Por isso, o MACHO age como uma lente gravitacional em miniatura, ou microlente, curvando e abrilhantando a luz de uma estrela ao fundo (veja Capítulo 11 para mais sobre microlentes).

Para procurar MACHOs, os astrônomos monitoram o brilho das estrelas de um dos vizinhos mais próximos da Via Láctea, a galáxia da Grande Nuvem de Magalhães. Para chegar à Terra, a luz das estrelas da Nuvem devem passar pelo halo da Via Láctea, e os MACHOS que residem no halo deveriam ter um efeito mensurável nessa luz.

Os astrônomos gravaram muitos eventos nos quais as estrelas da Grande Nuvem de Magalhães de repente ficavam mais brilhantes e depois ficavam novamente mais fracas. Entretanto, o número de MACHOs encontrados nessas observações não é nada para fazer alarde.

Mapeando matéria escura com lentes gravitacionais

Em escalas bem maiores, os cientistas tiram vantagem de lentes gravitacionais para mapear a matéria escura na galáxia toda e até mesmo nos aglomerados de galáxias.

Se um aglomerado acaba ficando no caminho de viagem da luz emitida por uma galáxia de fundo, ele curva e distorce a luz – lentes gravitacionais – criando imagens múltiplas do corpo de fundo. Um halo dessas imagens fantasmas se forma ao redor do limite do aglomerado ao ser visto da Terra.

Para criar o padrão exato das imagens fantasmas observadas, o aglomerado interferente deve ter sua massa distribuída de uma forma particular. Como a maior parte da massa do aglomerado consiste em matéria escura, o processo de lentes gravitacionais revela como a matéria escura está concentrada no aglomerado.

Antimatéria Duelante: A Prova de que os Opostos se Atraem

Prepare-se para outro tipo de matéria tão estranha quanto a matéria escura, ou até mais estranha. Eu estou falando sobre a antimatéria.

O físico britânico Paul Dirac previu a existência da antimatéria em 1929. Ele combinou as teorias de mecânica quântica, eletromagnetismo e relatividade em um elegante conjunto de equações matemáticas. (Se você quer saber mais sobre suas teorias, terá que pesquisá-las, este livro não é de Física).

Dirac descobriu que para toda partícula subatômica, uma imagem espelhada deve existir, idêntica em massa porém com uma carga elétrica oposta. Desse modo, o próton tem seu antipróton e o elétron seu antielétron.

Quando uma partícula e sua antipartícula se encontram, elas habitam uma a outra. Suas cargas elétricas são canceladas, e suas massas são convertidas em energia pura.

Os astrônomos detectaram antipartículas de elétron e próton nos raios cósmicos do espaço longínquo. O antielétron é chamado de *pósitron* e os antiprótons são simplesmente *antiprótons*. Experimentos estão em progresso para procurar anti-hélio nos raios cósmicos. Os físicos fizeram de fato antipartículas e até antiátomos inteiros, como o anti-hidrogênio, no laboratório. Os doutores usam feixes de antipartículas para diagnosticar e tratar o câncer.

Os astrônomos que estudam os raios gama do espaço observaram uma forma de luz conhecida como radiação de aniquilamento. Os raios gama são mais curtos e mais energéticos do que os raios-x. Quando um elétron e sua antipartícula, o pósitron, se encontram, eles se aniquilam, liberando raios gama de distância conhecida. Esses raios são detectados de muitos lugares na nossa galáxia, incluindo uma vasta região na direção rumo ao centro da Via Láctea. A radiação de aniquilamento foi detectada em algumas erupções solares bem poderosas (veja Capítulo 10 para mais sobre chamas).

Na escala cósmica, o grande mistério é como o Universo contém mais partículas do que antipartículas. Os experimentos estão a caminho para encontrar essa resposta. Presumidamente, o Big Bang não produziu números iguais de ambos. Pelo menos, nós sabemos que temos bilhões de anos para resolver o problema antes de o Universo (e nós com ele!) virar seja lá o que for.

Ron Cowen, que comenta sobre Astronomia e Espaço para a revista *Science News*, originalmente contribuiu com este capítulo. O autor, Stephen P. Maran, o atualizou para esta edição da *Astronomia Para Leigos*. Todas as opiniões expressadas neste capítulo são do autor.

Capítulo 16

O Big Bang e a Evolução do Universo

Neste Capítulo

- Avaliando evidências do Big Bang.
- Entendendo a inflação e a expansão do Universo.
- Escavando energia escura.
- Examinando os conhecimentos sobre micro-ondas cósmicas
- Medindo a idade do Universo.

Era uma vez, há 13,7 bilhões de anos, o Universo como nós conhecemos hoje não existia. Sem matéria, sem átomos, sem luz, sem fótons; nem espaço e tempo.

De repente, talvez em um instante, o Universo tomou forma como uma pequena mancha densa repleta de luz. Em uma fração minúscula de segundo, toda matéria e energia no cosmos passaram a existir. Bem menor do que o átomo, o Universo primitivo era muito quente, uma bola de fogo que começou a inchar e a esfriar muito rapidamente.

Os astrônomos e pessoas de todo o mundo passaram a conhecer esse "nascimento" do Universo como a teoria do *Big Bang*.

O Big Bang não foi como uma bomba que explodiu no meio ambiente – não havia meio ambiente antes do Big Bang – foi a origem e a rápida expansão do espaço em si. Durante o primeiro trilhonésimo-trilhonésimo-trilhonésimo de segundo, o Universo cresceu mais do que um trilhão de vezes. De uma mistura original homogênea de partículas subatômicas e radiação nasceram as coleções de galáxias, aglomerados de galáxias e superaglomerados presentes no Universo hoje. É de deixar confuso pensar que as maiores estruturas do Universo, congregações de galáxias que se expandem por milhões de anos-luz no céu, começaram como flutuações subatômicas na energia do cosmos jovem. Mas isso é o que os cientistas acreditam sobre como o Universo se formou.

Neste capítulo, eu explico as evidências que apoiam a teoria do Big Bang, a expansão do Universo e as informações relacionadas com energia escura, os conhecimentos sobre micro-ondas cósmicas, a constante de Hubble e as velas-padrões.

Para mais informações sobre os conceitos deste capítulo, visite a parte de Perguntas Frequentes (FAQ – Frequently Asked Questions) no *site* de cosmologia da U.C.L.A em: `www.astro.ucla.edu/~wright/cosmology_faq.html`.

Avaliando as Evidências para o Big Bang

Por que acreditar que o Universo começou com um Bang?

Os astrônomos citam três diferentes descobertas que constituem-se numa boa argumentação em favor da teoria:

- **O Universo está se expandindo**. Talvez a evidência mais convincente para o Big Bang vem de uma descoberta marcante feita por Edwin Hubble em 1929. Até então, a maioria dos cientistas viam o Universo estático – imutável e parado. Mas Hubble descobriu que o Universo está se expandindo. Grupos de galáxias estão voando para longe umas das outras, como restos voando em todas as direções a partir de uma explosão cósmica, mas elas não foram separadas no espaço; o espaço entre eles é que está se expandindo, o que as faz se moverem para mais longe.

  É de comum entendimento que se as galáxias estão ficando mais distantes, uma vez elas estavam juntas. Traçando a expansão do Universo retrospectivamente, os astrônomos guiados por telescópios e por observatórios descobriram que há 13,7 bilhões de anos (tirando ou colocando mais uns 100 milhões de anos), o Universo era inacreditavelmente quente, um local denso onde tremendas liberações de energia causaram uma enorme explosão.

- **Conhecimentos de micro-ondas cósmicas**. Nos anos de 1940, o físico George Gamow percebeu que o Big Bang poderia produzir radiação intensa. Seus colegas sugeriram que os restos dessa radiação, esfriados pela expansão do Universo, ainda poderiam existir – como os gases que persistem depois de uma fogueira apagada na lareira.

  Em 1964, Arno Penzias e Robert Wilson, dos Laboratórios Bell, estavam observando o céu com um receptor de rádio quando detectaram um estalo fraco e uniforme. O que os pesquisadores acreditavam se tratar de estática, em um primeiro momento, era, na verdade radiação que havia sobrado do Big Bang. A radiação é um brilho uniforme de radiação de micro-ondas (pequenas ondas de rádio) que permeiam o espaço. Essa *radiação cósmica de fundo em micro-ondas* tem exatamente a temperatura que os astrônomos calculavam (2,73 K acima do zero absoluto, que é -273,16ºC ou -459,60ºF), tendo ela esfriado desde o Big Bang. Por sua nobre descoberta, Penzias e Wilson dividiram o prêmio Nobel de 1978 em Física. (Veja a seção "Extraindo Informação sobre o Universo em micro-ondas" para mais explicações).

- **A abundância cósmica de hélio.** Os astrônomos descobriram que a quantidade de hélio em toda a matéria bariônica do Universo é 24 por cento de massa (o resto da matéria é quase totalmente hidrogênio; ferro, carbono, oxigênio e todas aquelas coisas boas são apenas, contabilizadas juntas, um traço comparado com hidrogênio e hélio). Reações nucleares dentro das estrelas (veja Capítulo 11) não aconteceram a tempo suficiente para produzir essa quantidade de hélio. Mas o hélio que nós temos detectado é a quantidade exata que a teoria previu, como moldada pelo Big Bang.

Por mais bem-sucedida que a teoria padrão do Big Bang se mostrou estar com respeito às observações do cosmos, essa teoria é apenas um ponto de partida para explorar o Universo de antigamente. Por exemplo, a teoria, apesar do nome, não sugere uma fonte para a dinamite cósmica que explodiu o Big Bang em primeiro lugar.

Inflação: O Universo se Torna Grandioso

Além de ignorar a fonte da explosão que causou a expansão, a teoria do Big Bang tem outros pormenores. Em particular, ela não explica o porquê de algumas regiões do Universo que são separadas por distâncias tão grandes que elas não podem se comunicar – até mesmo por uma mensagem viajando na velocidade da luz – parecem tão similares umas com as outras.

Em 1980, o físico Alan Guth criou uma teoria, chamada de *inflação*, que pode ajudar a solucionar esse quebra-cabeça. Ele sugeriu que uma pequena fração de segundo depois do Big Bang, o Universo cresceu tremendamente. Em apenas 10^{-32} segundos (uma centena de milhão de um trilhão de um trilhão de segundo), o Universo expandiu a uma taxa muito maior do que já tenha feito nesses 13,7 milhões de anos desde então.

Esse período de enorme expansão espalhou pequenas regiões – que uma vez já haviam estado em contato – para várias "esquinas" do Universo. Como resultado, o cosmos parece o mesmo, em uma larga escala, não importa para qual direção você aponte o telescópio. (Pense em uma grande bola de massa). De fato, a inflação expandiu pequenas regiões de espaço em volumes muito maiores do que os astrônomos jamais poderão observar. Essa expansão sugere a possibilidade intrigante de que a inflação criou universos bem além do que podemos ver. Ao invés de um Universo simples, uma coleção de Universos, um *multiuniverso*, pode existir. Mas eu sou avesso a esta teoria – um Universo já é difícil de compreender!

A inflação teve outro efeito: O crescimento infinitesimalmente pequeno porém extraordináriamente grande após o Big Bang capturou flutuações de energia subatômicas aleatórias e as deixou com proporções macroscópicas. Ao preservar e amplificar essas tão famosas *flutuações quânticas*, a inflação produziu regiões do Universo com ligeiras variações em densidade de uma para outra.

Por causa da inflação e das flutuações quânticas, algumas regiões do Universo contêm mais matéria e energia, na média, do que em outras regiões. Como resultado, há pontos frios e quentes na temperatura do fundo de micro-ondas cósmicas (veja Figura 16-1). Com o tempo, a gravidade deu forma a essas variações nas redes de aglomerados de galáxias e vazios gigantes que enchem nosso Universo hoje em dia. Verifique a seção "Extraindo Informação sobre o Universo em Micro-ondas" mais adiante para mais informações.

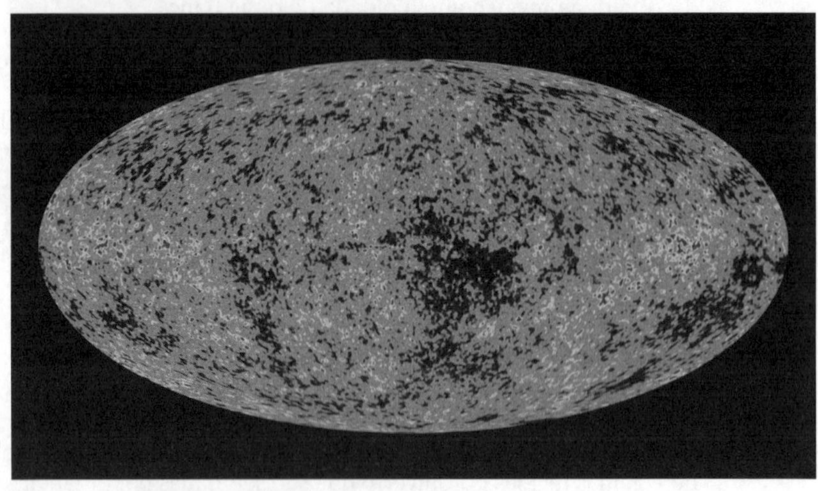

Figura 16-1: Uma "fotografia de bebê" do Universo do satélite Wilkinson Anisotropy de Micro-ondas.

As seções seguintes cobrem duas outras facetas interessantes da inflação: o vácuo onde a inflação ganha seu poder e a relação entre a inflação e o formato do Universo.

Algo do nada: Inflação e o vácuo

Ironicamente, o reservatório de energia que energiza a inflação vem do nada, o *vácuo*. De acordo com a teoria do *quantum*, o vácuo do espaço está longe de estar vazio. Há partículas e antipartículas que estão constantemente sendo criadas e destruídas. O uso dessa energia, sugerem os teóricos, forneceu ao Big Bang a sua energia explosiva e radiação.

O vácuo possui outra propriedade bizarra: ele pode exercer uma força gravitacional repulsiva. Ao invés de grudar dois objetos, a *gravidade repulsiva* faz com que eles se separem. A gravidade repulsiva pode ter criado uma breve, porém, poderosa era de inflação.

Como a inflação econômica, a cósmica gera um alto interesse! E essa bolha não irá explodir.

Inflação e o formato do Universo

O processo de inflação, pelo menos na sua forma mais simples, pode ter imposto outra condição no Universo: fez a geometria do Universo plana. Esse rápido período de expansão teria esticado qualquer curvatura no cosmos como uma bexiga inflada em enormes proporções.

Para o Universo ser plano, ele deve conter uma densidade muito específica, chamada *densidade crítica*. Se a densidade do Universo é maior do que o valor crítico, a atração gravitacional será forte o suficiente para reverter a expansão, eventualmente fazendo o Universo entrar em colapso naquilo que os astrônomos chamam de *Big Crunch*.

Um Universo assim se curvaria sobre si mesmo para formar um espaço fechado de volume finito, como a superfície de uma esfera. Uma nave espacial viajando em uma linha reta poderia eventualmente se encontrar de volta ao ponto onde começou. Os matemáticos chamam essa geometria de *curvatura positiva*.

Se a densidade é menor do que o valor crítico, a gravidade nunca excederá á o poder da expansão, e o Universo irá continuar a crescer pra sempre. Esse Universo tem uma *curvatura negativa*, com um formato parecido com uma sela de cavalo.

Embora a teoria da inflação diga que o Universo seja plano, muitos tipos de observações têm revelado que o Universo não tem matéria suficiente (tanto matéria normal como escura – veja Capítulo 15) para atingir a densidade crítica.

Portanto, se o Universo for plano, a matéria como nós conhecemos, ou até mesmo como não conhecemos, não é responsável por isso. Mas, a energia pode salvar o dia! De fato, ela pode salvar o Universo, e pesquisas recentes mostram que ela o faz. Os dados contidos na "fotografia de bebê do Universo" mostrada na Figura 16-1, que é um mapa do céu da radiação cósmica de fundo em micro-ondas medidas por um satélite da NASA chamado de Sonda Wilkinson de Micro-ondas, tem convencido essencialmente todos os cosmólogos de que o Universo é plano e a energia é responsável. Todavia, não a energia que conhecemos antes; a energia escura é o herói. Prepare-se para conhecer o lado negro.

Energia Escura: Pisando no Acelerador do Universo

A energia escura tem um efeito assustador: ela exerce uma força gravitacional repulsiva. É tudo o que os cientistas sabem sobre ela; nós não sabemos o que a energia escura é, então, nós a definimos por sua propriedade observável, a força repulsiva. Após o Big Bang e a inflação, a gravidade normal diminuiu a velocidade da expansão do Universo. Mas, enquanto o Universo crescia mais e mais tal que a matéria se separou mais e mais no espaço, o efeito desacelerador da gravidade se tornou cada vez mais fraco. Depois de um tempo (alguns bilhões de anos), a força repulsiva da energia escura tomou conta, causando a expansão ainda mais rápida do Universo. As observações do Hubble e de outros telescópios revelam esse fenômeno bizarro.

As observações que revelaram a existência da energia escura mostrando que a expansão do Universo está se acelerando foram de supernovas do tipo Ia em galáxias distantes. (Você pode ler sobre supernovas do tipo Ia e outras supernovas no Capítulo 11). Todas as supernovas são brilhantes o suficiente para aparecerem em distantes galáxias, mas a variedade da Ia tem uma propriedade espectral. Os astrônomos acreditam que essas explosões têm o mesmo brilho, como lâmpadas de uma voltagem conhecida (veja a seção "Em uma galáxia muito distante: a constante de Hubble e as Velas Padrões" mais adiante).

Em virtude da luz de galáxias distantes levar centenas de milhões de anos ou mais para chegar à Terra, observações da galáxia podem mostrar supernovas que explodiram quando o Universo era mais novo. Se a expansão do Universo tivesse se desacelerado desde o Big Bang, haveria menos distância entre a Terra e as galáxias longínquas – e um tempo mais curto de viagem da luz – do que se o Universo tivesse continuado a expandir em uma velocidade fixa. Portanto, no caso de uma expansão mais lenta, uma supernova de uma galáxia distante iria parecer um pouco mais brilhante.

Mas em 1998, dois times de astrônomos descobriram exatamente o resultado oposto: supernovas distantes pareciam mais fracas do que o esperado, como se suas galáxias parentais estivessem mais longe do que o calculado. Parece que o Universo aumentou sua taxa de expansão.

Extraindo Informação sobre o Universo em Micro-ondas

A radiação cósmica de fundo (o sopro de radiação deixada pelo Big Bang) representa uma foto instantânea do Universo quando ele tinha 379.000 anos. Antes dessa época, uma sopa de elétrons preenchia o Universo, e a radiação criada no Big Bang não conseguia passar livremente pelo espaço. As partículas negativamente carregadas absorviam repetidamente a radiação.

Por volta da época em que o cosmos celebrou seu 379.000º aniversário, o Universo ficou frio o suficiente para que os elétrons se combinassem com os núcleos atômicos, o que significa que não havia abundância de partículas para absorver a radiação. A sopa se desfez. Hoje nós detectamos a luz do Universo com uma idade de 379.000 anos – agora deslocada em comprimentos de onda pela expansão do Universo – como as micro-ondas e a luz infravermelha.

Encontrando a distribuição da radiação cósmica de fundo

Quando Penzias e Wilson detectaram a radiação cósmica de fundo na década de 1960, ela parecia ter uma temperatura perfeitamente uniforme ao longo do céu. Nenhuma região no céu era mais quente ou mais fria, pelo menos não dentro dos limites de detecção dos instrumentos disponíveis. Isso era um quebra-cabeça, porque pequenas variações na temperatura têm que estar presentes para explicar como o Universo poderia ter começado como uma sopa homogênea de partículas e radiação e evoluiu para uma coleção de galáxias, estrelas e planetas.

De acordo com a teoria, o Universo no início não era tão homogêneo. Como pedaços em uma tigela de mingau de aveia, havia lugares mais densos e menos densos, com mais átomos por centímetro cúbico ou menos átomos por centímetro cúbico, respectivamente. Esses lugares representam as pequenas sementes ao redor das quais a matéria pode ter começado a se juntar e a formar galáxias. Os cientistas deveriam agora ver as variações de densidade em pequenas flutuações ou anisotropias na temperatura da radiação cósmica de fundo. (Uma *anisotropia* é uma diferença nas propriedades físicas do espaço, como temperatura e densidade, ao longo de uma direção comparadas às propriedades em outra direção).

Em 1992, o satélite COBE da NASA, que apenas três anos antes havia medido a temperatura do fundo de micro-ondas com uma certeza sem precedentes, chegou aonde muitos astrônomos consideram um grande triunfo: ele detectou pontos quentes e frios na radiação cósmica de fundo.

As variações são de fato minúsculas – menos de 10.000 avos de k mais frio ou mais quente do que a temperatura média de 2.73K. A princesa que podia sentir uma ervilha embaixo de uma pilha de colchões não teria sentido essas diferenças. Entretanto, essas mudanças cósmicas são grandes o suficiente para ajudar no crescimento da estrutura do Universo. Você pode ficar tranquilo sobre isso.

Mapeando o Universo com a radiação cósmica de fundo

Na pesquisa para descobrir se o Universo é plano ou no formato de sela, os cientistas procuraram as micro-ondas cósmicas para obter respostas. Um

Universo plano ditaria que as diferenças de temperatura teriam um padrão particular. Alguns telescópios em solo ou montados em balões sugerem que o fundo de micro-ondas pode ter esse padrão.

Em 2003, a NASA relatou que sua sonda Wilkinson (WMAP) havia mapeado e medido a radiação cósmica de fundo por todo céu com um detalhamento nunca antes empregado. O time do WMAP, liderado pelo Dr. Charles L. Bennett, respondeu a maioria das perguntas existentes sobre o Big Bang tirando o que fez tudo acontecer e o que exatamente é a energia escura. O time descobriu que:

- A idade atual do Universo é 13,7 bilhões de anos.
- A radiação cósmica de fundo se originou quando o Universo tinha 379.000 anos.
- As primeiras estrelas começaram a brilhar cerca de 200 milhões de anos depois do Big Bang.
- O Universo é plano, consistente com a teoria da inflação (veja a seção "Inflação: o Universo se torna grandioso" anteriormente).
- As quantidades relativas de energia de massa no Universo são as seguintes:
  - Matéria normal (matéria bariônica como a encontrada na Terra): 4 por cento.
  - Matéria escura (veja capítulo 15): 23 por cento.
  - Energia escura: 73 por cento.

Você pode ler tudo sobre o WMAP e seus achados no *site* oficial do Centro Espacial Goggard, `map.gsfc.nasa.gov`. Minha parte preferida é a animação de flutuações quânticas.

Em uma Galáxia Muito Distante: A Constante de Hubble e as Velas Padrões

Uma das questões mais antigas na Astronomia costumava ser "Qual é a idade do Universo?". Agora, graças ao WMAP, o telescópio espacial Hubble e outros instrumentos, nós sabemos que a resposta é 13,7 bilhões de anos.

Então, como os cientistas conseguiram descobrir esse número? Eles se basearam em informações conectadas com a expansão do Universo: a constante de Hubble e velas padrões, que eu explico nas próximas seções.

A Constante de Hubble: Quão rápido as galáxias podem se mover?

Estimativas da idade cósmica têm dependido de um número que tem prendido a atenção dos astrônomos por décadas: a *constante de Hubble*, que representa a taxa de expansão do Universo. O número é de 1929, quando Edwin Hubble descobriu evidências de que nós vivemos em um Universo em expansão. Em particular, ele fez a grande descoberta de que toda galáxia distante (aquelas além do Grupo Local de Galáxias, que eu descrevo no Capítulo 12) parece estar correndo para longe da nossa galáxia mãe, a Via Láctea.

Hubble descobriu que quanto mais distante estiver a galáxia, mais rápido ela se afasta. Essa relação é conhecida como *Lei de Hubble*. Por exemplo, considere duas galáxias, uma das quais fica duas vezes mais distante da Via Láctea do que a outra. A galáxia que está duas vezes mais distante parece se mover para longe mais rapidamente. (De acordo com a teoria de Albert Einstein da Relatividade Geral, as galáxias em si não se movem; o tecido do espaço onde elas estão é que se expande).

A constante de proporcionalidade que relaciona a distância de uma galáxia com sua velocidade de afastamento é conhecida como a constante de Hubble, ou H_0. Em outras palavras, a velocidade com a qual a galáxia se afasta é igual a H_0 multiplicado pela distância da galáxia. H_0 provê uma medida da taxa da expansão universal e, por implicação, sua idade.

A constante de Hubble é medida em km por segundo por megaparsec. (Um megaparsec é 3,26 milhões de anos-luz). Após anos de estudos, astrônomos usando o Telescópio Espacial Hubble reportaram um valor de 70 para a constante de Hubble. Aquele número significa que uma galáxia a cerca de 30 megaparsecs (cerca de 100 milhões de anos-luz) da Terra se afasta com 2.100 km por segundo. Os achados do WMAP sugerem que o valor é 71; é um ótimo palpite.

Mas, pelo fato de a energia escura fazer o Universo se expandir mais velozmente, a constante de Hubble não permanece constante por muito tempo; ela cresce. Desse modo, a constante de Hubble é mais uma "inconstante de Hubble".

Velas padrões: Como os cientistas medem as distâncias das galáxias?

A maioria das estratégias para medir a distância requer algum tipo de *vela padrão*, o equivalente cósmico de uma lâmpada de voltagem conhecida.

Por exemplo, suponha que você acredite que saiba do brilho real, ou *luminosidade*, de um tipo particular de estrela. A luz de uma fonte distante brilha mais fraca na proporção do quadrado da distância, então o brilho aparente de uma estrela do mesmo tipo em uma galáxia distante indica o quão longe a galáxia está.

Estrelas amareladas pulsantes conhecidas como *Variáveis Cefeidas* constituem uma das velas padrões mais confiáveis para estimar a distância de galáxias relativamente próximas (veja Capítulo 12). Essas estrelas jovens brilham e apagam periodicamente. Em 1912, Henrietta Leavitt, do Observatório da Universidade de Harvard, detectou que a rapidez com que as Cefeidas mudam seu brilho está diretamente relacionada com sua luminosidade verdadeira. Quanto mais longo o período, maior a luminosidade.

As supernovas do tipo Ia (veja Capítulo 11) são outro tipo de vela padrão. Já que as supernovas são muito mais brilhantes, nós podemos observá-las em galáxias mais distantes. Cálculos recentes da constante de Hubble empregaram ambas essas velas e obtiveram resultados em boa concordância, tanto entre si, quanto com as informações passadas pelo satélite WMAP. Os astrônomos têm agora dados confiáveis da taxa atual de expansão. Todavia, a natureza de energia escura permanece um mistério profundo e sombrio.

Ron Cowen, que comenta sobre Astronomia e Espaço para a revista *Science News*, originalmente contribuiu com este capítulo. O autor, Stephen P. Maran, o atualizou para a edição da *Astronomia Para Leigos*. Todas as opiniões expressadas neste capítulo são do autor.

Parte V

A Parte dos Dez

Nesta parte...

Você já se encontrou em uma reunião tentando desesperadamente pensar em algo único e interessante para dizer? Você procura em seu cérebro por um "estalo" para fazer com que todos no ambiente percebam a sua inteligência marcante. Bom, depois de ler A Parte dos Dez, você estará pronto para a próxima vez que travar em uma conversa. Eu te ofereço 10 fatos estranhos sobre o espaço que eu garanto que vão despertar o interesse alheio. E depois eu te digo 10 grandes erros que as pessoas no geral, e a mídia em particular, cometeram, e continuam cometendo, no tópico da Astronomia.

Capítulo 17

Dez Fatos Estranhos sobre Astronomia e Espaço

Neste Capítulo

- Descobrindo a verdade sobre cometas, rochas de Marte, micrometeoritos e Big Bang na televisão.
- Descobrindo por que a descoberta de Plutão foi um acidente, manchas solares não são escuras e chuva nunca chega ao chão em Vênus.
- Explorando grandes mitos, estrelas explosivas e singularidades da Terra.

Aqui estão alguns dos meus fatos favoritos sobre Astronomia e, em particular, sobre a Terra e o Sistema Solar. Com as seguintes informações na ponta da língua, você pode estar pronto para lidar com perguntas de Astronomia em questionários de televisão e dúvidas de amigos e família.

Você Tem Pequenos Meteoritos no seu Cabelo

Micrometeoritos, pequenas partículas do espaço visíveis apenas por microscópios, estão constantemente caindo na Terra. Alguns caem em você sempre que sai de casa. Entretanto, sem o equipamento de análise mais avançado de laboratórios, você não os pode detectar. Eles se perdem em grandes massas de pólen, partículas de neblina, poeira de casa e (desculpe por dizer) na caspa que se encontra na sua cabeça. (Verifique o Capítulo 4 para saber mais sobre meteoritos de todos os tamanhos).

A Cauda do Cometa Geralmente Mostra o Caminho

A cauda de um cometa não é como a cauda de um cavalo, que sempre está atrás do cavalo enquanto ele galopa. Uma cauda de cometa sempre aponta para longe do Sol. Quando um cometa se aproxima do Sol, sua cauda ou caudas ficam atrás, mas quando o cometa volta às profundezas do Sistema Solar, a cauda fica à frente. (Veja o Capítulo 4 para mais informações sobre cometas).

A Terra É Feita de Matéria Rara e Incomum

A maioria de toda matéria do Universo é a tão falada *matéria escura*, coisa invisível que os astrônomos ainda não identificaram (veja o Capítulo 15). E a maioria da matéria comum ou visível encontra-se na forma de plasma (gás quente e eletrizado que compõe estrelas normais como o Sol) ou de matéria degenerada (onde os átomos ou até os núcleos dos átomos estão grudados em uma densidade inimaginável, como as encontradas em anãs brancas e estrelas de nêutrons; veja o Capítulo 11). Você não encontra matéria escura, matéria degenerada ou plasma na Terra. Comparada com o grosso do Universo, a Terra e redondezas são os alienígenas (Veja o Capítulo 5 para mais sobre as propriedades únicas da Terra).

Maré Alta Ocorre em Ambos os Lados da Terra ao Mesmo Tempo

As marés do oceano do lado da Terra que está de frente para a Lua não são mais altas do que as marés do outro lado da Terra ao mesmo tempo. Isso pode desafiar o senso comum, mas não as análises dos físicos e matemáticos. (O mesmo acontece com marés menores levantadas pelo Sol). Veja capítulo 5 para mais sobre a Lua.

Em Vênus, a Chuva Nunca Cai no Chão

De fato, a constante chuva de Vênus nunca cai em nada. Ela evapora antes mesmo de atingir o chão, e a chuva é de ácido puro. (O nome comum para ela é *virga*, veja o Capítulo 6 para mais sobre Vênus).

Rochas de Marte Pontilham a Terra

As pessoas encontraram mais de 30 meteoritos na Terra que vêm da crosta de Marte, arremessadas daquele planeta pelos impactos de objetos bem maiores – talvez do cinturão de asteroides (veja o Capítulo 7 para mais sobre asteroides). Todavia, esses objetos são apenas as rochas de Marte que os especialistas em meteoritos reconheceram depois de sua descoberta. Estatisticamente, muitas outras rochas de Marte não descobertas devem ter caído no oceano ou pousado em lugares de difícil alcance ou inabitados onde elas não foram vistas (Veja o Capítulo 6 para descobrir mais sobre Marte).

Plutão Foi Descoberto por Causa de uma Falsa Teoria

Percival Lowell previu a existência e localização aproximada de Plutão. Quando Clyde Tombaugh explorou a região, ele descobriu o planeta. No entanto, hoje os cientistas sabem que a teoria de Lowell, que sabia da existência de Plutão por seus efeitos gravitacionais na movimentação de Urano, estava errada. De fato, a massa de Plutão é muito pequena e incapaz de produzir os efeitos "observados". Além do mais, os "efeitos gravitacionais" eram somente erros nas medidas da movimentação de Urano. (Não havia informação suficiente sobre o movimento de Netuno para estudá-lo por indícios). A descoberta de Plutão deu trabalho, mas aconteceu, e foi pura sorte. (Veja o Capítulo 9 para descobrir mais sobre Plutão).

Manchas Solares Não São Escuras

Quase todo mundo "sabe" que as manchas solares são pontos "escuros" no Sol. Todavia, na realidade, as manchas solares são simplesmente lugares onde o gás solar quente é mais frio do que nas redondezas (veja o Capítulo 10 para mais explicações). As manchas parecem escuras comparadas com as redondezas, mas se tudo que você pode ver é a mancha solar, ela parece bastante iluminada.

Uma Estrela que Vemos Pode Já Ter Explodido, mas Ninguém Sabe

Eta Carinae é uma das maiores estrelas e com o brilho mais forte da galáxia, e os astrônomos esperam que ela produza uma poderosa explosão de supernova a qualquer momento, se já não aconteceu. Mas pelo fato de levar 9.000 anos para a luz viajar da Eta Carinae até a Terra, uma explosão que ocorreu a menos de 9.000 anos não é visível para nós ainda. (Veja o Capítulo 11 para descobrir mais sobre os ciclos das estrelas).

Você Pode Ter Visto o Big Bang em uma Televisão Antiga

Parte do chiado (um padrão de interferência que parece com pequenos pontos de uma televisão antiga em preto e branco) era, na verdade, ondas de rádio que a antena da TV recebia da radiação cósmica de fundo, uma emissão do começo do Universo depois do Big Bang (veja o Capítulo 16). Quando essa radiação foi de fato descoberta nos Laboratórios Telefônicos Bell, os cientistas estudaram muitas causas possíveis do "barulho" inesperado no receptor de rádio. Eles até investigaram quedas de pombo como uma possível causa, mas depois abandonaram essa sugestão.

Capítulo 18

Dez Erros Comuns sobre Astronomia e Espaço

Neste Capítulo

- Examinando erros populares sobre Astronomia.
- Corrigindo erros cometidos frequentemente pelos jornais e mídia de entretenimento.

No dia a dia – lendo o jornal, vendo o noticiário, navegando na internet ou falando com amigos – você passa por muitos erros sobre Astronomia. Neste capítulo, eu explico os mais comuns.

"A Luz Daquela Estrela Levou 1.000 Anos-Luz Para Chegar à Terra"

Muitas pessoas confundem o ano-luz com uma unidade de tempo como um dia, mês ou ano. Mas um ano-luz é unidade de distância, igual à distância que a luz percorre, no vácuo, durante um ano. (Veja o Capítulo 1).

Um Meteorito Recentemente Caído Ainda Está Quente

Na verdade, meteoritos recentemente caídos estão frios; uma camada de gelo (pelo contato com a umidade do ar) e, às vezes, forma-se sobre uma pedra fria que recentemente pousou. Quando uma testemunha ocular diz que viu um meteorito cair no chão e ele queimou seus dedos na rocha, é provavelmente uma fraude. (Veja o Capítulo 4 para mais informações sobre meteoritos).

O Verão Sempre Vem Quando a Terra está mais Próxima do Sol

A crença de que o verão vem quando a Terra está mais próxima do Sol é o erro mais comum de todos, mas o senso comum deve te dizer que a crença é falsa. Afinal de contas, o inverno acontece no Brasil enquanto nos Estados Unidos ainda é verão. Mas, em qualquer dia, o Brasil está à mesma distância do Sol que os Estados Unidos. (Veja o Capítulo 5 para mais explicações sobre as estações do ano).

A "Estrela Dalva" é uma Estrela

A Estrela Dalva não é uma estrela; é sempre um planeta. E, às vezes, duas Estrelas Dalva aparecem de uma vez, como Mercúrio e Vênus (veja o Capítulo 6). A mesma ideia se aplica às Estrelas Vespertinas: você está vendo um planeta, e você poderá ver mais do que um. "Estrelas Cadentes" são designações incorretas também. Essas "estrelas" são meteoros – os lampejos de luz causados por pequenos meteoroides que caem através da atmosfera da Terra (veja o Capítulo 4). A maioria das "estrelas" que você vê na televisão podem ser apenas passageiras, mas elas pelo menos conseguem seus 15 minutos de fama.

Se Você Tirar Férias no Cinturão de Asteroides, Você Verá Asteroides por Toda Parte

Em qualquer filme sobre viagem espacial, você vê cenas nas quais o piloto desvia a espaçonave de centenas de asteroides que passam por todas as direções, às vezes, vindo cinco de uma vez. Os cineastas só não entendem a vastidão do Sistema Solar, ou eles a ignoram por causa da dramaturgia. Se você ficar no meio do cinturão de asteroides principal entre Marte e Júpiter, você terá sorte se vir mais de um asteroide a olho nu. (Veja o Capítulo 7 para mais informações sobre asteroides).

Detonar um "Asteroide Assassino" Vindo em Direção à Terra Irá nos Salvar

Você presencia muitos erros sobre asteroides, e a recente produção de filmes e relatos na mídia sobre "asteroides assassinos" forneceu oportunidades amplas, porém infelizes para reforçar esses desentendimentos entre o público.

Deslocar um asteroide em curso de colisão com a Terra com uma bomba-H iria apenas criar rochas menores e tão perigosas quanto a grande, que atingiriam nosso planeta da mesma forma. Uma ideia melhor seria colocar um motor de foguete para mudar pelo menos um pouco o curso do asteroide de sua órbita, para que ele não fique, ao mesmo tempo, no mesmo lugar da Terra no espaço.

Asteroides São Redondos, como Pequenos Planetas

Alguns dos maiores asteroides são redondos, mas a maioria são blocos irregulares de pedra ou ferro. Muitos têm forma de amendoim ou batatas e são repletos de crateras.

O Sol é uma Estrela Mediana

Você sempre ouve ou lê repetidas declarações de jornalistas, ou publicadas em livros escritos por astrônomos que deveriam saber mais, para o público em geral de que o Sol é uma estrela mediana. De fato, a maioria das estrelas é menor, mais apagada, mais fria e menos massiva do que o Sol (veja o Capítulo 10). Fique com orgulho do Sol – é como uma criança do fictício Lago Wobegon, onde as crianças são todas "acima do normal".

O Telescópio Hubble Chega bem Próximo

O telescópio espacial Hubble não tira aquelas lindas fotos cruzando o espaço até chegar ao lado de nebulosas, aglomerados estelares e galáxias (veja o Capítulo 12). O telescópio fica numa órbita em torno da Terra, e só tira lindas fotos. Ele faz isso porque tem uma inacreditável óptica bem-feita e fica em órbita longe das partes da atmosfera que fazem nossa visão ficar borrada quando usamos telescópios em solo.

O Big Bang Está Morto

Quando um astrônomo relata um achado que não cabe no entendimento atual da cosmologia, membros da mídia sempre estão prontos para pronunciar "O Big Bang morreu" (Veja o Capítulo 16 para mais explicações sobre o Big Bang). Mas, os astrônomos estão simplesmente achando diferenças entre a expansão do Universo observada e as suas descrições matemáticas específicas. As teorias em conflito – incluindo aquela que ajusta os dados mais atuais – são consistentes com o Big Bang: elas só diferem em detalhes.

Parte VI
Apêndices

"Paul, desligue sua lanterna. Há um aglomerado estelar realmente interessante que eu estou tentando fotografar".

Nesta Parte...

Os apêndices nessa parte oferecem informações para melhorar suas experiências de observação do céu nos anos que virão. O primeiro apêndice te apresenta tabelas que mostram as localizações aproximadas – de 2006 a 2010 – dos quatro planetas brilhantes que você pode encontrar facilmente: Vênus, Marte, Júpiter e Saturno. O segundo apêndice oferece mapas para te ajudar a encontrar estrelas interessantes. Finalmente, eu incluo definições simples para alguns termos astronômicos que você pode usar enquanto aprecia seu *hobby*.

Apêndice A

Encontrando os Planetas: de 2006 a 2010

As tabelas neste apêndice dão, dos anos 2006 a 2010, localizações aproximadas dos quatro planetas brilhantes que os astrônomos observam mais comumente: Vênus, Marte, Júpiter e Saturno. Você geralmente pode observar esses planetas a olho nu, e depois que encontrá-los, pode mantê-los em vista por vários meses. (As notas sobre os movimentos de Mercúrio também estão incluídas quando o planeta está claramente visível). Para cada ano, eu incluo tabelas separadas para os períodos de crepúsculo – amanhecer e anoitecer – que são as épocas mais convenientes para a maioria das pessoas observarem o céu. Cada tabela indica em qual direção olhar para ver os planetas. As tabelas são mais precisas para latitudes intermediárias.

Se você seguir a Lua diariamente, geralmente a verá próxima de um dos cinco planetas brilhantes (Mecúrio, Vênus, Marte, Júpiter e Saturno) ou de uma das estrelas mais brilhantes ou dos notáveis padrões do zodíaco: as Plêiades, Híades ou Aldebarã em Touro; Pollux ou Castor em Gêmeos; Regulus em Leão; Spica em Virgem; Antares em Escorpião; e o Bule de Chá em Sagitário. (Veja o Capítulo 3 para mais informações sobre o zodíaco).

Enquanto segue os planetas durante dias, semanas ou meses, você irá notar que eles passam uns pelos outros, assim como passam em meio às mesmas estrelas do zodíaco que a Lua. Observar os planetas é uma atividade que pode proporcionar divertimento por uma vida toda!

Martin Ratcliffe, um editor que contribui com a revista *Astronomy*, enviou as tabelas a seguir.

2006

Tabela A-1 Planetas ao Anoitecer (Cerca de 45 minutos depois do pôr do sol)

Mês	*Vênus*	*Marte*	*Júpiter*	*Saturno*	*Acontecimentos do Planeta*
Janeiro	OSO	S	–	ONE	Em 1 de janeiro, Vênus está próximo da Lua crescente. Vênus fica visível apenas no começo de janeiro. No dia 27, Saturno fica visível a noite toda.
Fevereiro	—	S	—	E	—
Março	—	SO	—	SE	—
Abril	—	O	—	S	—
Maio	—	O	SE	OSO	No dia 4 de maio, Júpiter fica visível a noite toda.
Junho	—	Baixo L	S	Baixo L	No dia 17 de junho, Saturno e Marte estão muito próximos de Câncer. Também, Mercúrio fica abaixo de Gêmeos. Em 27 e junho, na Lua crescente, Mercúrio, Saturno e Marte estão juntos muito baixo no NO. Somando Júpiter ao sul, quatro planetas estão visíveis de uma vez.
Julho	—	Baixo L	SO	Pôr NO	Em 21 de julho, Marte fica muito próximo da Regulus em Leão, muito baixo no Oeste. A Lua crescente junta-se ao par em 27 de julho.
Agosto	—	—	Baixo O	SO	—
Setembro	—	—	OSO	—	—
Outubro	—	—	Baixo OSO	—	—
Novembro	—	—	—	—	—
Dezembro	Pôr OSO	—	—	—	—

Tabela A-2 Planetas no amanhecer (Cerca de 45 minutos antes do nascer do sol)

Mês	*Vênus*	*Marte*	*Júpiter*	*Saturno*	*Acontecimentos do Planeta*
Janeiro	—	—	SSE	O	—
Fevereiro	SE	—	S	Pôr LNO	Vênus, Júpiter e Saturno estão visíveis do L ao O no começo de fevereiro. Vênus aparece como um fino crescente por um telescópio.
Março	SE	—	SSO	—	Mercúrio fica visível no final de março e no começo de abril no L, até a esquerda de Vênus.
Abril	SE baixo	-	SO	-	No começo de abril, Vênus aparece quase completo pelo telescópio.
Maio	L	—	SSO	—	—
Junho	L	—	—	—	—
Julho	NE baixo	—	—	—	—
Agosto	NE baixo	—	—	LNE baixo	De 4 a 14 de agosto, Mercúrio e Vênus estão a três graus de cada um. Em 20 e 21 de agosto, Mercúrio está perto de Saturno e com brilho baixo no NE. Em 22 de agosto, a Lua crescente bem fina está próxima a Mercúrio e Saturno, com Vênus acima da Lua. Em 26 e 27 de agosto, Vênus e Saturno estão no mesmo campo de visão telescópico.
Setembro	L	—	—	L	—
Outubro	L	—	—	SE	—

(***Continuação***)

Tabela A-2 (*Continuação*)

Mês	*Vênus*	*Marte*	*Júpiter*	*Saturno*	*Acontecimentos do Planeta*
Novembro	—	—	—	S	No dia 8, o trânsito de Mercúrio através do disco solar é visível da América do Norte. Seguindo o trânsito, Mercúrio está no céu da manhã do LSE durante a última metade de novembro, aparecendo na parte mais baixa da esquerda da Lua crescente no dia 18.
Dezembro	-	SE	SE	OSO	Do dia 9 ao 11, há uma excelente conjunção de Júpiter, Marte e Mercúrio abaixo no SE. Mais perto, todos os planetas ficam em um círculo de um grau. No dia 18, Júpiter, Marte e a Lua crescente congregam-se perto de Antares em Escorpião, abaixo no SE

2007

Tabela A-3 Planetas ao Anoitecer (Cerca de 45 minutos depois do pôr do sol)

Mês	*Vênus*	*Marte*	*Júpiter*	*Saturno*	*Acontecimentos do Planeta*
Janeiro	SSO	—	—	—	No dia 20, a Lua crescente está perto de Vênus no SSO. Mercúrio aparece no O na última semana de janeiro;
Fevereiro	O	—	—	L	No dia 2, uma Lua cheia próxima fica perto de Saturno. No dia 10, Saturno fica visível a noite toda. Mercúrio fica visível abaixo de Vênus nas primeiras duas semanas do mês, ambos os planetas estão no OSO.

(*Continuação*)

Tabela A-3 (*Continuação*)

Mês	*Vênus*	*Marte*	*Júpiter*	*Saturno*	*Acontecimentos do Planeta*
Março	O	—	—	LSE	—
Abril	ONO	—	—	S	No dia 11, Vênus está ao sul das Plêiades (conhecidas como sete irmãs).
Maio	ONO	—	—	SO	No dia 17, a Lua crescente está perto de Mercúrio bem abaixo no ONO e abaixo de Vênus. No dia 19, a Lua está perto de Vênus.
Junho	O	—	SE	O	No dia 5, Júpiter está visível à noite. No dia 12 Vênus está perto de Presépio em Câncer. No dia 18, a Lua crescente fica entre Vênus e Saturno. No dia 30, Saturno e Vênus estão no mesmo campo de visão.
Julho	O	—	SSE	O	No dia 18, a Lua crescente fica entre Vênus e Saturno com Regulus em Leão. Vênus é uma crescente no telescópio.
Agosto	O	—	S	—	No meio de agosto, Vênus aparece pela metade.
Setembro	—	—	SO	—	No dia 13, Mercúrio está perto da Lua crescente, ficando muito abaixo do OSO. Nos dias 17 e 18, a Lua está perto de Júpiter em SSO.
Outubro	—	—	SO	—	—
Novembro	—	—	SO	—	No dia 12, a Lua crescente fica atrás de Júpiter no SO.
Dezembro	—	NE baixo	—	—	No dia 24, Marte fica visível por toda a noite em Gêmeos e alcança sua maior declinação durante o mês.

Tabela A-4 Planetas ao Anoitecer (Cerca de 45 minutos antes do nascer do sol)

Mês	*Vênus*	*Marte*	*Júpiter*	*Saturno*	*Acontecimentos do Planeta*
Janeiro	—	SE	SE	O	No dia 15, Júpiter está ao norte de Antares em Escorpião e a Lua crescente.
Fevereiro	—	SE	SSE	OSO	—
Março	—	SE baixo	S	—	Mercúrio faz uma aparição no LSE; é mais brilhante no final de março e no começo de abril. No dia 16, a Lua crescente fica entre Mercúrio e Marte.
Abril	—	SE baixo	SSO	—	Marte permanece no LSE por alguns meses, mas aumenta a altitude.
Maio	—	SE baixo	SO	—	—
Junho	—	SE baixo	OSO	—	—
Julho	—	SE baixo	—	—	Mercúrio fica visível do final de junho e começo de agosto no LNE. Marte fica perto das Plêiades.
Agosto	L	SE baixo	—	—	Do dia 1 ao dia 3, Mercúrio fica visível em LNE perto do Castor e Pollux em Gêmeos, e logo some de visão. No fim de agosto, Vênus começa sua visibilidade matinal mais abaixo no L, e Marte está muito alta em Touro.
Setembro	L	SE	—	L	Saturno está perto de Regulus em Leão.
Outubro	SE baixo	SO	—	SE baixo	No dia 15, Vênus e Saturno estão separados por dois graus em Leão. Vênus mostra sua metade através de um telescópio no fim de outubro.

(*Continuação*)

Tabela A-4 (*Continuação*)

Mês	*Vênus*	*Marte*	*Júpiter*	*Saturno*	*Acontecimentos do Planeta*
Novembro	SE baixo	SO	—	SE	Quatro planetas estão visíveis simultaneamente quando Mercúrio emerge; Mercúrio, Vênus, Saturno e Marte vão do L para O. No dia 7, Mercúrio está perto da Spica em Virgem e a Lua crescente. Vênus e Saturno ficam acima da Lua.
Dezembro	SE	O	—	S	No dia 5, a Lua crescente e Spica em Virgem formam um triângulo atrativo

2008

Tabela A-5 Planetas no Anoitecer (Cerca de 45 minutos depois do pôr do sol)

Mês	*Vênus*	*Marte*	*Júpiter*	*Saturno*	*Acontecimentos do Planeta*
Janeiro	—	L	—	—	Mercúrio está em vista do dia 7 ao 31. No dia 9, a Lua crescente está perto de Mercúrio.
Fevereiro	—	SE	—	NE baixo	No dia 20, há um eclipse total da Lua com Saturno a quatro graus longe em Leão. No dia 24, Saturno fica visível a noite toda.
Março	—	SSO	—	L	—
Abril	—	SSO	—	SSE	Do final de abril até meio de maio, Mercúrio faz uma aparição bem favorável no Oeste até o ONO.
Maio	—	O	—	SSO	No dia 2, Mercúrio fica ao sul das Plêiades. Em 6 de maio, a Lua crescente fica perto de Mercúrio. No dia 22, Marte está mais próxima do Presépio em Câncer
Junho	—	O	SE	O	Júpiter aparece no SE na última semana de junho.

(*Continuação*)

Tabela A-5 (*Continuação*)

Mês	*Vênus*	*Marte*	*Júpiter*	*Saturno*	*Acontecimentos do Planeta*
Julho	—	O	SE	O	No dia 6, a Lua crescente está perto de Marte e Saturno. No dia 9, Júpiter está visível a noite toda. O dia 10, Marte e Saturno estão próximos em Leão, perto de Regulus.
Agosto	O	O	SSE	O	Quatro planetas estão no céu oeste. No dia 14, Mercúrio, Vênus e Saturno estão no mesmo campo de visão abaixo a Oeste sumindo logo depois do pôr do sol, com Marte ao L de Vênus.
Setembro	O	O	S	—	No dia 1, Mercúrio, Vênus e Marte, com a Lua crescente abaixo deles, estão a oeste, sumindo logo depois do Sol. No dia 11, Marte e Vênus estão mais próximos.
Outubro	SO	—	S	—	—
Novembro	SO	—	SSO	—	Os dois planetas mais brilhantes, Vênus e Júpiter, estão juntos em Sagitário todo o mês; eles ficam próximos no dia 30 com a Lua crescente.
Dezembro	SO	—	SO	—	No dia 1, a Lua crescente, Vênus e Júpiter estão próximos no SO na conjunção mais espetacular do ano. Mercúrio e Júpiter estão mais próximos no dia 30 e 31, e a Lua crescente fica próximo a Vênus brilhante.

Tabela A-6 Planetas ao Amanhecer (Cerca de 45 minutos antes do sol nascer)

Mês	*Vênus*	*Marte*	*Júpiter*	*Saturno*	*Acontecimentos do Planeta*
Janeiro	SE	ONO	SE	OSO	Vênus e Júpiter ficam mais próximos em Sagitário no fim de janeiro.

(***Continuação***)

Tabela A-6 (*Continuação*)

Mês	*Vênus*	*Marte*	*Júpiter*	*Saturno*	*Acontecimentos do Planeta*
Fevereiro	SE	—	SE	O	No dia 1, Júpiter e Vênus estão em uma conjunção próxima, só uma Lua distante e visível no mesmo campo de visão. No dia 4, a Lua crescente fica ao sul dos planetas. No dia 26, Vênus e Mercúrio estão próximos, bem abaixo do SE.
Março	SE baixo	—	SE	ONO	No dia 5, a Lua crescente, Vênus e Mercúrio ficam perto no SE baixo. Por um telescópio, Vênus fica quase cheio e Mercúrio é um disco. A ocultação no dia de Vênus pela Lua é visível nos EUA.
Abril	L	—	SSE	—	Vênus sai de visão no fim de Abril
Maio	—	—	S	—	—
Junho	—	—	OSO	—	—
Julho	—	—	OSO	—	Mercúrio está visível no SE na primeira metade de julho. Ele aparece ao telescópio como crescente na primeira semana de julho.
Agosto	—	—	—	—	—
Setembro	—	—	—	L	Saturno aparece no fim de setembro, logo no começo da noite.
Outubro	—	—	—	SE baixo	Mercúrio faz uma aparição favorável durante a última metade de outubro e começo de novembro, passando pelo norte da Spica em Virgem no dia 31. Saturno fica acima de Mercúrio.
Novembro	—	—	—	SE	—
Dezembro	—	—	—	S	—

2009

Tabela A-7 Planetas ao Anoitecer (Cerca de 45 minutos depois do pôr do sol)

Mês	*Vênus*	*Marte*	*Júpiter*	*Saturno*	*Acontecimentos do Planeta*
Janeiro	SO	-	-	-	-
Fevereiro	OSO	-	-	-	-
Março	O	-	-	L	No dia 8, Saturno fica visível a noite toda.
Abril	-	-	-	SE	Mercúrio é mais bem visto à noite do meio de abril ao meio de maio. No dia 26, Mercúrio e a Lua estão perto das Plêiades no ONO (ótima visão). No dia 30, Mercúrio está mais próximo das Plêiades no ONO.
Maio	-	-	-	S	-
Junho	-	-	-	OSO	-
Julho	-	-	SE	O	-
Agosto	-	-	SE	O	No dia 14, Júpiter fica visível a noite toda. No dia 17, Mercúrio e Saturno estão próximos, ficando no O. No dia 22, a Lua crescente, Mercúrio e Saturno ficam no oeste do horizonte.
Setembro	-	-	SE	-	-
Outubro	-	-	SE	-	-
Novembro	-	-	S	-	-
Dezembro	-	-	SO baixo	-	Mercúrio aparece brevemente no baixo SO. No dia 18, Mercúrio fica abaixo da Lua crescente.

Tabela A-8 Planetas ao Amanhecer (Cerca de 45 minutos antes do nascer do sol)

Mês	*Vênus*	*Marte*	*Júpiter*	*Saturno*	*Acontecimentos do Planeta*
Janeiro	—	—	—	SO	—

(*Continuação*)

Tabela A-8 (*Continuação*)

Fevereiro	—	SE baixo	SE baixo	O	No dia 22, a Lua crescente, Marte, Júpiter e Mercúrio estão alinhados no SE. Precisa-se de binóculo para Marte. No dia 24, Júpiter e Mercúrio ficam mais próximos.
Março	—	SE baixo	SE baixo	O	No dia 1, Mercúrio e Marte estão no mesmo campo de visão, no SE baixo. Marte está apagado.
Abril	L	L	SE	—	No dia 22, a Lua crescente oculta um Vênus crescente visto da América do Norte na luz do dia, na costa leste e no escuro, na costa oeste. Marte se inclina a quatro graus ao sul da Lua.
Maio	L	L	SE	—	No dia 21, Vênus, Marte e a Lua crescente formam um triângulo.
Junho	L	L	S	—	No dia 19, Vênus, Marte e a Lua crescente estão alinhados, com Vênus e Marte com apenas dois graus de separação. Mercúrio fica abaixo no NE baixo e Júpiter mais ao sul.
Julho	L	L	SSO	—	No dia 13, Vênus e Marte estão em Touro. Vênus fica ao norte da Aldebarã, e Marte ao sul das Plêiades. No dia 18, a Lua crescente os acompanha.
Agosto	L	L	OSO	—	—
Setembro	L	LSE	—	—	No dia 1, Vênus fica perto de Presépio em Câncer. No dia 20, Vênus fica perto de Regulus em Leão.
Mês	***Vênus***	***Marte***	***Júpiter***	***Saturno***	***Acontecimentos do Planeta***

(*Continuação*)

Tabela A-8 (*Continuação*)

Outubro	L	SE	—	L	No dia 8, Mercúrio e Saturno estão menos de uma Lua de distância; você pode vê-los no mesmo campo de visão. No dia 10, quatro planetas estão visíveis, com Mercúrio, Vênus e Saturno ao longo de uma separação de seis graus ao leste, com Marte mais alto em Gêmeos. No dia 13, Vênus e Saturno estão a uma Lua de distância. No dia 16, a Lua crescente se junta com o par. No dia 24, Mercúrio está ao norte da Spica em Virgem.
Novembro	SE baixo	S	—	SE baixo	No dia 1, Marte está perto do Presépio, em Câncer. No dia 2, Vênus está ao norte da Spica em Virgem.
Dezembro	—	OSO	—	S	—

2010

Tabela A-9 Planetas ao Anoitecer (Cerca de 45 minutos depois do pôr do sol)

Mês	*Vênus*	*Marte*	*Júpiter*	*Saturno*	*Acontecimentos do Planeta*
Janeiro	-	NE baixo	SO	-	No dia 29, Marte é visível a noite toda.
Fevereiro	O	L	O	-	No dia 16, Júpiter e Vênus estão a uma Lua de distância, sumindo 40 minutos após o pôr do sol.
Março	O	SE	-	L	Quatro planetas estão visíveis no fim de março: Mercúrio, Vênus, Marte e Saturno. No dia 22, Saturno fica visível a noite toda.

(*Continuação*)

Tabela A-9 (*Continuação*)

Mês	*Vênus*	*Marte*	*Júpiter*	*Saturno*	*Acontecimentos do Planeta*
Abril	O	S	-	LSE baixo	Na primeira semana de abril, Mercúrio e Vênus ficam juntos no O. No dia 14, Marte está a norte do Presépio em Câncer. No dia 15, a Lua crescente está perto de Vênus.
Maio	ONO	SO	-	SSE	Nos dias 15 e 16, a Lua crescente está perto de Vênus.
Junho	ONO	ONO	-	SO	No dia 6, Marte está perto de Regulus em Leão. No dia 14, a Lua crescente está perto de Vênus.
Julho	O	O	-	O	Vênus, Marte e Saturno ficam próximos. No dia 27, os quatro planetas estão visíveis no O enquanto Mercúrio fica perto de Regulus em Leão. No dia 31, Marte e Saturno estão muito próximos.
Agosto	O	O	—	O	Durante os primeiros dois dias de agosto, Vênus, Marte e Saturno formam um belo triângulo em Virgem. No dia 12 e 13, a Lua crescente se junta aos três planetas no O. No dia 31, Vênus e Marte estão perto de Spica e Virgem com Saturno no O.
Setembro	OSO	OSO	L	—	No dia 10, a Lua, Vênus, Marte e Spica ficam em um circulo de 8 graus. No dia 21, Júpiter fica visível a noite toda.
Outubro	—	OSO	SE baixo	—	No dia 9, Marte aparece além da Lua crescente; é preciso usar binóculo.
Novembro	—	OSO	SE	—	No dia 7, Marte está a norte de Antares em Escorpião com a Lua crescente entre eles; é preciso usar binóculo.

(*Continuação*)

Tabela A-9 (*Continuação*)

Mês	*Vênus*	*Marte*	*Júpiter*	*Saturno*	*Acontecimentos do Planeta*
Dezembro	—	Varia no OSO	S	—	No dia 6, a Lua oculta Marte em brilho depois do pôr do sol na costa leste dos EUA (é preciso usar telescópio). Isso ocorre na luz do dia na metade oeste dos EUA. Mercúrio fica acima da parte esquerda da Lua.

Tabela A-10 Planetas ao Amanhecer (Cerca de 45 minutos antes do nascer do sol)

Mês	*Vênus*	*Marte*	*Júpiter*	*Saturno*	*Acontecimentos do Planeta*
Janeiro	—	O	—	SO	Mercúrio está visível do meio de janeiro ao meio de fevereiro. No dia 13, Mercúrio está perto da Lua crescente.
Fevereiro	—	ONO	—	OSO	Mercúrio está aparecendo em SE baixo. No dia 11, Mercúrio está perto da Lua crescente.
Março	—	—	—	OSO	—
Abril	—	—	L	—	No dia 11, Júpiter aparece abaixo da Lua crescente.
Maio	—	—	LSE	—	No dia 9, a Lua crescente está perto de Júpiter. Mercúrio está visível abaixo do L durante o fim de maio e começo de junho.
Junho	—	—	SE	—	No dia 10, Mercúrio fica abaixo da Lua crescente.
Julho	—	—	S	—	—
Agosto	—	—	SO	—	—
Setembro	—	—	OSO	—	Mercúrio aparece no fim de setembro.
Outubro	—	—	—	L	—

(*Continuação*)

Tabela A-10 (*Continuação*)

Mês	*Vênus*	*Marte*	*Júpiter*	*Saturno*	*Acontecimentos do Planeta*
Novembro	SE baixo	—	—	SE baixo	Vênus está perto da Spica em Virgem na maior parte de novembro. Saturno fica mais alto na mesma constelação.
Dezembro	SE	—	—	SE	No dia 2, Vênus, Spica em Virgem e a Lua crescente formam um belo triângulo, com Saturno ficando acima deles.

Apêndice B

Mapas das Estrelas

As próximas páginas contêm oito mapas de estrelas - quatro para o hemisfério norte e quatro para o hemisfério sul - para te ajudar a se encontrar nas estrelas.

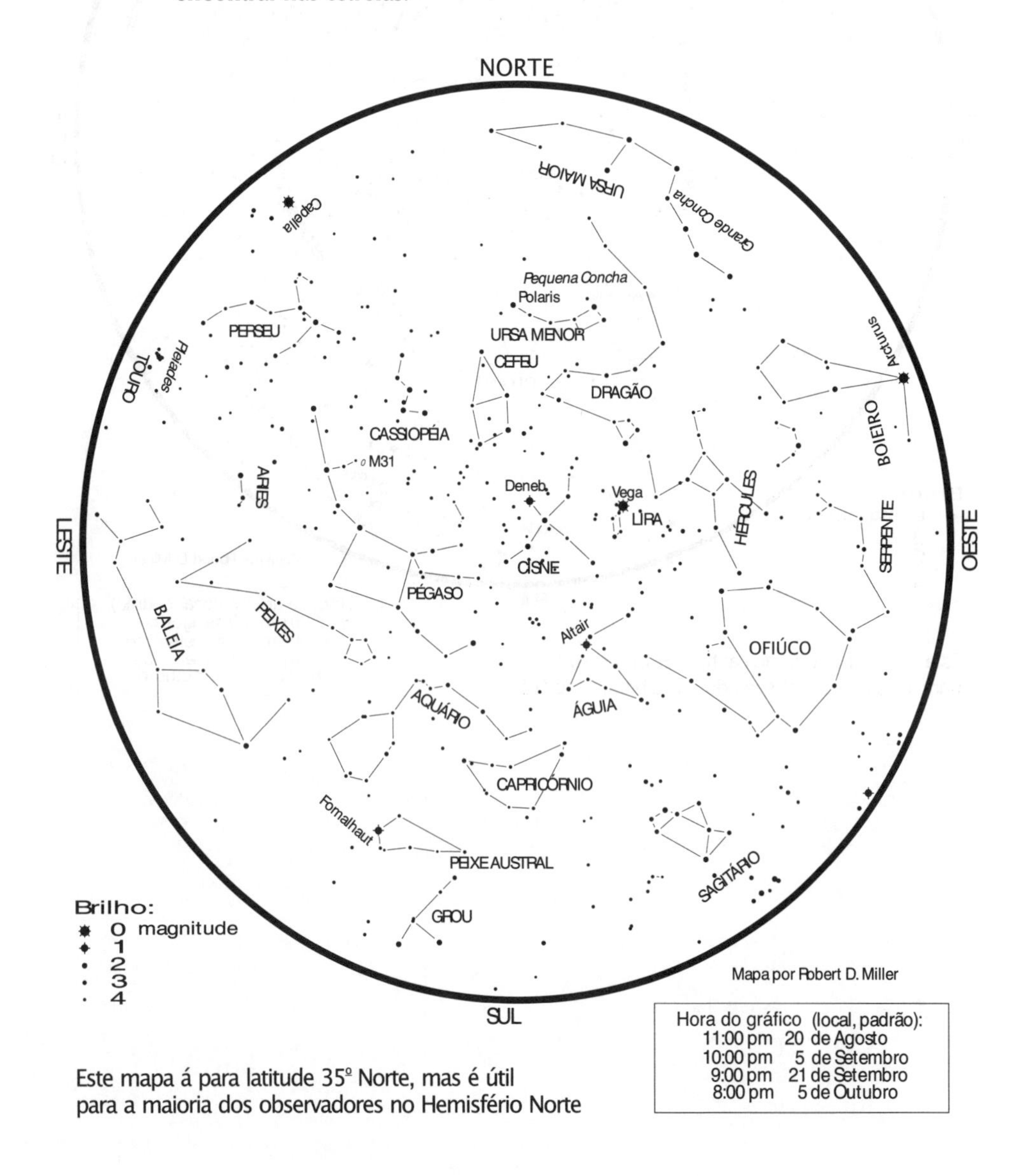

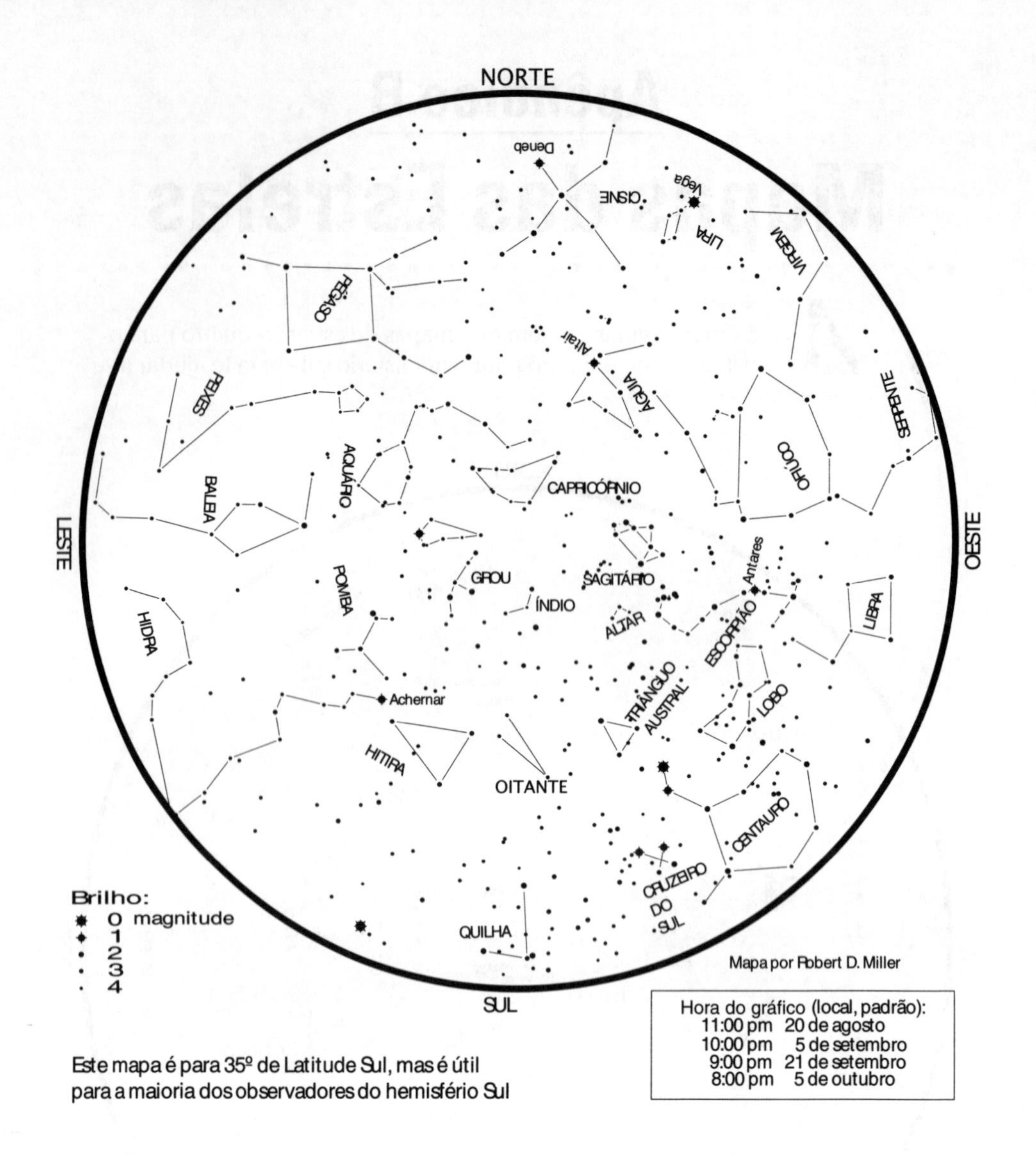

Este mapa é para 35º de Latitude Sul, mas é útil para a maioria dos observadores do hemisfério Sul

Hora do gráfico (local, padrão):	
11:00 pm	20 de agosto
10:00 pm	5 de setembro
9:00 pm	21 de setembro
8:00 pm	5 de outubro

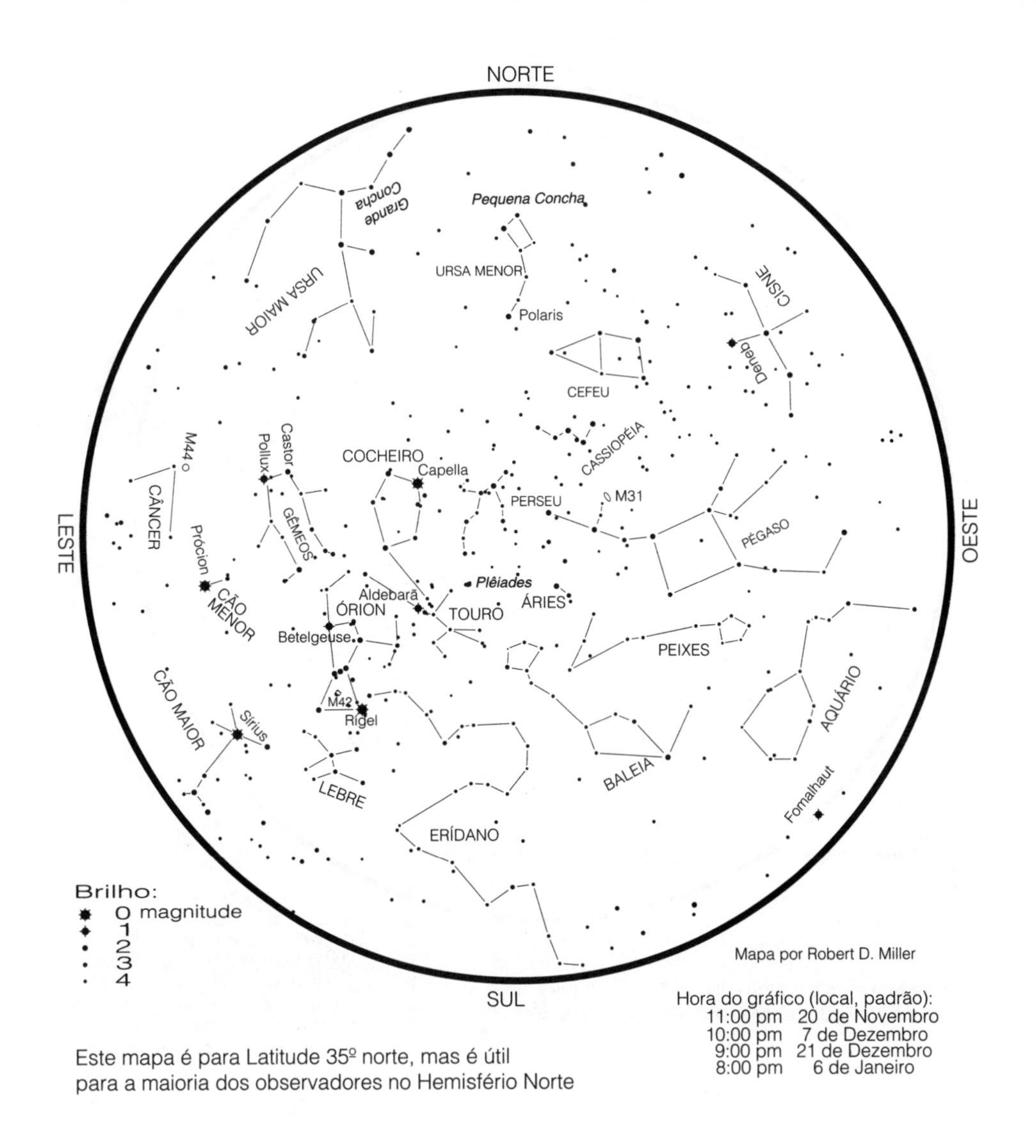

Este mapa é para Latitude 35º norte, mas é útil para a maioria dos observadores no Hemisfério Norte

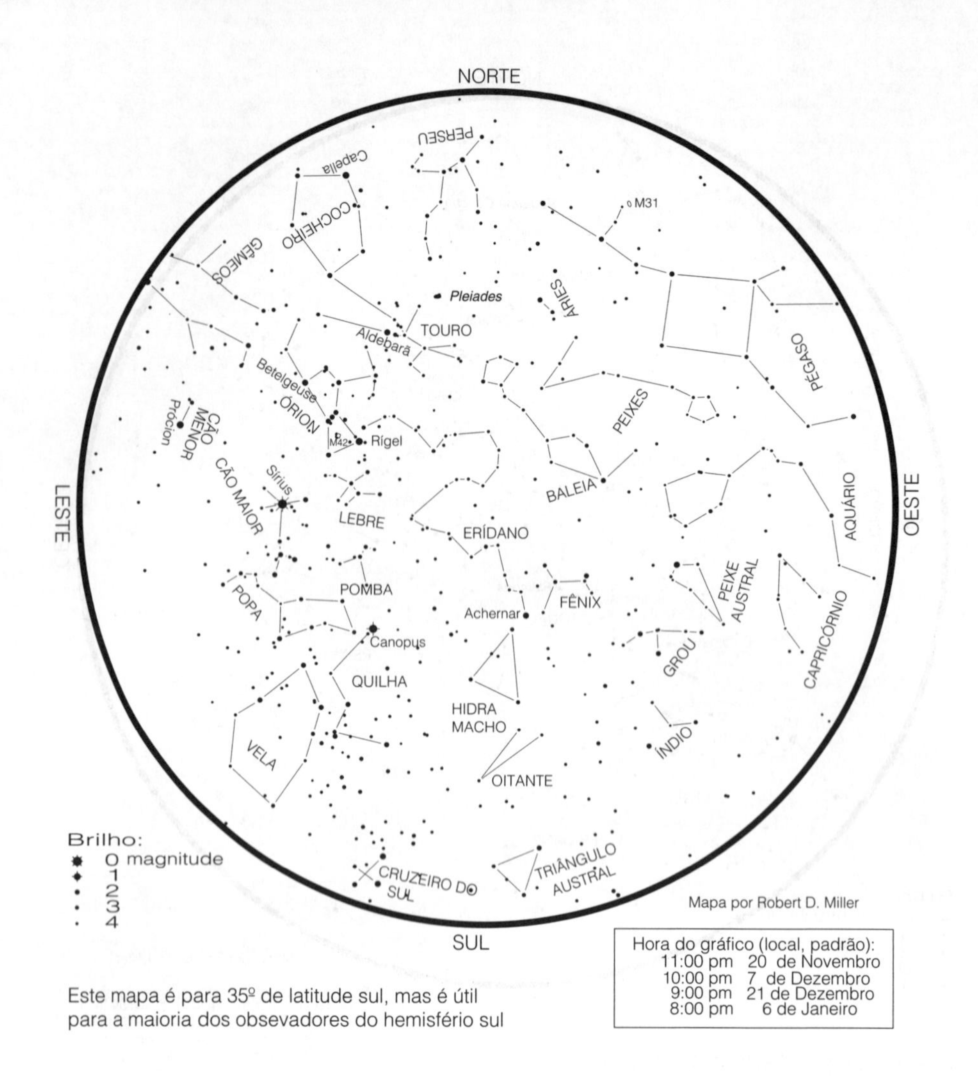

Este mapa é para 35º de latitude sul, mas é útil para a maioria dos obsevadores do hemisfério sul

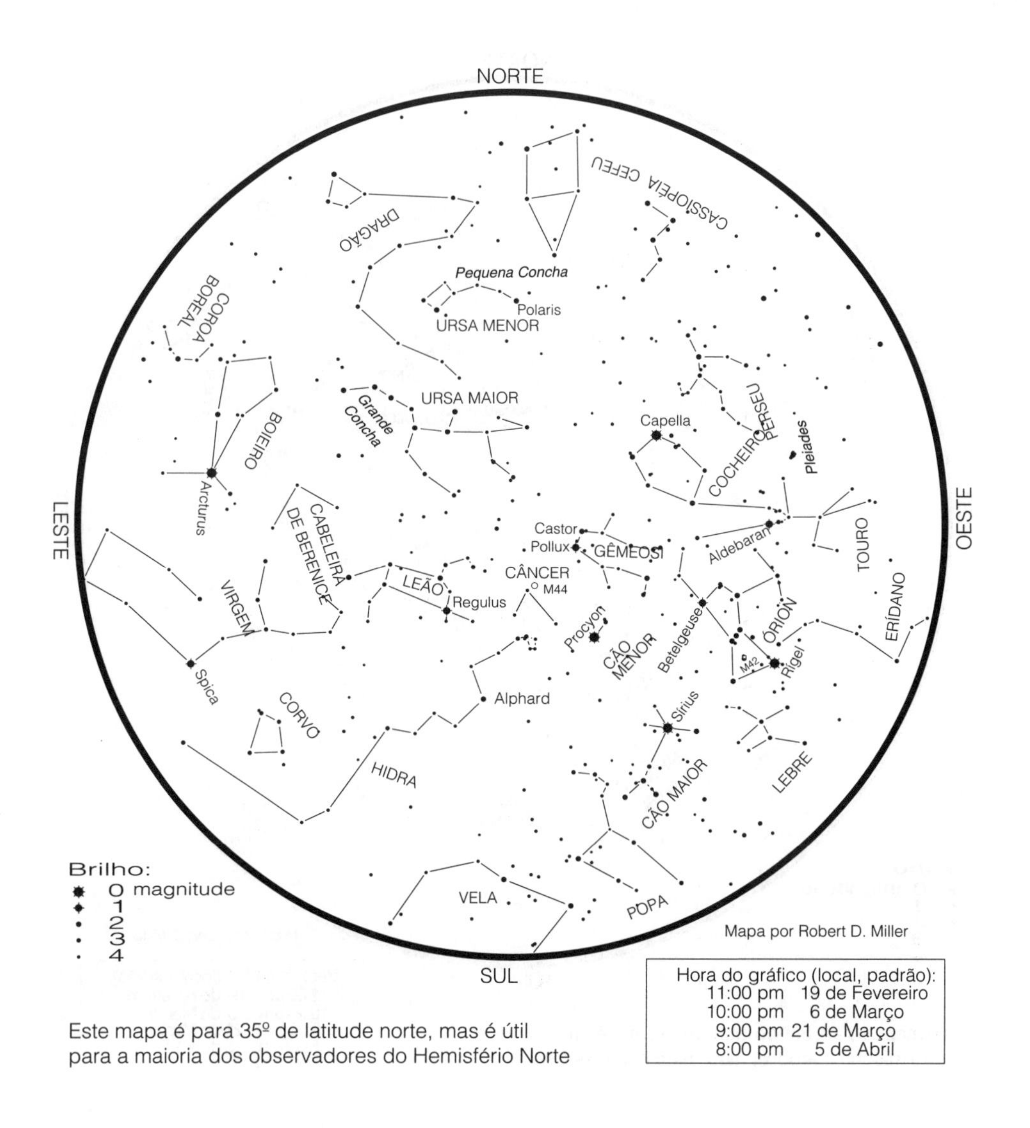

Este mapa é para 35º de latitude norte, mas é útil para a maioria dos observadores do Hemisfério Norte

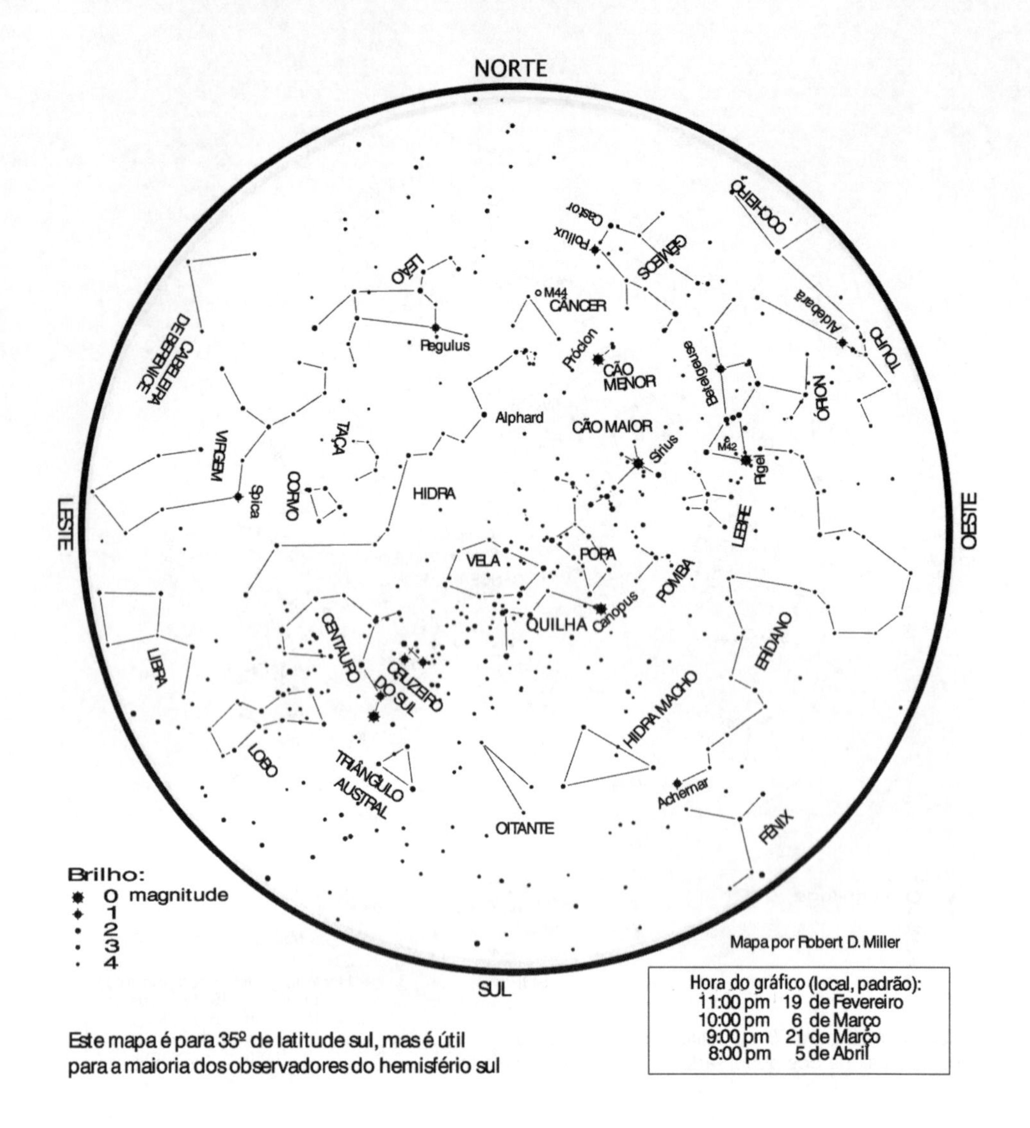

Este mapa é para 35º de latitude sul, mas é útil para a maioria dos observadores do hemisfério sul

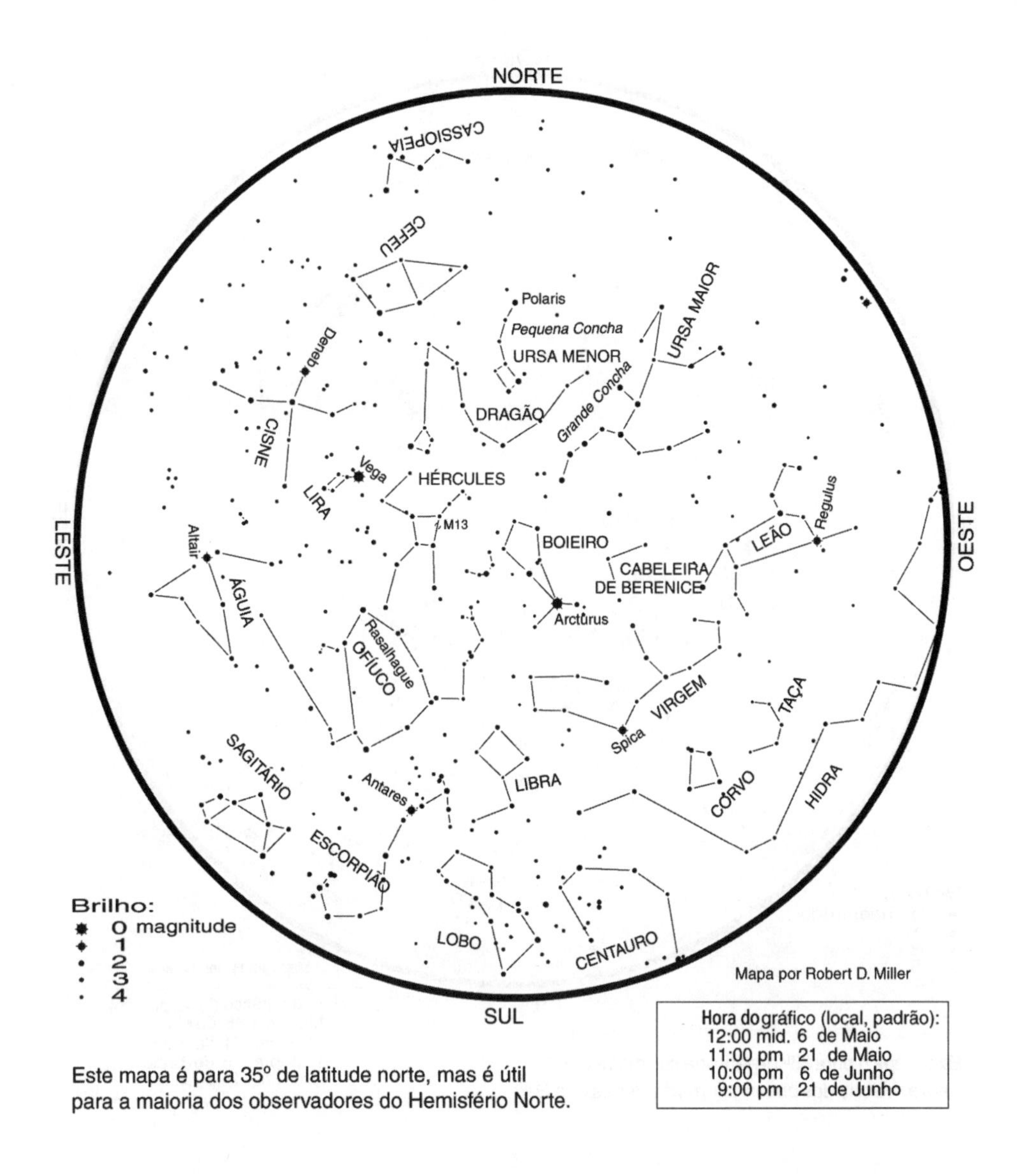

Este mapa é para 35° de latitude norte, mas é útil para a maioria dos observadores do Hemisfério Norte.

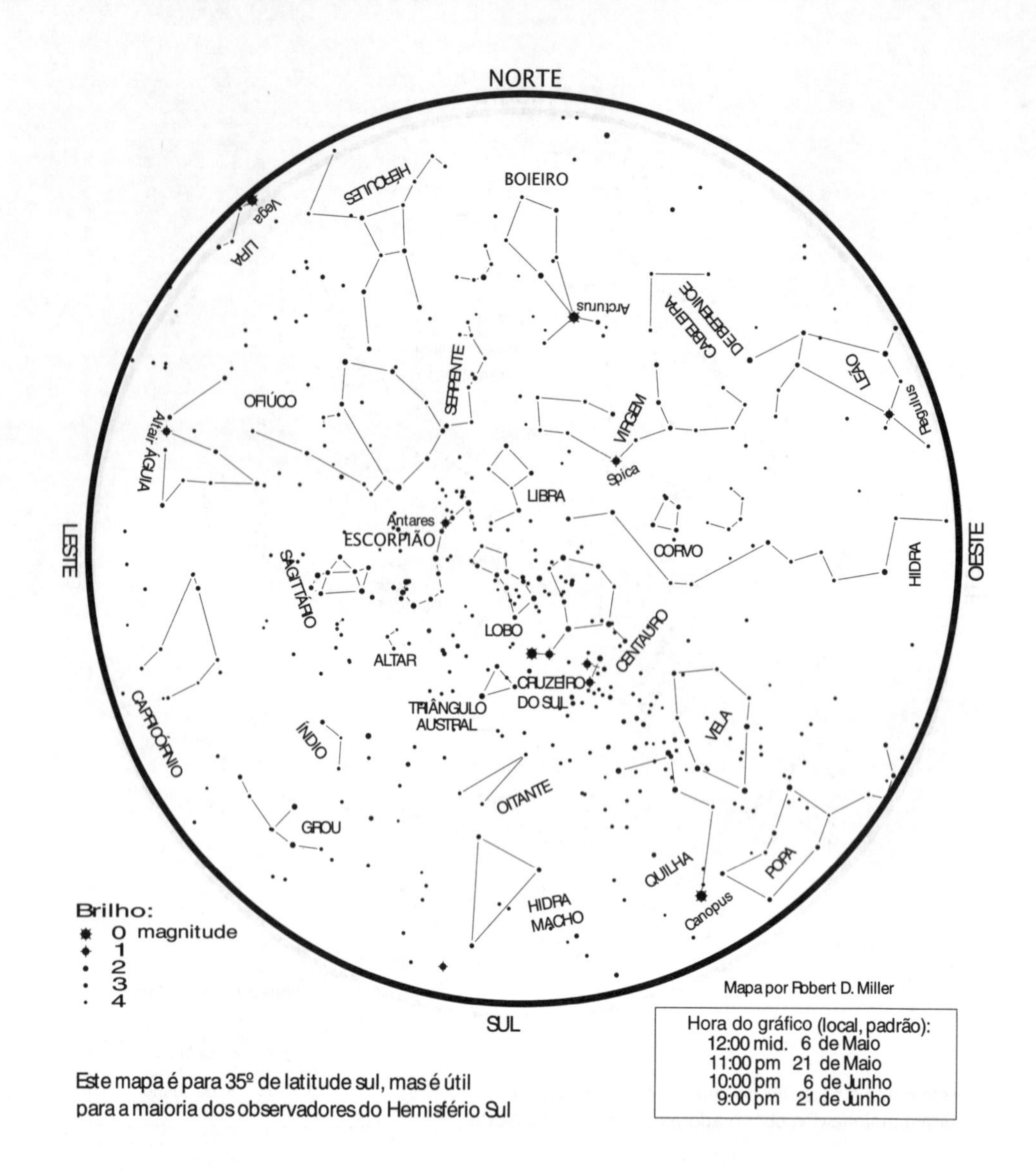

Este mapa é para 35º de latitude sul, mas é útil para a maioria dos observadores do Hemisfério Sul

Hora do gráfico (local, padrão):
12:00 mid. 6 de Maio
11:00 pm 21 de Maio
10:00 pm 6 de Junho
9:00 pm 21 de Junho

Apêndice C
Glossário

Aglomerado estelar: Um grupo de estrelas unidas por sua atração gravitacional mútua que se formam ao mesmo tempo (há os aglomerados globulares e abertos).

Anã branca: Um objeto pequeno e denso que brilha com calor armazenado, mas está se apagando; o estágio final na vida de uma estrela como o Sol.

Antimatéria: Matéria composta de antipartículas que têm a mesma massa, mas cargas elétricas opostas às das partículas comuns.

Asterismo: Um nome de padrão de estrelas, como a Grande Concha, que não é uma das 88 constelações oficiais.

Asteroide: Um dos muitos corpos rochosos e/ou de metal que orbitam o Sol.

Atividade solar: Mudanças na aparência (e na radiação) do Sol que ocorrem de segundo em segundo, minuto a minuto, hora a hora e até ano a ano. Há eventos solares como as erupções solares e ejeções de massa coronais e também manchas solares.

Bola de fogo: Um meteoro muito brilhante.

Bólido: Um meteoro bem brilhante que parece explodir ou que produz um barulho alto.

Buraco negro: Um objeto com a gravidade tão forte que nada dentro dele consegue escapar, nem mesmo raios de luz.

Cometa: Um dos muitos dos pequenos corpos feitos de matéria gelo e poeira que orbitam o Sol.

Constelação: Uma das 88 regiões do céu, tipicamente com nome de um animal, objeto ou divindade antiga; por exemplo: Ursa Maior, o Grande Urso.

Cratera: Uma depressão redonda na superfície do planeta, lua ou asteroide criado por um impacto de um corpo cadente, uma erupção vulcânica ou o colapso de uma área.

Desvio para o vermelho: Um aumento no comprimento de ondas da luz ou som, geralmente por causa do Efeito Doppler ou, no caso das galáxias distantes, divido à expansão do Universo.

Eclipse: O desaparecimento parcial (eclipse parcial) ou desaparecimento total (eclipse total) de um corpo celeste quando outro objeto passa na frente dele ou quando ele se move à sombra de outro objeto.

Eclíptica: O caminho aparente do Sol através do fundo das constelações.

Efeito Doppler: O processo pelo qual a luz ou som é alterado em frequência perceptível ou onda pelo movimento de sua fonte com respeito ao observador.

Energia Escura: Um processo físico inexplicável que age como se fosse uma força gravitacional repulsiva, causando a expansão do Universo em uma taxa cada vez maior.

Estrela: uma grande massa de gás quente mantida unida por sua própria gravidade e abastecida por reações nucleares.

Estrela binária: Duas estrelas que ficam em órbita de um centro de massa comum no espaço, também chamadas de sistema binário.

Estrela dupla: Duas estrelas que parecem estar muito próximas uma da outra no céu e que podem estar fisicamente associadas (uma estrela binária) ou não.

Estrela de nêutrons: Um objeto a apenas dezenas de milhas ao longe, mas maior do que o Sol em massa (e pulsares são estrelas neutras, mas nem todas as estrelas neutras são pulsares).

Estrela variável: Uma estrela que muda perceptivelmente seu brilho.

Explosão de raios gama: Uma explosão intensa de raios gama que vem sem aviso de um ponto qualquer no Universo distante.

Galáxia: Um enorme sistema de bilhões de estrelas, às vezes, com grandes quantidades de gás e poeira.

Gigante vermelha: Uma estrela grande e muito brilhante com uma baixa temperatura superficial; também é o último estágio da vida de uma estrela semelhante ao Sol.

Matéria escura: Uma substância desconhecida no espaço que tem um efeito gravitacional em objetos celestes, que é como os astrônomos detectam sua existência.

Meteoro: O *flash* de luz causado pela queda de um meteoroide através da atmosfera da Terra; geralmente usado incorretamente para se referir ao meteoroide em si.

Meteorito: Um meteoroide que pousou na Terra.

Meteoroide: Uma rocha no espaço, composta de pedra e/ou metal, provavelmente um pedaço de asteroide.

Nebulosa: Uma nuvem de gás e poeira no espaço que pode emitir, refletir e/ou absorver a luz.

Nebulosa planetária: Uma nuvem expandida de gás brilhante que foi expelida na morte de uma estrela semelhante ao Sol.

Neutrino: Uma partícula subatômica que não tem carga elétrica e possui uma massa bem pequena. Ele pode atravessar um planeta todo ou até o Sol.

Objeto rasante (Near Earth Objects): Um asteroide ou cometa que segue uma órbita que o traz para perto da órbita da Terra ao redor do Sol.

Ocultação: O processo no qual um corpo celeste passa na frente de outro, impedindo-o de ser visto por um observador.

Órbita: O caminho seguido por um corpo celeste ou uma nave espacial.

Planeta: Um objeto grande e redondo que se forma em uma nuvem achatada ao redor de uma estrela e – diferente da estrela – que não gera energia por reações nucleares.

Pulsar: Um objeto que gira rápido e é pequenino, emite luz, ondas de rádio e/ou raios-x em um ou mais feixes como aquele de um farol.

Quasar: Um objeto pequeno e muito brilhante que está no centro de uma galáxia distante, que se supõe representar a emissão de mais energia das redondezas de um buraco negro gigante.

Rotação: O ato de rodar de um objeto em torno de seu próprio eixo.

seeing: Uma medida de constância do ar em um lugar de observação astronômica (quando o *seeing* é bom, as imagens que você vê pelo telescópio são melhores).

SETI: A Pesquisa por Inteligência Extraterrestre, um programa de observações radioastronômicas (e outras observações) que procura detectar mensagens de civilizações inteligentes em outro lugar do espaço.

Supernova: Uma explosão imensa que destrói uma estrela inteira e pode formar um buraco negro ou uma estrela de nêutrons.

Tipo espectral: Uma classificação dada a uma estrela baseada na aparência do espectro, geralmente relacionada com a temperatura na região onde a luz visível da estrela se origina.

Terminador: A linha que separa as partes iluminadas e escuras de um corpo celeste que brilha e reflete a luz.

Trânsito: O movimento de um objeto menor, como Mercúrio, na frente de um objeto maior, como o Sol.

Zênite: O ponto no céu que está diretamente acima do observador.

Medidas Celestiais

Ano-luz: A distância que a luz viaja em um vácuo (por exemplo, pelo espaço) em um ano; cerca de 9,46 trilhões de km.

Arcominutos / arcossegundos: Unidades de medida no céu. Um circulo completo ao redor do céu contém 360 graus, dividido cada um em 60 arcominutos, cada arcominuto é dividido em 60 arcossegundos.

Ascensão reta: No céu, uma coordenada que corresponde à longitude na Terra que é medida para leste a partir do equinócio vernal (um ponto no céu onde o equador celeste cruza a eclíptica e onde o Sol está localizado no primeiro dia da primavera no hemisfério norte).

Declinação: No céu, a coordenada que corresponde à latitude na Terra e que é medida em graus ao norte e ao sul do equador celeste.

Magnitude: Uma medida que revela o brilho das estrelas, com menores magnitudes correspondendo a estrelas mais brilhantes. Por exemplo, uma estrela de primeira magnitude é 100 vezes mais brilhante do que uma de magnitude 6.

Unidade astronômica (U.A.): Uma medida de distância no espaço, igual a distância média entre a Terra e o Sol - cerca de 149 milhões de km.

Índice Remissivo

• C •

• D •

• F •

• G •

• H •

• I •

• J •

• L •

• M •

• N •

• O •

• P •

• U •

• W •

• Z •

Este livro foi impresso nas oficinas gráficas da Editora Vozes Ltda.,
Rua Frei Luís, 100 – Petrópolis, RJ.